单片机系统实践教程

李擎 阎群 主编

崔家瑞 刘凯 副主编

科学出版社

北京

内 容 简 介

本教材是根据"工程教育专业认证"和"卓越工程师培养计划"等需求而编写，旨在提高大学生单片机控制系统设计和 C 语言程序设计方面的能力，进而培养学生解决复杂工程问题的能力。

本教材以 ATmega16 单片机为蓝本，共分 3 篇，由 15 章组成。第 1~3 章为开发基础篇，主要介绍 AVR 单片机的特点、开发编译环境以及 C 语言开发基础。第 4~11 章为实战演练篇，针对 ATmega16 单片机的数字 I/O 端口、中断系统、定时器/计数器、A/D 转换、SPI 总线、异步通信、TWI 总线等功能模块设计典型应用实例，并对相应外围器件进行详细介绍，将知识讲解与实际应用充分结合。第 12~15 章为综合实践篇，从设计思路、硬件设计、软件设计三方面详细介绍单片机音乐播放器、ZLG7290 的键盘显示系统、基于 DS1302 的电子时钟和基于超声波检测的智能避障小车四个综合项目，旨在锻炼学生综合运用所学知识完成小型应用系统设计和调试的能力。

本教材主要面向信息类专业低年级学生使用，可作为学生参加科技竞赛的自学参考书和培训教材，同时也可以作为单片机应用研发人员的实用参考书。

图书在版编目(CIP)数据

单片机系统实践教程/李擎，阎群主编. —北京：科学出版社，2017.6
ISBN 978-7-03-052646-5

Ⅰ.①单… Ⅱ.①李… ②阎… Ⅲ.①单片微型计算机–教材
Ⅳ.①TP368.1

中国版本图书馆 CIP 数据核字（2017）第 090014 号

责任编辑：潘斯斯 / 责任校对：郭瑞芝
责任印制：吴兆东 / 封面设计：迷底书装

科 学 出 版 社 出版
北京东黄城根北街 16 号
邮政编码：100717
http://www.sciencep.com

北京九州迅驰传媒文化有限公司 印刷
科学出版社发行　各地新华书店经销
*

2017 年 6 月第 一 版　开本：787×1092　1/16
2018 年 1 月第二次印刷　印张：18 3/4
字数：400 000

定价：58.00 元
（如有印装质量问题，我社负责调换）

前　　言

随着信息及电子技术的发展，单片机的应用范围越来越广泛，在大学生群体中的受重视程度也与日俱增。大学期间的各种创新项目、课程设计、学科竞赛、毕业设计以及未来深造、就业等，也都不同程度地依赖于个人所掌握的单片机知识。为了让学生能够尽早了解单片机、熟练应用单片机，北京科技大学将该课程作为信息类专业的学科平台课，在大学二年级开设。为此，我们编写了这本教材，它不仅讲解了单片机系统的基础知识，更在实际应用层面进行了相应的拓展和延伸。同时，为了更好地开展教学，我们还专门设计了和本教材配套的单片机开发板，以便更好地理论联系实际。

AVR 单片机采用精简指令集(RISC)，具有体积小、功能强、价格低、集成度高的特点，在工业控制、数据采集、智能仪表、机电一体化、家用电器等领域有着广泛的应用。目前 AVR 单片机的开发和应用已经成为嵌入式应用领域关注的一大热点。本教材选用既具有一定代表性又具有教学推广价值的 ATmega16 单片机为蓝本，将学习知识与实际应用充分结合，最大限度地提高学生在单片机控制系统设计和 C 语言程序设计方面的能力。

本教材的特色和创新如下。

(1)通俗易懂、循序渐进。从北京科技大学信息类专业大学二年级学生的实际情况出发，以他们更容易接受的方式，对教材内容进行全面而系统的设计、整合和优化。根据单片机的外设模块进行分类，可以让学生很好地了解单片机的系统组成，对后期的系统开发会有相当大的帮助。从开发基础篇、实战演练篇到综合实践篇，从零开始，逐步提升。针对实际应用项目，沿着设计思路→硬件设计→软件设计→下载调试这条主线进行内容组织，条理清晰，便于阅读和理解。

(2)紧贴实际、兼顾理论。针对 ATmega16 单片机每个功能模块设计典型应用实例，并对相应的外围器件进行详细介绍，以达到触类旁通的效果。同时，教材内容将电路原理、模拟电子技术、数字电子技术、微机原理与接口技术、嵌入式系统等课程的基础知识自然融入其中，保证了基础知识"学以致用"教学方针的贯彻落实，让学生在课堂上就可以学到只有在实践中才能掌握的实战经验。这些能在很大程度上提高学生的学习兴趣、动手实践能力、创新意识和就业竞争力。

本教材共分 15 章，按照从简单到复杂、从书本到实际、先简单后综合的思路来设计。

第 1～3 章为开发基础篇。第 1 章介绍单片机的特点和发展史、单片机的应用领域及前景、AVR 系列单片机特点和应用；第 2 章讲解 AVR 单片机的开发编译环境——ICC AVR、基于 USB 接口的 ISP 编程器控制平台、ATmega16 单片机学习板的设计与制作，以及 ATmega16 单片机的开发流程和开发技巧；第 3 章讲解 AVR 单片机的 C 语言开发基础知识。

第 4～11 章为实战演练篇。第 4 章介绍 ATmega16 单片机的通用数字 I/O 端口，通过 8 位 LED 灯显示系统、独立按键键值解读系统、多功能 8 位 LED 流水灯和多功能数码管显示器等项目讲述其应用问题。第 5 章介绍中断系统及其应用，包括中断处理的一般过程、中断服务程序的编写、外部中断的使用方法和应用实例。第 6 章介绍 ATmega16 单片机的 SPI 模块及其应用，给出基于 SPI 总线实现 74HC595 驱动多位数码管动态显示应用实例。第 7 章介绍定时器/计数器及其应用，设计利用定时器/计数器实现流水灯、占空比可调的 PWM 波、LED 滚动闪烁显示以及简易电子门铃等应用实例。第 8 章介绍 A/D 转换模块及其应用，实现简易数字电压表。第 9 章介绍异步通信模块及其应用，实现基于 USB 端口的 PC 机与单片机通信。第 10 章介绍 TWI 总线模块及其应用，并以 TWI 总线读写 AT24C02。第 11 章着重讲解单片机的复位系统和休眠模式。

第 12～15 章为综合实践篇。详细讲解单片机在音乐播放器、基于 ZLG7290 的键盘显示系统、基于 DS1302 的电子时钟设计和基于超声波检测的智能避障小车等 4 个综合项目中的设计思路、硬件设计、软件设计以及下载调试，旨在从系统的层面锻炼学生综合运用所学知识完成小型应用系统设计和调试的能力。

本教材主要面向信息类专业低年级学生，建议课程总学时为 32 学时，其中授课 24 学时、实验 8 学时。此外，本教材还可作为学生参与课外兴趣科技小制作、学校科技创新训练项目以及互联网创新创业大赛、飞思卡尔智能车比赛、RoboCup 机器人等科技竞赛的自学参考书和培训教材，同时也可以作为从事单片机应用研发人员的实用参考书。

本教材由北京科技大学自动化学院李擎、阎群主持编写并统稿，崔家瑞、刘凯任副主编。其中第 1 章、第 3 章、第 5 章由李擎、石伟国、刘泽君、王昊编写；第 2 章由张笑菲、刘凯编写；第 4 章、第 6 章、第 7 章由阎群、吴子越、王飒、陈紫渝、许赛一编写；第 8 章、第 11 章由崔家瑞、邓天祺、高翊钧编写；第 9 章、第 13 章由李擎、王健、高枕越、康远一编写；第 10 章、第 12 章由徐银梅、栗辉、廖腾均、胡鹏飞编写；第 14 章、第 15 章由阎群、杨作云、李明宇、孟祥炎编写。此外，在教材编写过程中，原索奥科技中心主席王洪阳对教材最初的内容架构提供了重要的参考意见，索奥科技中心荣梦琪提供了大量的实验素材和积极的帮助。

本教材得到了北京科技大学"十二五"规划教材建设资金的资助。

本教材在编写过程中参考和应用了许多专家和学者的著作和研究成果，在此向相关文献的作者致以诚挚的敬意和感谢！

由于编者能力和精力有限，书中难免有疏漏和不妥之处，敬请读者批评指正、不吝赐教。

编　者

2017 年 1 月

目　　录

前言

第一篇　开发基础篇

第1章　AVR 单片机概述 ………………………………………………………… 1

1.1　认识单片机 ……………………………………………………………… 1

1.1.1　单片机的定义及特点 ……………………………………………… 1

1.1.2　单片机的发展历史 ………………………………………………… 1

1.1.3　单片机的系列 ……………………………………………………… 2

1.1.4　单片机的开发技术 ………………………………………………… 2

1.2　单片机的应用领域及前景 ……………………………………………… 3

1.2.1　单片机的应用领域 ………………………………………………… 3

1.2.2　单片机的发展趋势 ………………………………………………… 3

1.3　AVR 系列单片机概述 …………………………………………………… 5

1.3.1　AVR 系列单片机的主要特征 ……………………………………… 5

1.3.2　AVR 系列单片机的选型 …………………………………………… 6

1.4　ATmega16 单片机概述 ………………………………………………… 6

1.4.1　ATmega16 单片机的性能 ………………………………………… 7

1.4.2　ATmega16 单片机的封装与引脚 ………………………………… 9

1.4.3　ATmega16 单片机的存储器结构 ………………………………… 11

第2章　ATmega16 的开发环境与开发技巧 …………………………………… 13

2.1　AVR 单片机开发工具概述 ……………………………………………… 13

2.2　ICCAVR 开发编译环境 ………………………………………………… 13

2.2.1　ICC AVR 简介 ……………………………………………………… 14

2.2.2　ICCV8 安装方法 …………………………………………………… 15

2.2.3　ICCV8 快速入门 …………………………………………………… 16

2.2.4　ICC AVR 的扩展关键字及库函数 ………………………………… 22

2.3　ISP 编程器控制平台 …………………………………………………… 23

2.3.1　下载器 ……………………………………………………………… 23

2.3.2　编程平台 …………………………………………………………… 26

2.4　ATmega16 单片机学习板的设计与制作 ……………………………… 28

2.4.1　时钟电路设计 ……………………………………………………… 29

2.4.2　复位电路设计 ……………………………………………………… 29

2.4.3　I/O 端口输出电路设计 …………………………………………… 30

2.4.4　A/D 转换滤波电路设计 …………………………………………… 30

2.4.5 ISP 下载接口电路设计 ·· 31

2.4.6 电源电路设计 ·· 31

2.5 ATmega16 单片机系统开发技巧及开发流程 ······················ 32

2.5.1 AVR 单片机的仿真调试 ·· 32

2.5.2 基于 ISP 的 AVR 单片机调试技巧 ···································· 33

2.5.3 单片机应用系统开发流程 ·· 34

第 3 章 AVR 单片机 C 语言基础 ··· 36

3.1 C 语言的发展与特点 ··· 36

3.1.1 C 语言的产生及发展 ·· 36

3.1.2 C 语言的特点 ··· 36

3.2 C 语言程序组成 ·· 37

3.2.1 C 语言程序结构 ··· 37

3.2.2 标识符与关键字 ··· 37

3.3 C 语言基本数据类型 ··· 39

3.4 C 语言常量、变量 ··· 39

3.4.1 常量 ··· 40

3.4.2 变量 ··· 40

3.5 运算符与表达式 ·· 41

3.5.1 算术运算符与算术表达式 ·· 41

3.5.2 赋值运算符和赋值表达式 ·· 42

3.5.3 关系运算符与关系表达式 ·· 44

3.5.4 逻辑运算符与逻辑表达式 ·· 45

3.5.5 位运算符与位运算表达式 ·· 46

3.5.6 条件运算符与条件表达式 ·· 48

3.5.7 逗号运算符与逗号表达式 ·· 48

3.5.8 运算符的优先级和结合性 ·· 48

3.6 程序基本结构及流程图 ··· 49

3.6.1 顺序结构及其流程图 ·· 49

3.6.2 选择结构及其流程图 ·· 50

3.6.3 循环结构及其流程图 ·· 52

3.7 C 语言中的数组 ·· 56

3.7.1 一维数组的定义和引用 ··· 56

3.7.2 二维数组的定义和引用 ··· 58

3.7.3 字符数组与字符串 ··· 59

3.8 函数 ··· 60

3.8.1 函数的定义 ·· 61

3.8.2 函数的参数传递与返回值 ·· 61

3.8.3 函数的调用 ·· 62

3.8.4 函数的嵌套 ·· 63

3.9　编译预处理 ··· 65

　3.9.1　宏定义 ·· 65

　3.9.2　文件包含 ·· 67

　3.9.3　条件编译 ·· 67

第二篇　实战演练篇

第 4 章　通用数字 I/O 端口及其应用 ·· 71

4.1　通用数字 I/O 端口简介 ··· 71

4.2　通用数字 I/O 端口的基本特性 ·· 71

4.3　通用数字 I/O 端口相关寄存器 ·· 72

　4.3.1　数据方向寄存器 DDRx ·· 73

　4.3.2　数据寄存器　PORTx ··· 73

　4.3.3　端口输入引脚寄存器 PINx ··· 73

4.4　通用数字 I/O 口的设置与编程 ·· 73

4.5　8 位 LED 灯显示系统 ··· 75

　4.5.1　硬件电路设计 ··· 75

　4.5.2　软件设计 ·· 75

4.6　独立按键键值解读系统 ··· 76

　4.6.1　机械触点按键常识 ·· 76

　4.6.2　硬件电路设计 ··· 76

　4.6.3　软件设计 ·· 77

4.7　多功能 8 位 LED 流水灯 ·· 78

　4.7.1　硬件电路设计 ··· 78

　4.7.2　软件设计 ·· 78

　4.7.3　系统调试 ·· 82

4.8　多功能数码管显示器 ·· 82

　4.8.1　LED 数码管介绍 ··· 82

　4.8.2　多位 LED 数码管动态显示 ··· 83

　4.8.3　硬件电路设计 ··· 84

　4.8.4　多功能数码管显示器软件设计 ··· 84

　4.8.5　下载调试 ·· 86

第 5 章　中断系统及其应用 ·· 88

5.1　中断和中断系统 ·· 88

5.2　ATmega16 单片机的中断系统 ·· 89

　5.2.1　ATmega16 中断源和中断向量 ··· 89

　5.2.2　ATmega16 中断响应过程 ··· 90

　5.2.3　ATmega16 中断优先级 ·· 90

　5.2.4　ATmega16 中断响应时间 ··· 91

5.3 ATmega16 单片机外部中断相关寄存器 ·· 91

   5.3.1 MCU 控制寄存器 MCUCR ··· 92

   5.3.2 MCU 控制与状态寄存器 MCUCSR ······································ 92

   5.3.3 通用中断控制寄存器 GICR ··· 93

   5.3.4 通用中断标志寄存器 GIFR ··· 93

5.4 利用外部中断方式实现多功能 8 位流水灯 ·· 94

   5.4.1 硬件电路设计 ··· 94

   5.4.2 软件设计 ·· 95

   5.4.3 下载调试 ·· 99

第 6 章 SPI 总线模块及其应用 ·· 100

6.1 SPI 总线简介 ··· 100

   6.1.1 SPI 总线的构成及信号类型 ·· 100

   6.1.2 SPI 总线的操作时序 ·· 101

   6.1.3 硬件 SPI 与软件 SPI ·· 102

6.2 ATmega16 单片机的 SPI 总线模块 ·· 102

   6.2.1 SPI 总线接口及特点 ·· 102

   6.2.2 SPI 总线的主从接口 ·· 102

   6.2.3 $\overline{\text{SS}}$ 引脚的功能 ·· 103

6.3 SPI 总线模块相关寄存器 ··· 104

   6.3.1 SPI 控制寄存器 SPCR ·· 104

   6.3.2 SPI 状态寄存器 SPSR ·· 105

   6.3.3 SPI 数据寄存器 SPDR ·· 105

6.4 SPI 总线模块时序 ··· 106

6.5 基于 SPI 总线实现 74HC595 驱动多位数码管动态显示 ······················ 107

   6.5.1 移位寄存器 74HC595 介绍 ··· 107

   6.5.2 硬件电路设计 ··· 109

   6.5.3 软件设计 ·· 110

   6.5.4 下载调试 ·· 113

第 7 章 定时器/计数器及其应用 ··· 114

7.1 ATmega16 单片机定时器/计数器概述 ·· 114

7.2 定时器/计数器 0(T/C0) ·· 117

   7.2.1 T/C0 概述 ·· 117

   7.2.2 T/C0 的工作模式 ··· 118

   7.2.3 T/C0 的相关寄存器 ·· 119

7.3 定时器/计数器 1(T/C1) ·· 122

   7.3.1 T/C1 概述 ·· 122

   7.3.2 T/C1 的工作模式 ··· 123

   7.3.3 T/C1 的相关寄存器 ·· 127

　　　　7.3.4　访问 16 位寄存器 ··· 131

　　7.4　定时器/计数器 2(T/C2) ··· 133

　　　　7.4.1　T/C2 概述 ··· 133

　　　　7.4.2　T/C2 的工作模式 ··· 134

　　　　7.4.3　T/C2 的相关寄存器 ·· 134

　　7.5　用 T/C0 实现流水灯的控制 ·· 138

　　7.6　用 T/C0 产生占空比为 15%的 PWM 波 ··· 140

　　7.7　用 T/C1 实现 LED 滚动闪烁显示 ·· 141

　　7.8　简易电子门铃 ··· 144

　　　　7.8.1　蜂鸣器介绍 ··· 144

　　　　7.8.2　硬件电路设计 ··· 145

　　　　7.8.3　软件设计 ··· 146

　　　　7.8.4　下载调试 ··· 148

第 8 章　A/D 转换模块及其应用 ··· 150

　　8.1　A/D 转换基础知识 ··· 150

　　　　8.1.1　A/D 转换基本原理 ·· 150

　　　　8.1.2　单片机内部 A/D 转换的原理 ·· 151

　　8.2　内置 A/D 转换模块的结构及特点 ·· 151

　　　　8.2.1　A/D 转换模块的结构 ·· 151

　　　　8.2.2　A/D 转换模块的特点 ·· 153

　　8.3　ADC 模块相关寄存器 ·· 153

　　　　8.3.1　ADC 多工选择寄存器 ADMUX ·· 153

　　　　8.3.2　ADC 控制和状态寄存器 A(ADCSRA) ··· 155

　　　　8.3.3　ADC 数据寄存器(ADCL 和 ADCH) ·· 156

　　　　8.3.4　ADC 特殊功能 I/O 寄存器 SFIOR ·· 157

　　8.4　ADC 模块的使用 ··· 157

　　　　8.4.1　启动一次转换 ··· 157

　　　　8.4.2　ADC 转换时序 ·· 158

　　　　8.4.3　ADC 输入通道和参考电源选择 ··· 159

　　　　8.4.4　A/D 转换结果 ·· 160

　　8.5　简易数字电压表 ··· 160

　　　　8.5.1　硬件电路设计 ··· 161

　　　　8.5.2　软件设计 ··· 161

　　　　8.5.3　系统调试 ··· 165

第 9 章　异步通信模块及其应用 ··· 166

　　9.1　单片机串行通信原理 ··· 166

　　　　9.1.1　串行通信 ··· 166

　　　　9.1.2　常用硬件通信协议 ··· 168

9.2 USART 模块概述 ··· 169

9.2.1 USART 模块特点 ·· 169

9.2.2 USART 模块的组成 ·· 169

9.2.3 时钟发生器 ··· 169

9.2.4 帧格式及校验位的计算 ·· 171

9.3 USART 模块相关寄存器 ··· 172

9.3.1 USART 数据寄存器 UDR ·· 172

9.3.2 USART 控制和状态寄存器 A(UCSRA) ·· 172

9.3.3 USART 控制和状态寄存器 B(UCSRB) ·· 173

9.3.4 USART 控制和状态寄存器 C(UCSRC) ·· 174

9.3.5 USART 波特率寄存器(UBRRL 和 UBRRLH) ··· 175

9.4 USART 模块的使用 ··· 175

9.4.1 USART 的初始化 ·· 175

9.4.2 数据发送 ·· 176

9.4.3 数据接收 ·· 178

9.4.4 异步数据接收 ··· 180

9.5 基于 USB 的 PC 机与单片机通信设计 ··· 181

9.5.1 USB 简介 ··· 181

9.5.2 硬件电路设计 ··· 181

9.5.3 软件设计 ·· 183

9.5.4 系统调试 ·· 186

第 10 章 TWI 总线模块及其应用 ··· 188

10.1 TWI 总线概述 ··· 188

10.1.1 I²C 总线概述 ·· 188

10.1.2 TWI 总线连接及特点 ··· 190

10.1.3 TWI 模块的组成 ··· 191

10.1.4 TWI 数据传输和帧格式 ·· 193

10.1.5 多主机总线仲裁和同步 ··· 195

10.2 TWI 总线模块相关寄存器 ··· 195

10.2.1 TWI 比特率寄存器 TWBR(TWI Bit Rate Register) ······························· 195

10.2.2 TWI 控制寄存器 TWCR ··· 196

10.2.3 TWI 状态寄存器 TWSR ·· 197

10.2.4 TWI 数据寄存器 TWDR ·· 197

10.2.5 TWI(从机)地址寄存器 TWAR ·· 197

10.3 TWI 总线模块工作时序及传输模式 ··· 198

10.3.1 TWI 总线工作时序 ·· 198

10.3.2 TWI 总线数据传输模式 ·· 199

10.4 TWI 总线读取 AT24C02 ··· 206

10.4.1 AT24C02 介绍 ·· 206

　　　10.4.2　硬件电路设计 ……………………………………………………………207

　　　10.4.3　软件设计 ………………………………………………………………207

第 11 章　复位系统及休眠模式 ……………………………………………………212

　11.1　ATmega16 单片机的系统时钟 ……………………………………………212

　　　11.1.1　时钟源的选择 ……………………………………………………………213

　　　11.1.2　晶体振荡器 ………………………………………………………………213

　　　11.1.3　低频晶体振荡器 …………………………………………………………214

　　　11.1.4　外部 RC 振荡器 …………………………………………………………215

　　　11.1.5　标定的片内 RC 振荡器 ………………………………………………215

　　　11.1.6　外部时钟 …………………………………………………………………216

　11.2　ATmega16 单片机休眠模式与电源管理 …………………………………217

　　　11.2.1　空闲模式 …………………………………………………………………217

　　　11.2.2　ADC 噪声抑制模式 ……………………………………………………217

　　　11.2.3　掉电模式 …………………………………………………………………217

　　　11.2.4　省电模式 …………………………………………………………………217

　　　11.2.5　Standby 模式及扩展 Standby 模式 …………………………………218

　　　11.2.6　休眠模式设置 ……………………………………………………………218

　　　11.2.7　最小化功耗 ………………………………………………………………218

　11.3　ATmega16 单片机复位系统 ………………………………………………219

　　　11.3.1　复位源 ……………………………………………………………………219

　　　11.3.2　MCU 控制和状态寄存器 MCUCSR ………………………………222

　　　11.3.3　看门狗定时器 ……………………………………………………………222

　11.4　复位系统及休眠模式的应用实例 …………………………………………224

第三篇　综合实践篇

第 12 章　单片机音乐播放器 ………………………………………………………226

　12.1　单片机音乐播放器功能介绍 ………………………………………………226

　12.2　单片机音乐播放器设计思路 ………………………………………………226

　　　12.2.1　PWM 原理 ………………………………………………………………226

　　　12.2.2　单片机音乐播放器原理 …………………………………………………228

　　　12.2.3　系统工作流程 ……………………………………………………………228

　12.3　单片机音乐播放器硬件电路设计 …………………………………………229

　12.4　单片机音乐播放器软件设计 ………………………………………………229

　　　12.4.1　软件工作流程 ……………………………………………………………229

　　　12.4.2　软件应用代码 ……………………………………………………………230

　12.5　下载调试 ……………………………………………………………………237

第 13 章　基于 ZLG7290B 的键盘显示系统设计 ………………………………238

　13.1　键盘显示系统介绍 …………………………………………………………238

13.2　ZLG7290B 芯片介绍 ···238
　　13.2.1　引脚说明及典型应用电路 ··239
　　13.2.2　寄存器介绍 ···241
　　13.2.3　控制命令 ···243
13.3　键盘显示系统硬件电路设计 ···244
13.4　键盘显示系统软件设计 ···245
　　13.4.1　ZLG7290 驱动软件设计 ···245
　　13.4.2　综合软件设计 ··252
13.5　下载调试 ···253

第 14 章　基于 DS1302 的电子时钟设计 ···255
14.1　电子时钟系统介绍 ··255
14.2　电子时钟系统设计思路 ···255
14.3　DS1302 时钟芯片介绍 ··255
　　14.3.1　DS1302 的结构和性能 ···255
　　14.3.2　DS1302 的控制字和数据读写时序 ···256
　　14.3.3　DS1302 的内部寄存器 ··257
14.4　LCD1602 液晶显示模块 ··259
　　14.4.1　LCD1602 基本参数及引脚说明 ··259
　　14.4.2　LCD1602 操作指令 ···260
　　14.4.3　LCD1602 操作时序 ···261
　　14.4.4　LCD1602 的标准字库表 ···262
14.5　电子时钟硬件电路设计 ···263
14.6　电子时钟软件设计 ··264
　　14.6.1　软件流程 ···264
　　14.6.2　DS1302 驱动软件设计 ··264
　　14.6.3　LCD1602 驱动软件设计 ··267
　　14.6.4　电子时钟综合软件设计 ··270
14.7　下载调试 ···272

第 15 章　基于超声波检测的智能避障小车设计 ··273
15.1　智能避障小车介绍 ··273
15.2　智能避障小车总体设计 ···273
15.3　智能避障小车硬件电路设计 ···274
　　15.3.1　超声波测距模块电路设计 ···274
　　15.3.2　舵机及其控制系统设计 ··275
　　15.3.3　电机及其驱动系统设计 ··275
　　15.3.4　电源电路设计 ··278
　　15.3.5　智能避障小车硬件电路原理图 ··278

15.4　智能避障小车软件设计 ……………………………………………………279

15.4.1　软件流程图 ……………………………………………………………279

15.4.2　超声波测距程序设计 …………………………………………………279

15.4.3　避障算法设计 …………………………………………………………280

15.4.4　电机驱动程序设计 ……………………………………………………280

15.4.5　软件应用代码 …………………………………………………………280

15.5　下载调试 ……………………………………………………………………284

参考文献 ……………………………………………………………………………286

第一篇 开发基础篇

第1章 AVR单片机概述

【学习目标】

(1) 认识单片机，了解单片机的发展史、应用领域以及发展前景。

(2) 了解AVR单片机的命名规则、封装形式。

(3) 了解ATmega16单片机的性能、各个引脚的功能。

1.1 认识单片机

1.1.1 单片机的定义及特点

单片机是单片微型计算机的简称，就是将计算机的基本部件微型化并集成到一块芯片上的微型计算机。通常，芯片上集成了中央处理器单元(Central Processing Unit，CPU)、随机存取数据存储器(Random Access Memory，RAM)、只读程序存储器(Read Only Memory，ROM)、定时/计数器和多种输入/输出接口(I/O口)、中断控制系统、系统时钟及系统总线等。单片机具有如下特点。

(1) 优异的性价比。

(2) 集成度高、体积小、可靠性高。单片机把各功能部件集成在一块芯片上，内部采用总线结构，减少了各芯片之间的连线，大大提高了计算机的可靠性与抗干扰能力。另外，其体积小，对于强磁场环境易于采取屏蔽措施，适合在恶劣环境下工作。

(3) 控制功能强。为了满足工业控制的要求，一般单片机的指令系统中均有极丰富的转移指令、I/O口的逻辑操作以及位处理功能。单片机的逻辑控制功能及运行速度均高于同一档次的微机。

(4) 低功耗、低电压，便于生产携带式产品。

(5) 单片机的系统扩展和系统配置较典型、规范，容易构成各种规模的应用系统。

1.1.2 单片机的发展历史

单片机的发展历史主要分为以下4个阶段:

第1阶段(1976～1978年):单片机的探索阶段。该阶段以Intel公司的MCS-48为代表，其特点是采用专门的结构设计，内部资源不够丰富。该系列的单片机片内集成了8位CPU、并行I/O口、8位定时/计数器、RAM、ROM等;无串行I/O口，中断处理系统也比较简单;片内RAM和ROM的容量比较小，且寻址范围小于4KB。MCS-48的推出是在工控领域的探索，参与这一探索的公司还有 Motorola、Zilog 等，都取得了比较满意的效果。

第 2 阶段(1978～1982 年)：单片机的完善阶段。该阶段以 Intel 公司的 MCS-51 为代表。相比 MCS-48，MCS-51 系列更加完善和典型。它完善了外部总线，丰富了内部资源，并确立了单片机的控制功能。采用 16 位的外部并行地址总线，能对外部 64KB 的程序存储器和数据存储器空间进行寻址；还有 8 位数据总线及相应的控制总线，形成完整的并行三总线结构。同时还提供了具备多机通信功能的串行 I/O 口，实现了多级中断处理，集成了 16 位的定时/计数器；片内的 RAM 和 ROM 容量增大，寻址范围可达 64KB。部分单片机内还带有 A/D 转换、DMA 接口、PSW 等功能模块。在 MCS-51 单片机指令系统中，增加了大量的功能指令。例如，在基本控制功能方面设置了大量的位操作指令，使其和片内的位地址空间构成了单片机所独有的布尔逻辑操作系统，增强了单片机的位操作控制功能。此外，还有许多条件跳转、无条件跳转指令，从而增强了指令系统的控制功能。在单片机的芯片内设置了特殊功能寄存器，为外围功能电路的集中管理提供了方便。

第 3 阶段(1982～1990 年)：8 位单片机的巩固、发展及 16 位单片机的推出阶段，也是单片机向微控制器发展的阶段。Intel 公司推出的 MCS-96 系列单片机，将一些用于控制系统的模/数转换器、程序运行监视器、脉宽调制器等纳入芯片中，体现了单片机的微控制器特征。随着 MCS-51 系列的广泛应用，许多厂商竞相以 8051 为内核，将许多测控系统中使用的电路、接口、多通道 A/D 转换部件、可靠性技术等应用到单片机中，增强了外围电路功能，强化了智能控制的特征。

第 4 阶段(1990 年至今)：微控制器的全面发展阶段。随着单片机在各个领域全面、深入的发展和应用，出现了高速、大寻址范围、高运算能力的 8/16/32 位通用型单片机，以及小型廉价的专用型单片机。

1.1.3　单片机的系列

单片机按指令集不同可分为复杂指令集(Complex Instruction Set Computing，CISC)结构和精简指令集(Reduced Instruction Set Computing，RISC)结构两大类。

(1)采用 CISC 结构的单片机，比如 Intel MCS-51 系列、Motorola M68HC 系列、Atmel AT89 系列、STC89 系列、华邦公司的 W77/W78 系列等，指令丰富，功能较强，但取指令和取数据不能同时进行，速度受限，价格偏高。

(2)采用 RISC 结构的单片机，比如 Microchip PIC 系列、韩国三星 KS57C 系列 4 位单片机、中国台湾亿义隆 EM-78 系列、Atmel AVR 系列等，取指令和取数据能同时进行，便于采用流水线操作，且大部分指令为单周期指令，运行速度快，同时程序存储器空间利用率高，有利于实现超小型化。

一般而言，在控制关系较简单的小家电中常采用 RISC 结构单片机，而在控制关系复杂的场合常采用 CISC 结构单片机。

1.1.4　单片机的开发技术

所谓单片机开发技术，就是使用单片机芯片结合数字电路、模拟电路进行项目开发，实现智能化、自动化的各种控制。

如何学习和掌握单片机的开发技术呢？

首先，熟悉和了解单片机的内部和外部资源。单片机芯片的内部和外部资源都需要开发者自己管理，且在开发过程中，根据实际需要，开发者需要自己设计单片机外围电路，因此需要熟悉和了解一定的硬件知识。

其次，了解并掌握单片机的指令系统。开发者是通过程序对单片机进行相应的控制的，而这些程序是通过相应的指令来编写的。单片机的指令系统主要有汇编语言和单片机 C 语言之分，开发者可以只使用其中一种，也可以同时使用这两种语言编写程序。由于单片机 C 语言具有编程和调试灵活方便、生成的代码编译效率高、完全模块化、可移植性好、便于项目维护管理、可以直接操作单片机硬件等特点，现在许多单片机程序开发者均采用单片机 C 语言进行单片机系统的开发。

再次，了解和掌握常用软件的使用方法。进行单片机系统开发时，需要用到许多软件，不需要开发者对每个软件都很熟悉，但对于常用软件的使用应该特别熟悉。例如，使用 ICC AVR 进行源程序的编译、调试与固化等。

最后，应该坚持手、脑并用。在单片机的开发过程中，一定要坚持手、脑并用原则，多做、多看、多想，先看别人编写的程序，再学习修改别人的程序，仿写类似的程序，最后自己设计、编写程序，做到"实践、实践、再实践"。

1.2　单片机的应用领域及前景

1.2.1　单片机的应用领域

单片机已经渗透到社会生活的各个领域，在智能仪器仪表、工业控制、军事装置、民用电子产品等方面都得到了极为广泛的应用。

(1)在智能仪器仪表中的应用。用单片机制作的仪器仪表，广泛应用于实验室、交通运输工具、计量等领域。单片机能使仪器仪表数字化、智能化、多功能化，提高测试的自动化程度和精度；简化硬件结构，减少质量，缩小体积，便于携带和使用；降低成本，提高性能价格比。例如，数字式存储示波器、数字式 RLC 测量仪、智能转速表等。

(2)在工业控制方面的应用。在工业控制中，工作环境恶劣，各种干扰比较强，还需实时控制，这对控制设备提出了较高的要求。单片机由于集成度高、体积小、可靠性高、控制功能强，能对设备进行实时控制，所以被广泛应用于工业过程控制中，如电镀生产线、工业机器人、电机控制、炼钢、化工等领域。

(3)在军事装置中的应用。利用单片机的可靠性高、适用温度范围广、能工作在各种恶劣环境下等特点，可以将其应用在航天航空导航系统、电子干扰系统、宇宙飞船、导弹控制、智能武器装置、鱼雷制导控制等方面。

(4)在民用电子产品中的应用。在民用电子产品中，目前单片机广泛应用于通信设备和各种家用电器，如手机、数码相机、MP3 播放器、智能空调等。

1.2.2　单片机的发展趋势

主流与多品种共存，低电压化、低噪化、低功耗、低价位与高可靠性、高速、强功能一直是衡量单片机性能的重要指标，也是单片机占领市场、赖以生存的必要条件。为了提高性能，各大单片机设计公司都提出了自己的解决方案，目前正进一步向着低功耗 CMOS (Complementary Metal Oxide Semiconductor，互补金属氧化物半导体)化、微型单片化、主流与多品种共存、低电压化、低噪化与高可靠性、大容量化、高性能化，以及小容量、低价格化等方向发展。

(1) 低功耗 CMOS 化。近年来，由于 CMOS 技术的进步，大大促进了单片机的 CMOS 化。CMOS 芯片除了低功耗、高密度、低速度、低价格等特性之外，还具有功耗的可控性，可使单片机工作在功耗精细管理状态下。采用双极型半导体工艺的 TTL (Transistor-Transistor Logic，晶体管-晶体管逻辑) 电路速度快，但功耗和芯片面积较大。随着技术和工艺水平的提高，又相继出现了 HMOS (High Performance Metal Oxide Semiconductor，高密度、高速度 MOS) 和 CHMOS (Complementary Hybrid Metal Oxide Semiconductor，混合互补金属氧化物半导体) 工艺，使单片机的功耗进一步降低，适应的电压范围更广 (2.6～6V)。目前生产的 CHMOS 电路已达到 LSTTL (Low power Schottky Transistor-Transistor Logic，低功耗肖特基晶体管-晶体管逻辑) 的速度，传输延时小于 2ns，其综合优势已高于 TTL 电路。因此，在单片机领域，CMOS 电路正在逐渐取代 TTL 电路。

(2) 微型单片化。现在常规的单片机普遍都是将中央处理器 (CPU)、随机存取数据存储器 (RAM)、只读程序存储器 (ROM)、并行和串行通信接口、中断系统、定时电路、时钟电路集成在一块单一的芯片上。在此基础上，增强型的单片机又集成了如 A/D 转换器、PMW (脉宽调制电路)、WDT (看门狗) 等，有些单片机则将 LCD (液晶) 驱动电路也集成在单一的芯片上。这样单片机包含的单元电路越来越多，功能也越来越强大。甚至单片机厂商还可以根据用户的要求量身定做，制造出具有自己特色的单片机芯片。此外，现在的产品普遍要求体积小、重量轻，这就要求单片机除了功能强和功耗低外，还要求其体积要小。现在的许多单片机都具有多种封装形式，其中 SMD (表面封装) 越来越受欢迎，使得由单片机构成的系统正朝微型化方向发展。

(3) 主流与多品种共存。目前单片机的品种繁多，各具特色。其中，以 80C51 为核心的单片机是主流，占据了市场的半壁江山，兼容其结构和指令系统的有 Philips 公司的产品、Atmel 公司的产品和中国台湾的 Winbond 系列单片机等。而 Microchip 公司采用精简指令集 (RISC) 结构的 PIC 单片机也有着强劲的发展势头。中国台湾的 Holtek 公司生产的单片机，以其低价质优的优势，占据了一定的市场份额，近年来产量更是与日俱增。此外还有 Motorola 公司的产品、日本几大公司的专用单片机。在单片机市场上，业界走的是依存互补、相辅相成、共同发展的道路。在一定的时期内，这种情形将得以延续，而不会出现某一单片机一统天下的垄断局面。

(4) 低电压化。几乎所有的单片机都有 WAIT、STOP 等省电运行方式。允许使用的电压范围越来越宽，一般在 3～6V 范围内工作。低电压供电的单片机电源下限已可达 1～2V。目前 0.8V 供电的单片机已经问世。

(5) 低噪化与高可靠性。为提高单片机的抗电磁干扰能力，使产品能适应恶劣的工作环境，满足电磁兼容性方面更高标准的要求，各厂家在单片机内部电路中都采用了新的技术措施。

(6) 大容量化。以往单片机内的 ROM 为 1～4KB，RAM 为 64～128B。但在需要复杂控制的场合，该存储容量是不够的，必须进行外接扩充。为了适应这种领域的要求，须运用新的工艺，使片内存储器大容量化。目前，单片机内 ROM 最大可达 64KB，RAM 最大为 2KB。

(7) 高性能化。主要是指进一步改进 CPU 的性能，加快指令运算的速度和提高系统控制的可靠性。采用精简指令集 (RISC) 结构和流水线技术，可以大幅度提高运行速度。目前指令速度最高者已达 100MIPS (Million Instructions Per Second，兆指令每秒)，并加强了位处理功能、中断和定时控制功能。这类单片机的运算速度比标准的单片机高出 10 倍以上。由于这类单片机有极高的指令速度，就可以用软件模拟其 I/O 功能，由此引入了虚拟外设的新概念。

（8）小容量、低价格化。与上述相反，以 4 位、8 位机为中心的小容量、低价格化也是发展动向之一。这类单片机的用途是把以往用数字逻辑集成电路组成的控制电路单片化，可广泛用于家电产品。外围电路内装化，这也是单片机发展的主要方向。随着集成度的不断提高，有可能把众多的各种外围功能器件集成在片内。除了一般必须具有的 CPU、ROM、RAM、定时/计数器等以外，片内集成的部件还有模/数转换器、DMA（Direct Memory Access，直接存储器存取）控制器、声音发生器、监视定时器、液晶显示驱动器、彩色电视机和录像机用的锁相电路等。通用型单片机通过三总线结构扩展外围器件成为单片机应用的主流结构。随着低价位一次性编程（One Time Programable，OTP）及各种类型片内程序存储器的发展，加之外围接口不断进入片内，推动了单片机"单片"应用结构的发展。特别是 I^2C（Inter-Integrated Circuit，内部集成电路）、SPI（Serial Peripheral Interface，串行外设接口）等串行总线的引入，可以使单片机的引脚设计得更少，单片机系统结构更加简化及规范化。

1.3　AVR 系列单片机概述

AVR 是 Atmel 公司于 1997 年研发的采用哈佛结构的 RISC 单片机。该系列单片机吸取了 PIC 和 MCS-51 等系列单片机的优点，片上系统丰富，具有较高的性价比。

AVR 单片机抛弃了复杂指令集（CISC）结构追求指令完备的做法，采用精简指令集（RISC），以字作为指令长度单位，将内容丰富的操作数与操作码安排在一字之中（指令集中占大多数的单周期指令都是如此），取值周期短，又可预取指令，实现了流水作业，高速执行指令。

AVR 单片机硬件结构采用 8 位机与 16 位机的折中策略，即采用局部寄存器存堆（32 个寄存器文件）和单体高速输入/输出的方案（即输入捕获寄存器、输出比较匹配寄存器及相应控制逻辑）。因此，AVR 单片机在软/硬件开销、速度、性能和成本诸多方面取得了优化平衡，性价比高。

1.3.1　AVR 系列单片机的主要特征

AVR 单片机的优势如下。

（1）AVR 单片机内嵌高质量的 Flash 程序存储器，擦写方便，支持在系统编程（In System Programming，ISP）和在应用编程（In Application Programming，IAP），便于产品的调试、开发、生产和更新。内嵌长寿命的带电可擦写可编程只读存储器（Electrically Erasable Programmable Read Only Memory，E^2PROM）可长期保存关键数据，避免断电丢失。片内大容量的 RAM 不仅能满足一般场合的使用，同时也更有效地支持使用高级语言开发系统程序，并且部分机型可像 MCS-51 单片机那样外露总线扩展外部 RAM。

（2）AVR 单片机的 I/O 线全部带可设置的上拉电阻，具有可单独设定为输入/输出、可设定（初始）高阻输入、驱动能力强（可省去功率驱动器件）等特性，使得 I/O 口资源灵活、功能强大、可充分利用。

（3）AVR 单片机芯片内具有多种独立的时钟分频器，分别供通用异步收发传输器（Universal Asynchronous Receiver/Transmitter，UART）、兼容 I^2C（Two-Wire serial Interface，TWI）、SPI

使用。其中与 6/16 位定时器配合的多达 10 位的预分频器,可通过软件设置分频系数提供多种档次的定时时间。AVR 单片机独有的"以定时/计数器单向或双向计数形成三角波,再与输出比较匹配寄存器配合,生成占空比可变、频率可调、相位可变方波的设计方法,即脉宽调制输出 PWM(Pulse Width Modulation)",更是令人耳目一新。

(4)增强的高速同/异步串口,具有硬件产生校验码、硬件检测和校验、两级接收缓冲、波特率自动调整定位(接收时)、屏蔽数据帧等功能,提高了通信的可靠性,方便程序编写,更便于组成分布式网络和实现多机通信系统的复杂应用。串口功能大大超过 MCS-51 单片机的串口,加之 AVR 单片机高速、中断响应时间短,可实现高波特率通信。

(5)面向字节的高速硬件串行接口 TWI、SPI。TWI 与 I^{2}C 接口兼容,具有应答 ACK 信号硬件发送与识别、地址识别、总线仲裁等功能,能实现主/从机的收/发全部 4 种组合的多机通信。SPI 支持主/从机等 4 种组合的多机通信。

(6)AVR 单片机有自动上电复位电路、独立的看门狗电路、低电压检测电路 BOD,多个复位源(自动上下电复位、外部复位、看门狗复位、BOD 复位),可设置的启动后延时运行程序,提高了嵌入式系统的可靠性。

(7)AVR 单片机还具有多种省电休眠模式,且可超宽电压运行(1.8~5.5V),抗干扰能力强,可减少一般 8 位机中的软件抗干扰设计工作量和硬件的使用量。

可以看出,AVR 单片机博采众长,又具有独特技术,充分体现了单片机技术向"片上系统 SoC"方向发展的趋势,性价比极高,广泛应用于工农业和消费类电子等多个领域,不愧为 8 位机中的佼佼者。

1.3.2 AVR 系列单片机的选型

为适应不同领域的需要,AVR 有不同配置的单片机可供选择。AVR 目前主要有低档的 Tiny 系列和高档的 ATmega 系列。

Tiny 系列 AVR 单片机是专门为需要小型微控制的简单应用优化设计的,具有很高的性价比,主要有 8 个引脚的 Tiny11/12/13/15/45/85、14 个引脚的 Tiny24/44/84、20 个引脚的 Tiny26/261/461/861/2313 等。

ATmega 系列 AVR 单片机主要有 28 个引脚的 ATmega8/48/88/168、40 个引脚的 ATmega16/32/162/644/8535、64 个引脚的 ATmega128/165/325/64/645/1281/ 2561、100 个引脚的 ATmega3250/6450/640/1280/2560 等。

有关 Tiny 系列以及 ATmega 系列 AVR 单片机的性能可参阅相关产品手册,本书将以 ATmega16 单片机为对象展开 AVR 单片机的学习研究。

1.4   ATmega16 单片机概述

ATmega16 单片机资源丰富,具有相当高的性价比。本书的所有内容都是围绕 ATmega16 单片机来讲述,读者掌握了 ATmega16 单片机的开发和应用,就很容易掌握其他 AVR 系列单片机了。本书选用 ATmega16 的原因如下。

(1)性价比最高的 AVR 芯片之一,零售价低,货源充足。

(2)16KB 的 Flash,满足绝大部分的实际需要。

(3)内置资源丰富、功能强大,几乎涉及 AVR 芯片的所有功能。

　　(4)支持联合测试工作组(Joint Test Action Group,JTAG)仿真,特别适合 AVR 初学者和需要繁琐调试的低成本系统应用,而且 DIY 或者购买 JTAG 很经济,不需要购买较昂贵的仿真器。

　　纵观全系列 AVR 产品,ATmega16 单片机体现了物美价廉、适用范围广的定位特色,且符合教学要求,价格低,开发入门方便,将会成为越来越多单片机工作者不可多得的利器。

1.4.1　ATmega16 单片机的性能

　　ATmega16 是基于增强的 AVR RISC 结构的低功耗 8 位 CMOS 微控制器。由于其先进的指令集以及单时钟周期指令执行时间,ATmega16 的数据吞吐率高达 1MIPS/MHz,从而可以缓解系统在功耗和处理速度之间的矛盾。

　　ATmega16 AVR 内核具有丰富的指令集和 32 个通用工作寄存器。所有的寄存器都直接与算术逻辑单元(Arithmetic and Logic Unit,ALU)相连接,使得一条指令可以在 1 个时钟周期内同时访问两个独立的寄存器。这种结构大大提高了代码效率,并且具有比普通的 CISC 微控制器高达 10 倍的数据吞吐率。ATmega16 的结构框图如图 1-1 所示。其主要特点如下。

　　(1)先进 RICS 结构的高性能、低功耗 8 位 AVR 微处理器。131 条指令,大多数指令执行时间为单个时钟周期,工作于 16 MHz 时性能高达 16MIPS,32 个 8 位通用工作寄存器,全静态操作,只需 2 个时钟周期的硬件乘法器。

　　(2)非易失性程序和数据存储器。16KB 的系统内可编程 Flash,擦写寿命为 10000 次,具有独立锁定位的可选 Boot 代码区,可对锁定位进行编程以实现用户程序加密,通过片上 Boot 程序实现系统内编程,真正的同时读写操作,512B 的 E^2PROM,擦写说明为 100000 次,1KB 的片内静态随机存取存储器(Static Random Access Memory,SRAM)。

　　(3)外设特点。两个具有独立预分频器和比较器功能的 8 位定时/计数器。一个具有预分频器、比较功能和捕捉功能的 16 位定时/计数器。具有独立振荡器的实时计数器 RTC(Real-Time Clock)。具有四通道 PWM。10 位模/数转换器(Analog-to-Digital Converter,ADC),8 路单端通道,薄塑封四角扁平封装(Thin Quad Flat Package,TQFP)的 7 个差分通道,2 个具有可编程增益(1×、10×或 200×)的差分通道。可编程的串行通用同步/异步接收/发送器(Universal Synchronous/ Asynchronous Receiver/Transmitter,USART)接口。可工作于主机/从机模式的 SPI 串行接口。面向字节的两线串行接口。具有独立片内振荡器的可编程看门狗定时器;片内模拟比较器;引脚电平变化可引发中断并唤醒 MCU。

　　(4)特殊的处理器特点。上电复位以及可编程的掉电检测;片内经过标定的 RC 振荡器;片内/片外中断源;6 种睡眠模式(空闲模式、ADC 噪声抑制模式、省电模式、掉电模式、Standby 模式以及扩展的 Standby 模式);支持扩展的片内调试功能及符合 JTAG 标准的边界扫描功能的 JTAG 接口(与 IEEE1149.1 标准兼容);通过 JTAG 接口实现对 Flash、EEPROM、熔丝位和锁定位的编程。

　　(5)封装、工作电压及工作速度等级。32 个可编程的 I/O 口,封装形式分为 40 引脚塑料双列直插封装(Plastic Dual Inline Package,PDIP)、44 引脚 TQFP 封装与 44 引脚微引线框架(Micro Lead Frame,MLF)封装;在工作电压方面,ATmega16L/ATmega16A 为 2.7～5.5V,ATmega16 为 4.5～5.5V;在工作速度等级上,ATmega16L 为 0～8MHz@2.7～5.5V,ATmega16 为 0～16MHz@4.5～5.5V,ATmega16A 为 0～16MHz@2.7～5.5V。

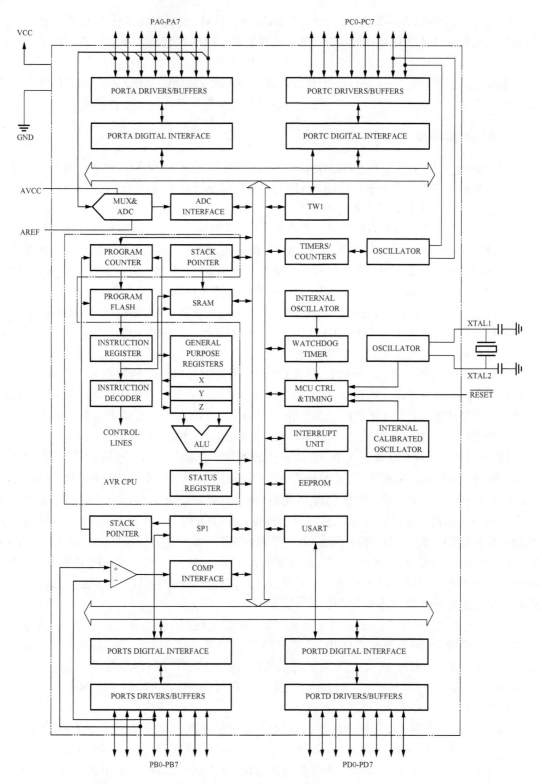

图 1-1　ATmega16 结构框图

1.4.2　ATmega16 单片机的封装与引脚

ATmega16 单片机常用的封装形式包括 40 引脚的 PDIP 和 44 引脚的 TQFP 两种。采用 PDIP 和 TQFP 封装形式的 ATmega16 单片机引脚分别如图 1-2 和图 1-3 所示。

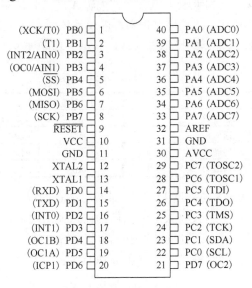

图 1-2　采用 PDIP 封装形式的 ATmega16 单片机引脚排布

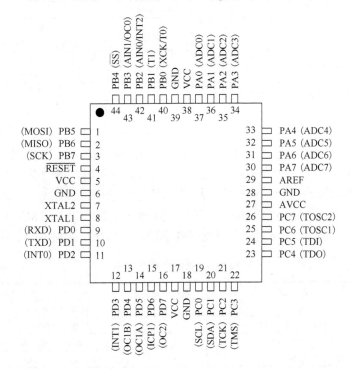

图 1-3　采用 TQFP 封装形式的 ATmega16 单片机引脚排布

ATmega16 单片机的引脚主要由 PA 口、PB 口、PC 口、PD 口及复用功能口，复位引脚 $\overline{\text{RESET}}$，电源引脚 VCC、GND，以及 A/D 转换功能引脚 AREF、AVCC 等组成。

（1）VCC 及 GND：VCC 为数字电路的电源，GND 为数字电路的地。

(2) $\overline{\text{RESET}}$：复位输入引脚。持续时间超过最小门限时间的低电平将引起系统复位，持续时间小于门限时间的脉冲不能保证可靠复位。

(3) 端口A(PA7～PA0)：8 位双向 I/O 口，具有可编程的内部上拉电阻。其输出缓冲器具有对称的驱动特性，可以输出和吸收大电流。作为输入使用时，若内部上拉电阻使能，端口被外部电路拉低时将输出电流。在复位过程中，即使系统时钟还未起振，端口 A 也处于高阻状态。端口 A 可作为 A/D 转换器的模拟输入端，其第 2 功能如表 1-1 所示。

表 1-1　端口 A 第 2 功能

端口引脚	第 2 功能	端口引脚	第 2 功能
PA7	ADC7(ADC 输入通道 7)	PA3	ADC3(ADC 输入通道 3)
PA6	ADC6(ADC 输入通道 6)	PA2	ADC2(ADC 输入通道 2)
PA5	ADC5(ADC 输入通道 5)	PA1	ADC1(ADC 输入通道 1)
PA4	ADC4(ADC 输入通道 4)	PA0	ADC0(ADC 输入通道 0)

(4) 端口B(PB7～PB0)：8 位双向 I/O 口，具有可编程的内部上拉电阻。其输出缓冲器具有对称的驱动特性，可以输出和吸收大电流。作为输入使用时，若内部上拉电阻使能，端口被外部电路拉低时将输出电流。在复位过程中，即使系统时钟还未起振，端口 B 也处于高阻状态。端口 B 也可以用于其他特殊功能，其第 2 功能如表 1-2 所示。

表 1-2　端口 B 第 2 功能

端口引脚	第 2 功能	端口引脚	第 2 功能
PB7	SCK(SPI 总线的串行时钟)	PB3	AIN1(模拟比较负输入) OC0(T/C0 输出比较匹配输出)
PB6	MISO(SPI 总线的主机输入/从机输出信号)	PB2	AIN0(模拟比较正输入) INT2(外部中断 2 输入)
PB5	MOSI(SPI 总线的主机输出/从机输入信号)	PB1	T1(T/C1 外部计数器输入)
PB4	$\overline{\text{SS}}$(SPI 总线的从机选择引脚)	PB0	T0(T/C0 外部计数器输入) XCK(USART 外部时钟输入/输出)

(5) 端口C(PC7～PC0)：8 位双向 I/O 口，具有可编程的内部上拉电阻。其输出缓冲器具有对称的驱动特性，可以输出和吸收大电流。作为输入使用时，若内部上拉电阻使能，端口被外部电路拉低时将输出电流。在复位过程中，即使系统时钟还未起振，端口 C 也处于高阻状态。如果 JTAG 接口使能，即使复位出现，引脚 PC5(TDI)、PC3(TMS) 与 PC2(TCK) 的上拉电阻也被激活。端口 C 也可以用于其他特殊功能，其第 2 功能如表 1-3 所示。

表 1-3　端口 C 第 2 功能

端口引脚	第 2 功能	端口引脚	第 2 功能
PC7	TOSC2(定时振荡器引脚 2)	PC3	TMS(JTAG 测试模式选择)
PC6	TOSC1(定时振荡器引脚 1)	PC2	TCK(JTAG 测试时钟)
PC5	TDI(JTAG 测试数据输入)	PC1	SDA(两线串行总线数据输入/输出线)
PC4	TDO(JTAG 测试数据输出)	PC0	SCL(两线串行总线时钟线)

(6) 端口D(PD7～PD0)：8 位双向 I/O 口，具有可编程的内部上拉电阻。其输出缓冲器具有对称的驱动特性，可以输出和吸收大电流。作为输入使用时，若内部上拉电阻使能，则端口被外部电路拉低时将输出电流。在复位过程中，即使系统时钟还未起振，端口 D 也处于高阻状态。端口 D 也可以用于其他特殊功能，其第 2 功能如表 1-4 所示。

表 1-4　端口 D 第 2 功能

端口引脚	第 2 功能	端口引脚	第 2 功能
PD7	OC2(T/C2 输出比较匹配输出)	PD3	INT1(外部中断 1 的输入)
PD6	ICP1(T/C1 输入捕捉引脚)	PD2	INT0(外部中断 0 的输入)
PD5	OC1A(T/C1 输出比较 A 匹配输出)	PD1	TXD(USART 输出引脚)
PD4	OC1B(T/C1 输出比较 B 匹配输出)	PD0	RXD(USART 输入引脚)

（7）AVCC、AREF：AVCC 是端口 A 与 A/D 转换器的电源。不使用 ADC 时，该引脚应直接与 VCC 连接。使用 ADC 时，应通过一个低通滤波器与 VCC 连接。AREF 为 A/D 的模拟基准输入引脚。

（8）XTAL1、XTAL2：XTAL1 为反向振荡放大器与片内时钟操作电路的输入端；XTAL2 为反向振荡放大器的输出端。

1.4.3　ATmega16 单片机的存储器结构

AVR 系列单片机有 3 个主要的存储器：数据存储器 SRAM、程序存储器 Flash 和 E^2PROM 存储器。这 3 个存储器空间分别编址，即各自使用自己的线性地址空间，地址范围从 0 到各自容量的最大值减 1。

图 1-4　ATmega16 数据存储器

1. 数据存储器 SRAM

AVR 的数据存储器 SRAM 由通用寄存器组(R0～R31)、I/O 寄存器和内部 SRAM 组成，如图 1-4 所示。

AVR 的所有 I/O 和外设操作寄存器都被放置在 I/O 空间，所有 I/O 专用寄存器(SFR)都被编址到与内部 SRAM 同一个地址的空间，为此对它的操作与 SRAM 变量操作类似。

AVR 的堆栈是向下增长的，而在 AVR 单片机上电时，堆栈指针初始化为 0x00，因此在程序开始时要初始化堆栈指针寄存器 SP 指向 SRAM 的高位地址。采用 C 语言编程时，该工作由编译器自动完成。

2. 系统内可编程的 Flash 程序存储器

ATmega16 单片机具有 16KB 在线编程 Flash，可擦写至少 10000 次，用于存放程序指令代码。因为所有的 AVR 指令为 16 位或 32 位，因此所有 AVR 的 Flash 都组织成 8K×16 位的形式。用户程序的安全性要根据程序存储器的两个区——引导(Boot)程序区和应用程序区分开来考虑，Boot 区在 Flash 的高端。

在编写 AVR 汇编程序时，要注意跳转避让 Flash 开始的中断向量区。用 C 语言编程时，由编译器自动处理该问题。

3. E^2PROM 存储器

ATmega16 单片机包含 512B 的 E^2PROM 数据存储器。它是作为一个独立的数据空间而存在的，可以按字节读写。E^2PROM 的寿命至少为 100000 次擦除周期。AVR 的 E^2PROM 的访问由地址寄存器、数据寄存器和控制寄存器决定。E^2PROM 的访问寄存器位于 I/O 空间，用

于控制访问 E^2PROM 的有关寄存器。

【思考练习】

(1)简述单片机的组成。

(2)简述单片机的应用。

(3)简述单片机的结构特点。

(4)简述 ATmega16 单片机的特点。

(5)ATmega16 单片机存储器有几种类型？有何作用？

第 2 章　ATmega16 的开发环境与开发技巧

【学习目标】

(1) 了解并掌握单片机 C 语言编译环境 ICCV8。

(2) 了解并掌握单片机程序下载软件及使用方法。

(3) 熟悉 ATmega16 单片机学习板的设计与制作。

(4) 掌握单片机系统开发技巧及开发流程。

2.1　AVR 单片机开发工具概述

单片机系统程序的编写、开发和调试都需要借助于通用计算机 PC 来完成。用户首先在 PC 上通过专用单片机开发软件平台，编写由汇编语言或高级语言构成的系统程序(源程序)，再由编译系统将源程序编译成单片机能够识别和执行的运行代码(目标代码)。运行代码本身是一组二进制数据，在 PC 中对于纯二进制码的数据文件一般是采用 BIN 格式保存的，以".bin"作为文件的扩展名。但在实际应用中，通常使用的是一种带定位格式的二进制文件，即 HEX 格式的文件，一般以".hex"作为文件的扩展名。

2.2　ICCAVR 开发编译环境

在开发程序时，除了建立一个良好的开发文档外，编译工具的选择也很重要。有许多人认为使用汇编语言编写程序比较精简，而用高级语言开发会浪费很多程序空间。其实，这是一种误解。对一个熟悉某种单片机的汇编高手来说，他能写出比高级语言更精简的代码，而对于汇编不是很熟的开发者，或者碰到突然更换了一种新的单片机的情况，还能保证一定可以写出比高级语言更简练的代码吗？

高级语言的优越性是汇编语言不能比拟的。C 语言既有高级语言的特点，又可对硬件进行操作，并可进行结构化程序设计。用 C 语言编写的程序容易移植，可生成简洁、可靠的目标代码，在代码效率和代码执行速度上完全可以和汇编语言相媲美。因此，采用 C 语言进行单片机编程是嵌入式程序设计的发展趋势。

ATmega16 单片机是 Atmel 的 AVR 系列中的一种。对于 AVR 系列单片机，很多第三方厂商为其开发了用于程序开发的 C 编译器。AVR 单片机的常用编译器、调试器包括 AVR Studio、GCC AVR(WinAVR)、ICC AVR、CodeVision AVR、Atman AVR、IAR AVR 等，如表 2-1 所示。其中，IAR AVR 是与 Atmel 的 AVR 系列单片机同步开发的，是一个老牌的 C 编译器环境，自带源程序调试工具软件 C-SPY；其他 C 语言工具则是后来独立开发的。GCC AVR(WinAVR)、ICC AVR 和 CodeVision AVR 只能通过生成 COF 格式文件在 Atmel 的 AVR Studio 环境中进行源程序调试，IAR 在两个调试环境中均可以正常工作。IAR 没有应用程序向导，而 ICC AVR 和 CodeVision AVR 都有应用程序向导，可以根据选择的器件来自动产生 I/O 端口、定时器、中断系统、UART、SPI、模拟量比较器、片外 SRAM 和配置的 C 语言初始化代码。IAR、ICC AVR 和 CodeVision AVR 都可以根据选定的晶振频率和设定的波特率来计算波特率发生器 UBRR 的常数等。

表 2-1　ATmega16 单片机的常用编译器、调试器

软件名称	类型	简介	官方网址
AVR Studio	IDE、汇编编译器	Atmel AVR Studio 集成开发环境 (Integrated Development Environment, IDE)，可使用汇编语言进行开发 (使用其他语言需第三方软件协助)，集软硬件仿真、调试、下载编程于一体。Atmel 官方及市面上通用的 AVR 开发工具都支持 AVR Studio	www.atmel.com
GCC AVR (WinAVR)	C 编译器	GCC 是 Linux 的唯一开发语言。GCC 编译器的优化程度可以说是目前世界上民用软件中做得最好的。另外，它还有一个非常大的优点，就是免费！在国外，使用它的人几乎是最多的。但相对而言，其缺点是使用起来操作较为麻烦	sourceforge.net
ICC AVR	C 编译器 (集烧写程序功能)	市面上 (中国大陆) 的教科书使用它作为例程的较多，集成代码生成向导。虽然它的各方面性能均不是特别突出，但使用较为方便。虽然 ICC AVR 软件不是免费的，但它提供了 Demo 版本，在 45 天内是完全版	www.imagecraft.com
CodeVision AVR	C 编译器 (集烧写程序功能)	与 KeilC51 的代码风格最为相似，集成较多常用外围器件的操作函数，拥有代码生成向导；有软件模块，但不是免费的，Demo 版为限 2KB 版	www.hpinfotech.ro
Atman AVR	C 编译器	支持多个模块调试 (AVR Studio 不支持多个模块调试)	www.atmanecl.com
IAR AVR	C 编译器	IAR 实际上在国外使用的人较多，但由于价格较为昂贵，在中国大陆使用它的开发人员较少	www.iar.com

ICC AVR 是 AVR 单片机最常用的软件开发环境。

2.2.1　ICC AVR 简介

ICC AVR 是由美国 ImageCraft 公司推出的基于 Atmel AVR 系列微控制器平台的 ANSI C 编译器，支持 32 位或 64 位 IEEE 兼容浮点算法以及最新的 MIOGlobal OptimizerTM 优化技术。同时，自带应用程序向导可以自动产生针对特定型号 MCU 的相关硬件代码，可帮助用户节省查阅 IC 数据手册的时间。ICC AVR 集成开发环境的主要特点如下。

（1）这是一个综合了编辑器和项目管理器的集成工作环境 (IDE)，集成度高，使用简单。

（2）源文件全部被组织到项目中，文件的编辑和项目的构筑也在这个环境中完成。编译错误会显示在状态窗口中，当单击错误时，光标会自动跳转到错误的那一行，便于用户进行修改和编译。

（3）项目管理可以生成 AVR 单片机直接使用的 ".hex" 文件，该格式文件可被大多数编程器所支持。

目前较新版的 ICCV8 for AVR CodeBlocks IDE 具有如下功能。

（1）包含 C 编译器、汇编器，可对开发工作进行项目管理。汇编器具有功能强劲的宏汇编，支持通用伪指令和条件编译。

（2）支持硬件应用向导，可自动生成相关硬件的初始化代码，可生成在 ATMEL AVR Studio4 中进行源代码调试的 ".coff" 文件。

（3）支持 AVR Studio 插件，可以直接在 AVR Studio4 中进行编辑、编译和调试。

（4）链接器具有完善的连接和重定位功能，可生成 HEX/COFF 格式文件，可生成库文件。

2.2.2　ICCV8 安装方法

ICCV8 for AVR CodeBlocks IDE 软件的安装非常简单，具体步骤如下。

(1)打开配套资料中的 iccv8avr_v80502.exe 安装文件，进入 Welcome(欢迎)界面，如图 2-1 所示。

(2)单击图 2-1 安装界面下部 Next 按钮，在弹出的 License Agreement(许可协议)界面中选中 I agree to the terms of this license agreement 单选按钮，如图 2-2 所示。

图 2-1　Welcome(欢迎)界面

图 2-2　同意许可协议

(3)单击图 2-2 许可协议界面下部 Next 按钮，在弹出的 User Information(用户信息)界面中填写用户信息，如图 2-3 所示。

(4)单击图 2-3 用户信息界面下部 Next 按钮，在弹出的 Installation Folder(安装路径)界面中选择安装路径(建议选择英文路径)，如图 2-4 所示。

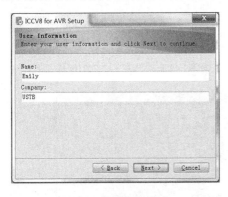

图 2-3　填写用户信息

图 2-4　选择安装路径

(5)单击图 2-4 安装路径界面下部 Next 按钮，在弹出的 Shortcut Folder(快捷方式文件夹)界面设置快捷方式安装路径，保持默认设置即可，如图 2-5 所示。

(6)单击图 2-5 快捷方式文件夹界面下部 Next 按钮，在弹出的 Ready to Install(准备安装)界面确认安装信息，如图 2-6 所示。

(7)单击图 2-6 下部 Next 按钮，开始安装 ICCV8 for AVR CodeBlocks IDE 软件，完成后如图 2-7 所示。

(8)单击图 2-7 下部 Finish 按钮，成功完成 ICCV8 for AVR CodeBlocks IDE 软件的安装，桌面上出现如图 2-8 所示 ICCV8 快捷方式。

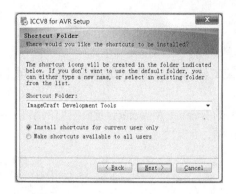

图2-5　设置快捷方式安装路径

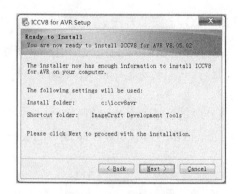

图2-6　确认安装信息

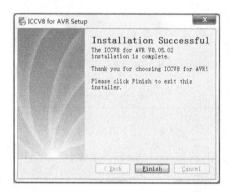

图2-7　Installation Successful（安装完成）界面

图2-8　桌面快捷方式

2.2.3　ICCV8 快速入门

（1）双击桌面上的 ICCV8 图标，启动 ICCV8 开发编译环境。ICCV8 工作界面如图2-9 所示，主要由菜单命令栏、快捷工具栏、项目管理窗口、代码编辑窗口、状态栏与输出窗口等组成。

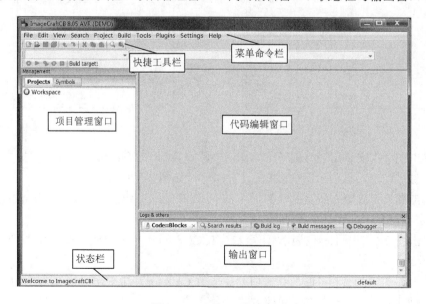

图2-9　ICCV8 工作界面

(2) 选择 File→New→Project 命令，新建项目，如图 2-10 所示。

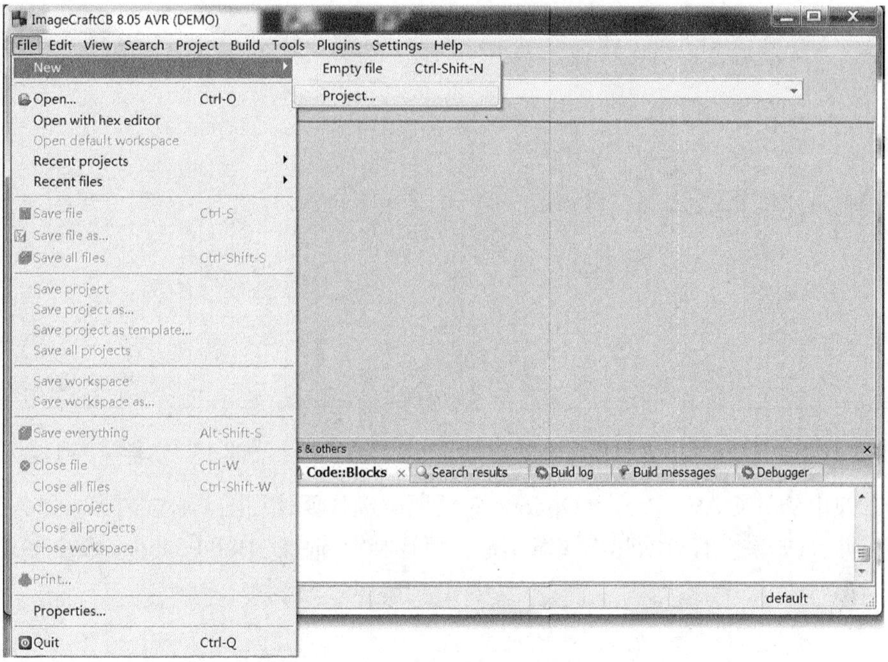

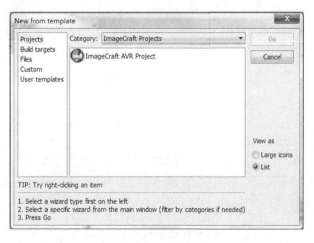

图 2-10　新建项目

(3) 在弹出的窗口中选中 ImageCraft AVR Project，单击 Go 按钮，如图 2-11 所示。

图 2-11　选择模板

(4) 在弹出窗口的 Project title 文本框中输入项目名称，在 Folder to create project in 文本框中为项目指定工作路径，如图 2-12 所示。

(5) 在弹出窗口的 Compiler 下拉列表框中选择 ImageCraft AVR Compiler，然后单击 Finish 按钮，如图 2-13 所示。

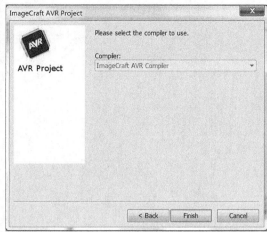

图 2-12　设置项目名称及保存路径　　　　　　　　　图 2-13　选择编译器

（6）在弹出的 ICC AVR Project Options 对话框中选择要使用的具体器件，比如 ATMega16，如图 2-14 所示（如果没有自动弹出该对话框，可选择 Project→Build options 命令将其打开）。

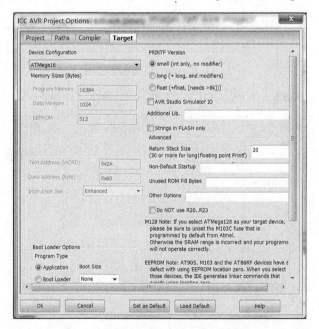

图 2-14　ICC AVR Project Options 窗口

在 ICC AVR Project Options 对话框中，可以设置当前项目的相关编译参数。其中包含 4 个选项卡，比较常用的是 Compiler 选项卡和 Target 选项卡。在 Compiler 选项卡中，常用的设置是选择项目的 Output Format（输出格式），通常情况下选择 COFF/HEX 即可（选择该选项，将生成项目对应的".coff"文件和".hex"文件，前者用于调试，后者用于编程）。在 Target 选项卡中，常用的设置是选择使用的具体器件、选择当前项目的类型是应用代码还是 Boot Loader 代码，以及选择 PRINTF 的数据类型。PRINTF 的数据类型相关参数说明如下。

① small：只支持%c、%d、%x、%X、%u 和%s 格式。

② long：支持%ld、%lu、%lx、%lX 格式。

③ float：支持%f，该选项会占用很大的内存空间。

(7)创建好的项目文件如图 2-15 所示。

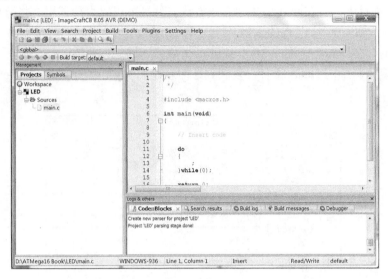

图 2-15　创建好的项目

(8)编写程序代码，向项目中添加包含文件。

输入程序代码，以下面代码为例进行介绍。

```
/***************************************************************
作者：北京科技大学信息工程学院索奥科技中心
功能：点亮 LED
硬件：ATmega16 单片机
      8 位 LED，PC 口驱动
***************************************************************/
#include <macros.h>
#include "iom16v.h"
void main(void)
{
    MCUCSR = 0x80;
    MCUCSR = 0x80;          //取消 C 端口的 I/O 口复用功能
    DDRC = 0xFF;            //设置 PC 端口方向寄存器为输出
    PORTC = 0x00;          //设置输出寄存器为输出低电平，点亮 8 个 LED
    while(1)                //无限循环
    {
    }
}
```

在编写程序的过程中，如果遇到某些算法需要多次重复调用，一般会将其声明成函数，这样就可以在项目中通过函数名多次调用这些算法了，而不需要重复地编写。不过又出现了这样的问题，即如果在其他的项目中也想调用这些函数，那该怎么办呢？

复制、粘贴是一种解决问题的方法，将以前的函数复制到新的项目中的确能够解决问题，但又会让项目显得杂乱，有时甚至会出现函数中的某些变量与项目中的变量重名从而导致程序错误。

那么，一般的解决方法又是什么呢？

　　一般的做法是将这些函数打包成函数库文件。函数库文件一般包括两个文件：存放函数主题的".c"文件以及用来声明函数的".h"头文件。在需要调用函数的时候，只要先将函数库文件添加到项目中，再在main.c中包含函数头文件，就可以直接调用这些函数了。

　　下面就讲一讲如何将现有的函数库文件添加到项目中。这里就以添加与延时相关的delay.c和delay.h文件到新建好的My first project项目为例进行介绍。

　　① 将配套资料中的Delay文件夹复制到之前新建的My first project文件夹中，如图2-16所示。

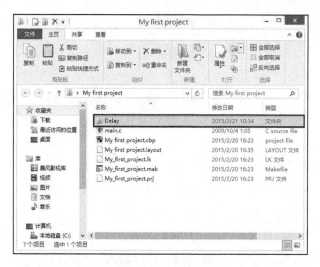

图2-16　复制Delay文件夹

　　② 打开My first project项目，在项目管理窗口的Projects选项卡中右击My_first_project图标，在弹出的快捷菜单中选择Add file命令，如图2-17所示。

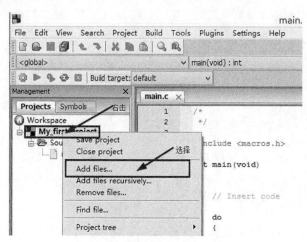

图2-17　选择Add files命令

　　③ 找到项目目录，双击打开Delay文件夹，如图2-18所示。

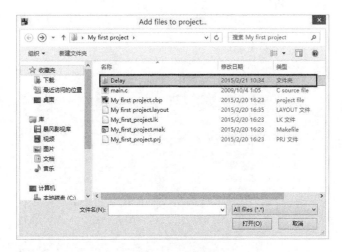

图 2-18　双击打开 Delay 文件夹

④ 同时选中 delay.c 和 delay.h 这两个文件，单击"打开"按钮，如图 2-19 所示。

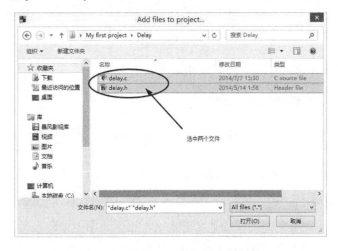

图 2-19　选中 delay.c 和 delay.h 文件

⑤ 回到工程中就可以发现，这两个文件已经被添加到项目中。最后，在 main.c 的开始包含 delay.h 文件，如图 2-20 所示。

图 2-20　包含头文件

（9）选择 Build→Build 命令，或在快捷工具栏中单击齿轮形状的按钮，进行项目编译，如图 2-21 所示。

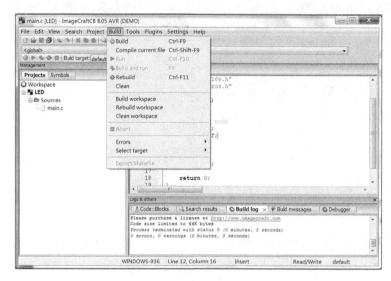

图 2-21　编译

如果编译结果不正确，纠错，直到编译正确。

2.2.4　ICC AVR 的扩展关键字及库函数

ICC AVR 除了支持标准的 C 语言关键字外，还支持一些扩展关键字，用于编译诸如中断之类的特殊操作。

（1）interrupt_handler 关键字。用法如下：

```
#pragma interrupt_handler  <中断函数名>: <中断向量号>
```

interrupt_handler 关键字必须在函数之前定义，用于说明"中断函数名"定义的函数是中断操作函数，编译器会在中断操作函数中生成中断返回指令"reti"来代替普通返回指令"ret"，保存和恢复函数所使用的全部寄存器，并且会根据"中断向量号"生成中断向量地址。

（2）ctask 关键字。用法如下：

```
#pragma ctask < func1 > < func2 > ...
```

ctask 关键字指定了函数使用非挥发寄存器来保存和恢复代码，其典型应用是在 RTOS 实时操作系统中让 RTOS 核直接管理寄存器。

（3）data 关键字。用法如下：

```
#pragma data : < data >
```

data 关键字用于改变数据段的名称，使其与命令行选项相适应。该关键字在分配全局变量到 EEPROM 中时必须被使用。

ICC AVR 提供了许多现成的库函数供用户调用，使用这些库函数可以大大提高代码的编写效率。需要注意的是，在使用这些库函数之前必须先引用一下对应的头文件。ICC AVR 提供的库函数的头文件介绍如下。

① io*.h：I/O 寄存器操作函数的头文件。

② macros.h：宏和定义声明的头文件。

③ assert.h：声明的头文件。

④ ctype.h：字符类型函数头文件。

⑤ float.h：浮点数原型头文件。

⑥ limits.h：数据类型的大小和范围头文件。

⑦ math.h：浮点运算函数头文件。

⑧ stdarg.h：变量参数表头文件。

⑨ stddef.h：标准定义头文件。

⑩ stdio.h：标准输入/输出 I/O 函数头文件。

⑪ stdlib.h：内存分配函数的标准库头文件。

⑫ string.h：字符串处理函数头文件。

2.3　ISP 编程器控制平台

对单片机的编程操作是指以特殊手段和软硬件工具，对单片机进行特殊的操作，以实现以下功能。

(1) 将在 PC 上生成的该单片机系统程序的运行代码写入单片机的程序存储器中。

(2) 对片内的 Flash、E^{2}PROM 进行擦除、数据写入和数据读出。

(3) 实现对 AVR 熔丝位的设置、芯片型号读取、加密位锁定等。

AVR 系列单片机提供对程序存储器 (Flash) 和数据存储器 (E^{2}PROM) 的串行编程功能 (ISP)，使其编程下载变得非常方便。AVR 系列器件内部 Flash 存储器的编程次数通常可达到 10000 次以上，所以使用多次烧写的方式调试程序时不必担心器件的损坏。

ISP 功能占用 3 个 I/O 端口 (MOSI、MISO、SCK) 与外部编程逻辑通信，编程逻辑按指定时序将程序数据 (比如.hex 或.coff 文件和熔丝位的配置) 以串行方式发送到器件，器件内的 ISP 功能模块负责将数据写入到 Flash 或 EEPROM，实现 ISP 在系统可编程的功能。

在实际应用中，通常利用 PC 机的并行口或串行口加一个下载适配器 (下载线) 来实现一个编程硬件。根据所用计算机端口的类型不同，单片机 ISP 下载线可分为 USB 下载线、串行 ISP 下载线和并行 ISP 下载线等多种类型。为了学生学习、使用方便，北京科技大学索奥科技中心与轩微科技联合开发了适用于 AVR 单片机的 ISP 编程器控制平台——轩微编程器控制平台，包括下载器和编程平台两部分。这是一款可以对微控制器、电可擦写存储器进行在线串行编程的软件。

2.3.1　下载器

大家都知道单片机工作是需要程序的，那么如何将在计算机中写好的程序下载到单片机中呢？这里就要用到下载器以及编程平台了。

"轩微下载器"是基于 USB 接口类型的下载器。基于 USB 接口类型的下载器电路中需使用 MCU，需要对 MCU 安装 USB 驱动程序。下面以 Windows 7 系统为例介绍轩微下载器驱动安装方法。

(1)将下载器与计算机连接。

(2)右击"计算机"图标，在弹出的快捷菜单中选择"设备管理器"命令(或选择"属性"命令，在弹出的"系统"窗口左侧选择"设备管理器")，打开设备管理器，如图 2-22 所示。

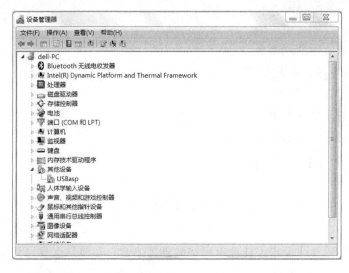

图 2-22　设备管理器

(3)找到带有黄色三角警示符的图标 USBasp，一般在"其他设备"中；如果找不到，可多次拔插下载器，找到新增加的那个图标，即为下载器。选中该图标后右击，在弹出的快捷菜单中选择"更新驱动程序软件"命令，如图 2-23 所示。

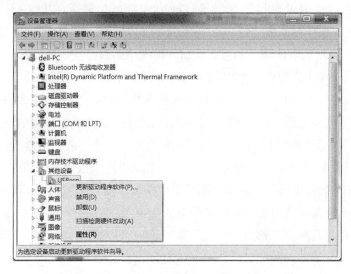

图 2-23　右击 USBasp 图标后选择"更新驱动程序软件"命令

(4)在弹出的窗口中选中"浏览计算机以查找驱动程序软件"，如图 2-24 所示。

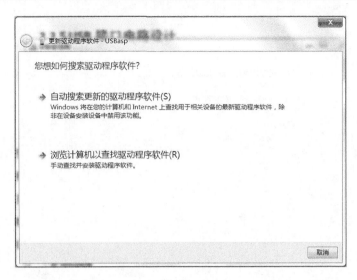

图 2-24　搜索驱动程序软件

(5) 在弹出的窗口中单击"浏览"按钮，选择配套资料中的驱动文件夹，然后选中"包括子文件夹"复选框，如图 2-25 所示。注意，安装驱动时要与当前计算机操作系统的位数相符。

图 2-25　选择驱动文件夹

(6) 如有警告弹出，选择"始终安装此驱动程序软件"，如图 2-26 所示。

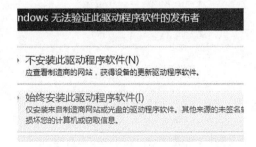

图 2-26　Windows 警告

(7) 轩微下载器驱动成功安装后，单击"关闭"按钮，如图 2-27 所示。

图 2-27　驱动成功安装

2.3.2　编程平台

下载器驱动安装好后，就可以使用下载器往单片机中下载程序了。轩微编程器控制平台不需要安装，可直接运行。下面具体演示一下程序下载步骤。

(1)打开配套资料中的"轩微编程器控制平台.exe"文件，这是索奥科技中心轩微编程器控制平台专版，如图 2-28 所示。

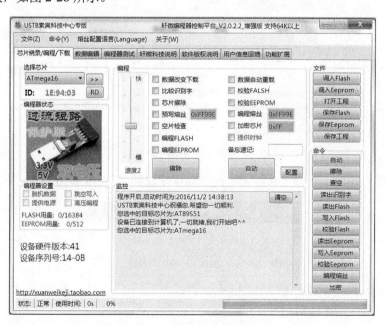

图 2-28　轩微编程器控制平台索奥科技中心专版

(2)下载程序前需要根据应用系统开发的硬件系统进行相应的设置。在左侧的"选择芯片"下拉列表框中选择芯片，比如 ATmega16；在右侧的"编程"栏中选中"比较识别字""芯片擦除""编程 FLASH""数据自动重载""校验 FLASH"等复选框，如图 2-29 所示。

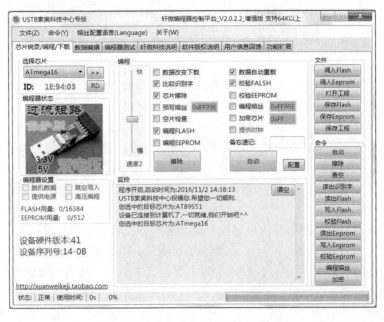

图 2-29　进行相应的设置

　　(3)完成设置后就可以进行下载测试了。首先，将下载器与单片机学习板和计算机正确连接。这时可以看到编译器状态栏中出现彩色图片，并且"监控"栏中会出现"本平台已检测到您已把设备插入"的字样(如图 2-30 所示)，说明下载平台已找到下载器，下载器的驱动安装没有问题；若没有出现彩色图片，可更换 USB 口进行尝试。然后，单击"文件"栏中的"调入 Flash"按钮，选择需要下载的".hex"程序文件，如配套资料中的 Example.hex 文件，双击打开后，单击"命令"栏中的"自动"按钮进行程序下载。下载完成后程序直接运行，如图 2-30 所示。

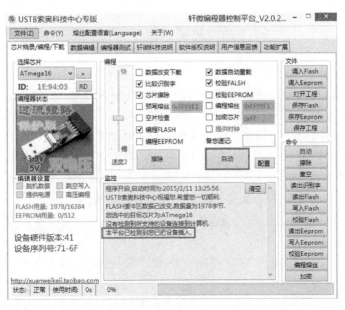

图 2-30　下载程序

2.4　ATmega16 单片机学习板的设计与制作

对于单片机的学习,实践是必不可少的一个重要环节,如果理论与实践脱节,学习的效果将大打折扣。

ATmega16 单片机是一中档功能的 AVR 芯片,片内集成了 1KB 的 SRAM、16KB 的 Flash、512B 的 E^2PROM,2 个 8 位和 1 个 16 位共 3 个超强功能的定时/计数器,以及 USART、SPI、多路 10 位 ADC、WDT、RTC、ISP、IAP、TWI、片内高精度 RC 振荡器等多种功能的接口,较全面地体现了 AVR 的特点,不仅适合初学者入门,同时也满足一般的项目要求,在实际中得到了大量的应用。

现如今,不论是课外兴趣科技小制作,还是参与学校科技创新训练项目,或者是参与飞思卡尔智能车、RobotCup 机器人等科技竞赛,单片机技术都在其中扮演着较为重要的角色。北京科技大学索奥科技中心从培养大学生在大学期间“利用好课余时间,学会一门技术”的核心理念出发,自行开发了 ATmega16 单片机学习板。经过多年的开发及使用产品日益成熟,功能强大,非常适用于初学者。本书将以 ATmega16 单片机为主线,逐步介绍 AVR 单片机的内部结构,以及各功能模块的使用方法。所有例程均可在该学习板上实现。ATmega16 单片机学习板实物如图 2-31 所示。

图 2-31　ATmega16 单片机学习板

ATmega16 单片机学习板的 CPU 选用 ATmega16 AU 芯片(A 表示 LQFP 封装,U 表示军工级),在 16 系列中性能强劲,体积较小;外接晶振 16MHz。在实现单片机最小系统设计的同时,该学习板还具有如下特点。

(1)引出 ATmega16 单片机所有通用 I/O 口。

(2)8 路 LED 和 8 位数码管显示。

(3)2 个独立按键。

(4)1 路蜂鸣器输出。使用进口无源蜂鸣器进行 PWM 的实验,使用 9013(三极管)将 PWM 信号放大以正常驱动蜂鸣器。

(5)外扩 74HC595 移位寄存器,实现 8 位数码管动态显示。

(6)1 路 A/D 转换输入,单片机内部 10 位精度。板上使用 10kΩ电位器模拟 0~5V 电压输入,进行 A/D 转换模块学习。

(7)外扩 E^2PROM 数据存储器 AT24C02,用于学习 TWI 协议。

(8)外置 DS1302 时钟芯片,外接晶振 32.767kHz,带有备用电池,方便学生进行数字时钟等项目开发与学习。

(9)USB 串口通信,外接 PL2303 双向 USB/RS232 转换器,实现 USB 信号与 RS232 信号的转换。

(10)USB 口供电、下载线供电或者外部供电三重选择。外部供电使用 AMS1117 实现稳压电路,方便学生进行进一步开发与学习。

(11)ISP 10Pin 下载线接口。

本书将从第二篇开始详细介绍这些外围器件，下面简单介绍该学习板的最小系统设计。

2.4.1　时钟电路设计

ATmega16 单片机具有丰富的时钟源，其选择方法是通过单片机内部的 FLASH 熔丝位编程来实现的。

ATmega16 单片机已经内置 RC 振荡电路，可以产生 1MHz、2MHz、4MHz、8MHz 的振荡频率，工作时不需要任何外围电路。不过，内置的毕竟是 RC 振荡器，在一些对时间要求较高的场合，例如使用 ATmega16 单片机的 USART 模块与其他单片机系统或计算机通信时，为了实现高速可靠的通信，需要比较精确的时钟产生精确的通信波特率。这时就需要使用精度高的片外晶体振荡电路作为 ATmega16 单片机系统的工作时钟。

如图 2-32 所示，ATmega16 单片机学习板采用片外晶体振荡电路作为 ATmega16 单片机系统的工作时钟，外接晶体振荡器的频率为 16MHz，晶振两端的引脚分别连接 ATmega16 的 XTAL1 和 XTAL2 引脚，并且添加了两个 20pF 的稳频电容。

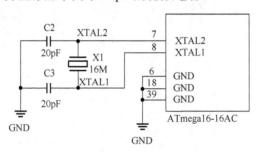

图 2-32　晶振电路

2.4.2　复位电路设计

ATmega16 单片机已经内置了上电复位设计，并且在熔丝位里可以设置复位时的额外时间。因此，ATmega16 单片机外在上电时的复位电路可以设计得很简单，在 $\overline{\text{RESET}}$ 复位引脚直接接一个 10kΩ 的电阻器(R1)到 VCC 即可。

ATmega16 单片机学习板的复位电路如图 2-33 所示，引入了外部按键复位功能。为了可靠复位，外加一只 0.1μF 的电容器 C1 消除干扰和杂波，从而大大增强 AVR 的抗干扰能力，同时构成 RC 上电复位电路。二极管 D 的作用有两个，一是将复位输入的最高电压钳位在 VCC+0.5V 左右；二是系统断电时将 R1 电阻器短路，让 C1 快速放电，当下次上电时，使复位电路能产生有效的复位。在 ATmega16 单片机工作期间，按下复位按钮 RESET 再松开时，将在 $\overline{\text{RESET}}$ 复位引脚产生一个低电平的复位脉冲信号，触发 ATmega16 单片机复位。

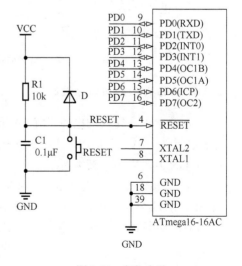

图 2-33　复位电路

2.4.3　I/O 端口输出电路设计

ATmega16 单片机有 PA、PB、PC、PD 共 4 个 8 位 I/O 端口。为了学习方便，ATmega16 单片机学习板将这 4 个 I/O 端口通过排针 P1、P2 引出，每一个排针都与单片机的引脚相连。直观地讲，当单片机的 I/O 口设置为输出时，输出"1"信号，即相应的引脚(排针)向外输出高电平。例如，PA0 置高，则 PA0 对应的排针就会输出高电平。此时如果测量 PA0 与 GND 之间的电压，其电压应该是高电平 3.3V(或是 5V，这与单片机供电电压有关)。ATmega16 单片机学习板的 I/O 端口如图 2-34 所示。

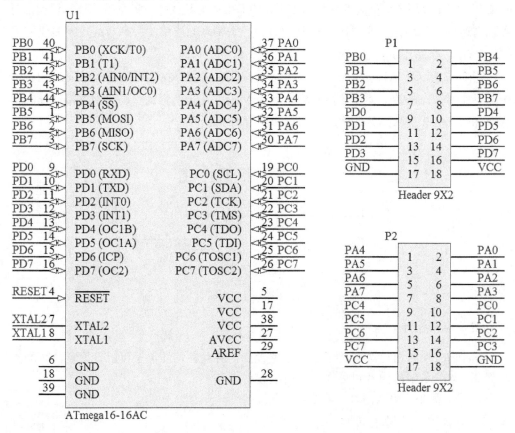

图 2-34　ATmega16 单片机学习板的 I/O 端口

2.4.4　A/D 转换滤波电路设计

为减少 A/D 转换的电源干扰，ATmega16 单片机设有独立的 A/D 电源。ATmega16 单片机手册上推荐在 VCC 串上一只 100μH 的电感(L1)与 AVCC 连接，然后一只 0.1μF 的电容(C4)到地(GND)，如图 2-35 所示。

ATmega16 单片机内部自带 2.56V 标准参考电压，当然也可以设置为外部输入参考电压，比如使用 TL431 基准电压源。一般应用使用内部自带参考电压源已经足够了。习惯上，通常在 AREF 引脚接一只 μF 的电容(C3)到地(GND)，以增强抗干扰能力。

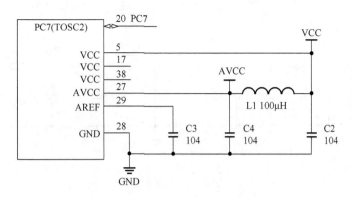

图 2-35　A/D 转换滤波电路

2.4.5　ISP 下载接口电路设计

ATmega16 单片机学习板的 ISP 下载接口电路如图 2-36 所示，输出接口使用双排 FC10（2 ×5）插座。ATmega16 单片机的 ISP 下载接口不需要任何外围零件，故 PB5（MOSI）、PB6（MISO）、PB7（SCK）、复位引脚仍可以正常使用，不受 ISP 的干扰。

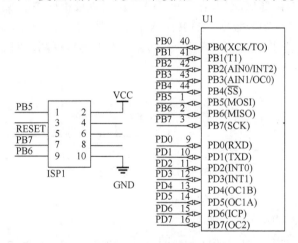

图 2-36　ISP 下载接口电路

2.4.6　电源电路设计

电源是硬件系统正常工作的基础，电源设计是嵌入式系统能否良好、稳定工作的前提保证。不仅仅要考虑输入电压、输出电压和电流，还要考虑总的功耗、电源部分对负载变化的瞬态响应能力、关键器件对电源波动的容忍范围以及相应的允许电源纹波。

AVR 单片机常用电源是 5V 和 3.3V 两种电压。ATmega16 单片机学习板采用 AMS1117-5.0 低压差线性稳压器设计电源电路，输出电压 5V，输入电压不能超过 12V，建议采用 9V，具体电路如图 2-37 所示。

其中，D1 是为了防止外接电源极性接反时造成器件损坏；D2 为反向泄流保护二极管。

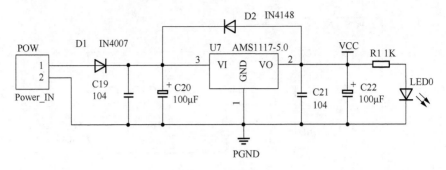

图 2-37 电源电路

2.5 ATmega16 单片机系统开发技巧及开发流程

2.5.1 AVR 单片机的仿真调试

1. 采用 JTAG 进行调试

不同于传统仿真器，JTAG 仿真器通过 JTAG 接口直接将程序下载到目标 MCU，然后通过 JTAG 协议调试，捕获功能数据。AVR JTAG 仿真器一般采用串行口(COM 口或 USB 口)与个人计算机通信。采用 JTAG 仿真器进行 AVR 开发的连接框图如图 2-38 所示。

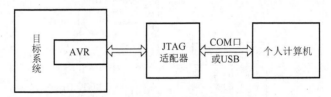

图 2-38 JTAG 仿真器的连接框图

JTAG ICE 是常用仿真器，支持 ATmega16 等具有 JTAG 接口的芯片。JTAG MKII 同时具备 JTAG、Debug Wire、ISP 3 种功能。

JTAG 烧写方式仅适用于带 JTAG 接口的 AVR。另外，与 ISP 烧写方式相比，JTAG 有个缺点，即必须占用 JTAG 对应的 I/O 端口。例如，ATmega16 单片机必须占用 PC2～PC5 这几个端口。然而，有时候缺点也是优点，因为对于 I/O 端口够用的 AVR 来说，在产品开发过程，可以用 JTAG 接口来仿真调试；产品量产后，产品板预留的 JTAG 接口还可以用来烧写程序。

2. ISP 技术

目前的 AVR 芯片基本上都采用了 Flash 程序存储器结构，具备在线可编程(ISP)的特性。ISP 一共使用了 2 条电源线(VCC、GND)、3 条信号线(SCK、MOSI、MISO)以及复位线(RESET)。如果对 AVR 单片机的这些引脚提供相关的信号，则可以将 ".hex" 或 ".coff" 文件和熔丝位的配置固化到 AVR 单片机中，从而实现 ISP 在线可编程功能。根据所用计算机端口的类型不同，单片机 ISP 下载线可分为 USB 下载线、串行 ISP 下载线、并行 ISP 下载线等。本书使用的 "轩微下载器" 就是基于 USB 接口类型的下载器。基于 USB 接口类型的下载器电路中需使用 MCU，需要对 MCU 安装 USB 驱动程序。

有了 ISP 下载功能，开发者就可以采用软件模拟仿真调试，再通过廉价的 ISP 下载，省去了购买价格昂贵的仿真器和编程器，给学习和开发带来极大的方便。AVR Studio 平台、ICC AVR 和 Code Vision AVR 都提供了 ISP 功能。

2.5.2　基于 ISP 的 AVR 单片机调试技巧

在开发单片机程序时大部分人还是依赖于仿真器。其实对于 Flash 存储器单片机，无需仿真器也能方便、快速地开发程序。一般采用离线仿真，再下载观察结果的方式调试。

现在许多单片机都提供模拟仿真环境，如 AVR 单片机提供 AVR Studio 模拟仿真环境。Atmel 公司的 AVR Studio 是一个开发 AVR 单片机的集成开发环境，支持高级语言和汇编语言的源代码级模拟调试。在模拟仿真条件下调试算法、程序流程等方面，可以说和硬件仿真器没有什么区别；而在调试延时程序、计算一段程序运行所花的时间等方面，可以说比硬件仿真器更方便，因为有些仿真器是无法通过程序运行时间等调试参数的。

另外，对 I/O 端口、定时器、UART、中断等，在 AVR Studio 中均可实现模拟仿真，用户也可以分析内存的使用情况。但是，离线仿真后将程序下载到单片机观察结果，就失去了在仿真环境中可方便地观察运行状况的条件。其实，善用目标板上的硬件资源，有助于获取所需要的运行状态参数。

AVR 单片机是支持 ISP 的 Flash 单片机，开发时可以通过下载电缆将其和 PC 连成一个整体，在程序编译完后立刻下载到目标 MCU 中运行。在需要观察内部状态时，可以在程序的适当位置加入少部分代码，让 MCU 的内部状态通过 LED 数码管等显示出来。在有 RS232 通信的应用中，甚至可以直接将内部状态送到 PC，在 PC 上用串口调试器等一些超级终端来显示数据。具体可以采用以下手段。

1.　采用显示单元辅助调试

在许多目标板上均有 LED、数码管、RS232 等附件，利用好这些硬件资源就能完成程序开发。使用仿真器的目的是要观察单片机内部的状态，而利用这些硬件资源就完全可以观察到单片机内部的状态。例如，在系统设计时通过连接发光二极管或数码管、液晶显示单元实时显示重要的数据信息等可以进行辅助调试。具体可采用添加"while (1);"语句的方式来辅助调试，即当系统工作出现设定的特殊情况时，执行"while (1);"语句，并给出提示信息，从而准确地进行辅助调试。

2.　充分利用片内的 E^2PROM

重要的运行数据写入 E^2PROM，再通过工具读出，可以了解单片机的工作过程信息。

3.　通过 PC 超级终端与单片机的串口通信实现调试

超级终端方法是一种普适性的调试技术，适应面很广，这就要求程序员具有优秀的串行通信能力。例如，在开发 ATmega16 单片机的 I^2C 应用例程时，可采用如下方法。

首先，初始化 UART。可以看出，初始化 UART 只需很少的几行代码，在完成程序后可以将其删除。如果程序本身就需要初始化 UART，那就没有一行多余的代码了。

```
void uart_init ( void )
{
    UCSRB = ( 1<<RXEN ) | ( 1<<TXEN ) | ( 1<<RXCIE ) ;
    UBRRL = ( fosc / 16 / ( baud+1 ) ) %256 ; |
```

```
UBRRH = ( fosc / 16 / ( baud+1 ) ) /256 ; |
UCSRC = ( 1<<URSEL ) | ( 1<<UCSZ1 ) | ( 1<<UCSZ0 ) ;
}
```

然后，编写一个 putchar( )函数，也可以直接使用标准输入/输出库中的 putchar( )函数。

```
void
{
    While ( ! UCSRA & (1<<UDRE ) ) ;
    UDR=c ; |
}
```

接下来，只需要在调试的程序部分调用 putchar( )函数，就可以将一些状态送到 PC 显示了。如果要观察 I^{2}C 中断程序中 TWSR 寄存器的值，则只需在 I^{2}C 中断程序中插入两行代码就可以了。

```
#define TestAck ( )         ( TWSR & 0xf8 )
ISR ( TWI_vect )
{
    unsigned char temp = TestAck ( ) ;
    putchar ( temp ) ;
    switch ( temp )
    {
        case SR_SLA_ACK:
        ......
    }
}
```

在 PC 的超级终端软件中设置波特率、数据格式后，打开串口就可以观察 TWSR 寄存器的状态值了。

总之，只具备 ISP 调试条件时，需要一定的调试技巧，这是嵌入式程序员必须具备的基本能力。

2.5.3　单片机应用系统开发流程

ATmega16 单片机系统是指以 ATmega16 单片机为核心，配以一定的外围电路和软件，能够实现某种功能的系统。其中硬件是基础，软件是在硬件的基础上对其合理的调配和使用，从而达到设计的目的。单片机应用系统设计涉及非常广泛的基础知识和专业知识，是一个综合性的劳动过程，其中既有硬件系统的设计，又有相应的应用软件的开发。

单片机应用系统的设计一般可分为总体设计、硬件设计、软件设计、可靠性设计(包括硬件和软件方面)、保密设计、软硬件调试和产品化过程等几个阶段。

1. 硬件设计原则

单片机应用系统的硬件资源配置是电路设计的核心，必须明确硬件总体需求情况，如 CPU 的处理能力、存储容量及速度、I/O 端口的分配、接口要求、电平要求、特殊电路要求等。系统的扩展和配置应遵循以下原则。

(1)尽可能选用典型电路，并符合单片机的常规用法，为硬件系统标准化和模块化打下良好基础。芯片厂家一般都提供参考设计原理图，尽量借助这些资源，在充分理解的基础上做一些自己的发挥。

(2)系统的扩展与外围电路的水平应充分满足系统的功能要求，并留有适当的余地，以便二次开发。

(3)充分考虑系统各部分的驱动能力和电气性能的配合情况。

(4)某些功能模块如果用软件能实现，在不影响系统性能要求的情况下，尽量采用软件替代。

(5)可靠性和抗干扰性是硬件系统设计不可缺少的一部分，包括芯片和器件选择、去耦滤波、PCB 布线和通道隔离等。

做好 PCB 板后应对设计原理图中的各个功能单元进行焊接调试，必要时修改原理图并做好记录。

2. 软件设计原则

单片机应用系统中的应用软件，是根据系统功能要求设计的，需要可靠地实现系统的各种功能。一个优秀的应用系统软件应具有如下特点。

(1)软件结构清晰、语言简洁、流程合理。

(2)各种功能程序实现模块化，方便编译、调试和代码移植。

(3)经过调试修改后的程序应该进行规范化。规范后的程序便于交流、借鉴，也为今后创建自己的函数库做好准备。

(4)实现软件的抗干扰设计，比如看门狗和开机自检等。

【思考练习】

(1)独立安装 ICCV8 开发环境。

(2)运行 ICCV8 软件，熟悉软件环境。

(3)ICC 建立一个项目开发环境的使用步骤如何？

(4)下载例程，熟悉轩微编程器控制平台的使用。

第 3 章　AVR 单片机 C 语言基础

【学习目标】

(1) 了解 ICC AVR 的 C 语言的发展与特点。

(2) 掌握 ICC AVR 的 C 语言的数据类型、常量、变量、运算符、表达式。

(3) 掌握 ICC AVR 的 C 语言的程序结构及流程图。

(4) 掌握 ICC AVR 的 C 语言的数组、函数以及编译预处理。

(5) 能够使用 ICC AVR 的 C 语言进行应用程序开发。

3.1　C 语言的发展与特点

对单片机应用技术而言，除了要学习单片机系统的硬件设计外，还要学习单片机的编程语言。对 ATmega16 单片机来说，其编程语言主要是汇编语言和 C 语言。由于汇编语言本身就是一种编程效率低下的低级语言，可移植性和可读性差，因此利用汇编语言进行编程和维护极不方便。使用 C 语言进行嵌入式开发，有着汇编语言不可比拟的优势，因此在单片机应用系统中，通常将 C 语言作为系统开发的首选语言。

3.1.1　C 语言的产生及发展

C 语言是 1972 年由美国的 Dennis Ritchie 设计发明并首次在 UNIX 操作系统的 DEC PDP-11 计算机上使用。它由早期的编程语言 BCPL (Basic Combind Programming Language) 发展演变而来。

随着微型计算机的日益普及，出现了许多 C 语言版本。由于没有统一的标准，这些 C 语言之间出现了一些不一致的地方。为了改变这种情况，美国国家标准协会 (American National Standards Institute，ANSI) 为 C 语言制定了一套 ANSI 标准，成为现行的 C 语言标准。

3.1.2　C 语言的特点

C 语言是一种计算机程序设计语言。它既具有高级语言的特点，又具有汇编语言的特点。它可以作为工作系统设计语言，编写系统应用程序，也可以作为应用程序设计语言，编写不依赖计算机硬件的应用程序。C 语言具有很强的数据处理能力，应用十分广泛。

C 语言是一种结构化程序设计语言，编写的程序层次清晰，便于按模块化方式组织，易于调试和维护，并且 C 语言的表现能力和处理能力极强。其主要特点如下。

(1) 可以大幅度加快开发速度，特别是开发一些复杂的程序，程序量越大，使用 C 语言越方便。

(2) 无需精通单片机指令集和具体的硬件，也可编写出符合硬件实际专业水平的程序。

(3) 可以实现软件的结构化编程，使得软件的逻辑结构变得清晰、有条理。程序的维护性和可读性都非常好。

(4)C 语言一共只有 32 个关键字、9 种控制语句、34 种运算符,程序书写形式十分自由,语法灵活。

(5)除了上述特点,C 语言还允许直接访问物理地址,可以直接对硬件进行操作。换句话说,它既具有高级语言的功能,又具有低级语言的许多功能,能够像汇编语言一样对位、字节和地址进行操作,而这三者是计算机最基本的工作单元。因此,可用 C 语言来编写系统软件。

3.2　C 语言程序组成

3.2.1　C 语言程序结构

C 语言是国际上广泛流行的计算机高级语言,编写的程序具有清晰的层次结构。在程序结构上,AVR 单片机的 C 语言与一般 C 语言有着很大的区别。

一个 C 语言源程序由一个或多个源文件组成,主要包括一些 C 源文件(后缀名为 “.c” 的文件)和头文件(后缀名为 “.h” 的文件)。对于一些支持 C 语言与汇编语言混合编程的编译器而言,它还包括一些汇编源程序(后缀名为 “.asm” 的文件)。

每个 AVR 单片机的 C 语言程序至少有一个 main()函数(即主函数),且只能有一个。它是 C 语言的基础,是程序代码执行的起点,其他函数都是通过 main()函数直接或间接调用的。

源程序中可以有预处理命令(如 include 命令),这些命令通常放在源文件或源程序的最前面。每个声明或语句都以分号结尾,但预处理命令、函数头和花括号(或称大括号)“{ }”后不能加分号。标识符、关键字之间必须加一个空格以示间隔。源程序中所用到的变量都必须先声明,然后才能使用,否则编译时会报错。

3.2.2　标识符与关键字

字符是组成语言的最基本的元素。C 语言中的字符由字母(A~Z、a~z)、数字(0~9)、空白符、特殊字符组成。空格符、制表符、换行符等统称为空白符。特殊字符有+ - * / < > ( ) [ ] { } _ ! # , ; : & | 等。

C 语言中的标识符是用来标识程序中变量、函数、常量、数组、数据类型等的名称。标识符由字母、数字和下划线 3 种字符中的至少一种组成。标识符的命名区分大小写,开头第一个字符必须是字母或者下划线,如 i、sum、avr_5、a5。

空白符只在字符常量和字符串常量中起作用,在其他地方出现时,只起间隔作用,编译程序对它们忽略不计。因此在程序中使用空白符与否,对程序的编译不发生影响。不过,在程序中适当的地方使用空白符,可提高程序的清晰性和可读性。此外,在字符常量、字符变量、字符串常量和注释中还可以使用汉字或其他可表示的图形符号。

标识符可分为预定义标识符、用户定义标识符和关键字 3 种。

1. 预定义标识符

预定义标识符是具有特定含义的标识符,包括系统标准库函数(如 scanf、printf)、编译预处理命令(如 define)等。

预定义标识符不属于关键字,允许用户对它们重新定义,即用新定义的含义替换其原来系统规定的含义。在使用中,尽量不要把这些预定义标识符另作他用,以免造成理解上的混乱。

2. 用户定义标识符

由用户根据需要定义的用于对用户使用的变量、数组和函数等操作对象等进行命名的标识符，称为用户定义标识符。程序中使用的标识符除了要遵循标识符的命名规则以外，应选取具有相关含义的英文单词或者汉语拼音作为标识符，以增加程序的可读性。

3. 关键字

关键字是 C 语言规定的具有固定名称和特殊含义的标识符，有时也称为保留字。在编写 C 语言源程序时，预定义标识符和用户定义标识符的命名不得与关键字的命名相同。表 3-1 列出了 ICC AVR C 语言中的一些关键字。

表 3-1　ICC AVR C 语言中的一些关键字

序号	关键字	用　途	说　明
1	break	程序语句	退出最内层循环
2	case	程序语句	switch 语句中的选择项
3	continue	程序语句	退出本次循环，转向下一循环
4	default	程序语句	switch 语句中如 case 项无匹配，则执行 default 项
5	do	程序语句	构成 do…while 循环结构
6	else	程序语句	构成 if…else 循环结构
7	for	程序语句	构成 for 循环
8	goto	程序语句	构成 goto 循环
9	if	程序语句	构成 if…else 选择结构
10	return	程序语句	函数返回
11	switch	程序语句	构成 switch 选择结构
12	while	程序语句	构成 while 和 do…while 循环语句
13	char	数据类型声明	单字节整型或字符型数据
14	double	数据类型声明	双精度浮点型数据
15	float	数据类型声明	单精度浮点型数据
16	int	数据类型声明	基本整型数据
17	long	数据类型声明	长整型数据
18	short	数据类型声明	短整型数据
19	signed	数据类型声明	修饰整型数据，有符号数据类型，二进制的最高位为符号位
20	struct	数据类型声明	结构类型数据
21	typedef	数据类型声明	重新进行数据类型定义
22	union	数据类型声明	联合类型数据
23	unsigned	数据类型声明	修饰整型数据，无符号数据类型
24	void	数据类型声明	无类型数据
25	volatile	数据类型声明	声明该变量在程序执行中可被隐含改变
26	enum	数据类型声明	枚举
27	const	存储类型声明	在程序执行过程中不可修改的变量值
28	extern	存储类型声明	在其他程序模块中声明了的全局变量
29	register	存储类型声明	使用 CPU 内部寄存器的变量
30	static	存储类型声明	静态变量
31	auto	存储类型声明	用以声明局部变量，默认值为此
32	sizeof	运算符	计算表达式或数据类型的字节数

3.3　C 语言基本数据类型

具有一定格式的数字或数值称为数据，数据是计算机操作的对象。数据的不同格式称为数据类型。C 语言的基本数据类型包括整型、实型（单精度实型、双精度实型）、字符型和空类型。C 语言中采用类型说明符来定义各种类型的数据：整型的类型说明符为 int，单精度实型的类型说明符为 float，双精度实型的类型说明符为 double，字符型的类型说明符为 char，空类型的类型说明符为 void。除类型说明符外，还有一些数据类型修饰符，用来扩充基本类型的意义，以便更准确地适应各种情况的需要。这些修饰符包括 long（长型）、short（短型）、signed（有符号型）和 unsigned（无符号型）。这些修饰符与基本数据类型的类型说明符组合，可以表示不同的数值范围，以及数据所占内存空间的大小。ICCAVR C 基本数据类型的长度和取值范围如表 3-2 所示。

表 3-2　ICCAVR C 基本数据类型的长度和取值范围

序号	类型标识符	名称	字节长度	典型取值范围
1	void	空值型	0	无值
2	char	字符型	1	−128～127
3	unsigned char	无符号字符型	1	0～255
4	signed char	有符号字符型	1	−127～127
5	int	整型	2 或 4	−32 767～32 767
6	unsigned int	无符号整型	2 或 4	0～65 535
7	signed int	有符号整型	2 或 4	−32 768～32 767
8	short int	短整型	2	−32 768～32 767
9	unsigned short int	无符号短整型	2	0～65 535
10	signed short int	有符号短整型	2	−32 768～32 767
11	long int	长整型	4	−2 147 483～2 147 483 647
12	signed long int	有符号长整型	4	2 147 483 648～2 147 483 647
13	unsigned long int	无符号长整型	4	0～4 294 967 295
14	float	单精度型（浮点型）	4	−3.4E−38～+3.4E+38，7 位精度
15	double	双精度浮点型	8	−1.7E−308～+1.7E+308，16 位精度
16	long double	长双精度浮点型	10	−1.2E−4932～+1.2E+4932，19 位精度

3.4　C 语言常量、变量

对于基本数据类型的数据，在程序运行过程中，其值不发生改变的数据称为常量，其值可变的数据称为变量。它们可与数据类型结合起来进行分类，如整型常量、整型变量、实型常量、实型变量等。

在程序中，常量是可以不经声明而直接引用的，而变量则必须是先定义后使用。程序中用到的每一个变量都应有一个名称作为标识符，该名称也称为变量名，属于用户定义标识符。变量在内存中占据一定的存储单元，在该存储单元中存放变量的值，用户对变量名操作就是对该存储单元进行操作。

3.4.1　常量

常量是指在程序运行过程中其值不发生改变的数据。根据数据类型不同，常量可分为整型常量、实数型常量和字符常量等。

整型常量就是整型数。在 C 语言中，通常称 int 类型为基本整型。除此之外，ANSI C 中还包括其他 3 种整数类型，即短整型(short int)、长整型(long int)、无符号型(unsigned int)。若不指定则为无符号型，默认类型为有符号类型(signed)。整型常量可以用二进制、八进制、十进制和十六进制数来表示。十进制整型常量用 0～9 十个数字表示，如 0、10、65、123、-125 等。八进制整型常量以"O"开头，用 0～7 八个数字表示，如 O12、O12345、O111177、O7777 等。十六进制整型常量以"0X"或"0x"开头，用 0～9 十个数字和 A～F 或 a～f 六个字母表示，如 0x11、0xCC、0x12ef、0xad 等。二进制整型常量以"0b"或者"0B"开头，用 0 和 1 两个数字表示，如 0b1111、0b0111、0b1010、0b0101 等。在 C 语言中，一个整型常量后面加一个"L"或者"l"，则认为是 long int 类型常量。一般情况下，整型常量可以复制给长整型变量。但在一些特殊情况下，如函数的形参为 long int 时，要求实参也必须是 long int 型。例如，O14L、O255L 等八进制长整型数；122L、233L 等十进制长整型数；0XBFL、0X1AL 等十六进制长整型数。

在 C 语言中，通常称 float 类型和 double 类型为基本实型。实型常量有两种表示形式，即十进制小数形式和十进制指数形式。十进制小数形式常量由数字 0～9 和小数点组成(必须有小数点)，如 0.1、1.5、78.56 等。指数形式又称为科学计数法，其常量由整数部分、小数点、小数部分、E(和 e)和整数阶码组成，其中阶码可以带正负号。例如，1400 可以写成实数指数形式 1.4E3 或 1.4E+3，0.0024 可以写成实数指数形式 2.4E-3。

字符常量是用单引号括起来的单个字符。通常称 char 类型为基本字符型，如 'a' 'b' 'c' 都是合法的字符常量。值得注意的是，字符常量只能用单引号括起来，不能用双引号或其他括号；字符常量只能是一个字符，不能是多个字符或者字符串；字符可以是字符集中的任意字符。

字符串常量是用一对双引号括起来的字符序列，如 "language" "suoao" 等都是合法的字符串常量。

在 C 语言中，可以用一个用户自定义标识符来表示一个常量，称之为符号常量。符号常量在使用之前必须先定义，其一般格式如下。

```
#define 符号变量名 字符串
```

其中，#define 是一条预处理命令(预处理命令都以"#")开头，称为宏定义命令，其功能是把该符号常量名定义为其后的字符串。一经定义，以后在程序中所有出现该符号常量名的地方均以该字符串代替。

定义符号常量的目的是为了提高程序的可读性，便于程序的调试。当一个程序中要多次使用同一常量时，便可定义符号常量。这样，当要对该常量值进行修改时，只需要对宏定义命令中的字符串进行修改即可。例如，#define N 5 的意义为在程序中 N 的值为 5。

3.4.2　变量

在程序运行过程中，其值可以改变的数据称为变量。一个变量应该有一个名称，在内存中占据一定的存储单元，因此可以说变量是存储数据的值的空间。

　　所有变量在使用前必须定义，变量定义一般放在函数体的开头部分。定义一个变量时，首先要给变量指定一个标识符，即变量的名称，变量的名称应尽量为对应的英文或拼音；其次要指定变量的数据类型(变量的数据类型决定了变量值的数据类型、表现形式和分配内存空间的大小)。变量声明的一般格式如下：

> 数据类型　变量名

　　一条变量声明语句由数据类型和其后的变量名组成，数据类型说明符与变量名之间至少用一个空格间隔。变量声明允许在一个数据类型说明符之后声明多个相同类型的变量，各变量名之间用逗号隔开。建议声明变量时最好加注释说明变量的作用。例如：

```
int sum;         //定义 int(整型)变量 sum
float avr;       //定义 float(单精度实型)变量 avr
char m,n;        //定义 char(字符型)变量 m 和 n
```

3.5　运算符与表达式

　　C 语言程序中所有的运算都是在表达式中完成的。表达式是由运算符将各种类型的变量、常量、函数等运算对象按一定的语法规则连接成的式子，它描述了一个具体的求值运算过程。系统能够按照运算符的运算规则完成相应的运算处理，求出运算结果，这个结果就是表达式的值。

　　C 语言中的运算符有算术运算符、关系运算符、逻辑运算符、赋值运算符、条件运算符、位逻辑运算符、逗号运算符、指针运算符、强制类型转换运算符等。大多数运算符都是二目运算符，即运算符位于两个表达式之间。单目运算符的意思是运算符作用于单个表达式。

3.5.1　算术运算符与算术表达式

1. 基本的算术运算符

　　在 C 语言中有 2 个单目和 5 个双目的基本算术运算符，如表 3-3 所示。单目算术运算符只有一个运算对象，并且运算符写在运算对象的左面。双目算术运算符是指具有两个运算对象的运算符，如"+"(加法)、"-"(减法)、"*"(乘法)、"/"(除法)、"%"(求余)。

表 3-3　算术运算符

符号	功能	功能	举例
+	取正	对运算对象取正，单目运算符，右结合性	+a(取正)
-	取负	对运算对象取负，单目运算符，右结合性	-a(取负)
+	加法	加法，双目运算符，左结合性	a+b(加法)
-	减法	减法，双目运算符，左结合性	a-b(减法)
*	乘法	乘法，双目运算符，左结合性	a*b
/	除法	除法，	a/b
%	求余(取模)	取模，双目运算符，左结合性	8%3=2

　　运算符也有运算顺序问题，先算乘除再算加减，取正和取负最先运算。

　　除法运算符"/"的运算对象可以是各种类型的数据。当进行两个整型数据相除时，运算结果也是整型数据(int)，且只保留整数部分；而操作数中有一个实型数据时，则结果为双精度实型数据(double)。例如，10/4=2，10.0/4.0=2.6。

求余运算符"%"要求两个操作数必须是整数，结果也是整数。它的功能是求两个操作数的余数，余数的符号与被除数的符号相同。例如，10%3=1，-5/6=-5。

2. 自增、自减运算符

自增运算符"++"的功能是使变量的值自增 1，自减运算符"--"的功能是使变量的值自减 1。自增、自减运算符的优先级高于双目的基本算术运算符，其结合性为右结合。自增、自减运算对象只能是变量，不能是常量或者表达式。

自增、自减运算符在变量前面和在变量后面对变量本身的影响都是一样的，都是加 1 或减 1，但将它们作为其他表达式的一部分时，两者是有区别的。自增、自减运算符有以下几种形式：

- ++i，等价于 i=i+1，变量 i 自增 1 后再参与运算。
- i++，等价于 i=i+1，变量 i 参与运算后，其值再自增 1。
- --i，等价于 i=i-1，变量 i 自减 1 后再参与运算。
- i--，等价于 i=i-1，变量 i 参与运算后，其值再自减 1。

例如：

```
i = 3;
sum = 3 * ++i;
```

运算结束后：i = 4，sum = 12。

```
i = 3;
sum = 3 * i++;
```

运算结束后：i = 4，sum = 9。

3. 算术表达式

用基本算术运算符、自增/自减运算符和圆括号，将运算对象(常量、变量、函数等)连接起来的式子，称为算术表达式。

例如：

```
a+b/10-100;
```

在算术表达式中，运算对象可以是各种类型的数据，包括整型、实型或字符型的常量、变量及函数调用。对运算对象按照算术运算符的规则进行运算，得到的结果就是算术表达式的值。由此可见，表达式的计算过程就是求表达式值的过程。求出的值也有数据类型，它取决于参加运算的操作对象。

3.5.2 赋值运算符和赋值表达式

1. 基本赋值运算符

基本赋值运算符为"="。由赋值运算符连接的式子称为赋值表达式，其一般格式如下。

```
<变量> = <表达式>
```

注意：在程序中必须要声明赋值运算符左边的变量。

赋值表达式的功能是将赋值运算符右边表达式的值赋给赋值运算符左边的变量。例如：

```
a = 3;
a = b = c = 6;
d = a + b + c;
x = y = 3 + z = 6;
```

第一个赋值表达式比较简单，大家都能理解。第二个赋值表达式的意思是把 6 同时赋给 a、b、c 3 个变量。这是因为赋值运算符的结合性为右结合，赋值表达式是从右向左运算的，这样先有 c=6，然后 b=c，a=b。

赋值运算符为双目运算符。赋值运算符的优先级高于逗号运算符，低于其他所有运算符。例如：

```
a = b = c = 6;
```

可理解为：

```
a = (b = (c =6))  a=6,b=6,c=6
```

可理解为：

```
x = ((y = 3) + (z = 6))  x=9,y=3,z=6
```

2. 复合赋值运算符

在基本赋值运算符 "=" 前加其他双目运算符可构成复合赋值运算符。复合赋值运算符实际上是一种缩写形式，使得对变量的更改更为简捷。C 语言提供的复合赋值运算符如表 3-4 所示。

表 3-4　复合赋值运算符

符号	功能
+=	加法赋值
-=	减法赋值
*=	乘法赋值
/=	除法赋值
%=	模运算赋值
<<=	左移赋值
>>=	右移赋值
&=	位逻辑与赋值
|=	位逻辑或赋值
^=	位逻辑异或赋值

由复合赋值运算符连接的式子称为复合赋值表达式，其一般格式如下。

```
<变量>  复合赋值运算符  <表达式>
```

复合赋值表达式的作用是将赋值运算符右边表达式的值与左边的变量值进行相应的算术运算或位运算，之后再将运算结果赋给左边的变量。

例如：

```
a+=b;    //等价于 a = a+b;
```

```
a-=b;     //等价于 a = a-b;
```

"a+=b;"和"a = a+b;"这两种表达式有没有区别呢？对于表达式"a = a+b;"，变量 a 被计算了两次；对于表达式"a+=b;"，变量 a 仅计算了一次。一般来说，这种区别对于程序运行没有多大影响，但是当表达式作为函数的返回值时，函数就被调用了两次，而且如果使用基本赋值运算符，也会加大程序的开销，使效率降低。

复合赋值运算符的运算优先级与基本赋值运算符相同。赋值运算符的结合性为右结合性。复合赋值运算符的这种写法，有利于提高编译效率并产生质量较高的目标代码。

3.5.3　关系运算符与关系表达式

1. 关系运算符

在程序中经常需要比较两个量的大小关系，以决定程序的下一步工作。比较两个量的运算符称为关系运算符。关系运算符的作用是对两个量进行比较，返回一个真/假值。C 语言中共有 6 种关系运算符，如表 3-5 所示。

表 3-5　关系运算符

符号	功能
>	大于
>=	大于等于
<	小于
<=	小于等于
==	等于
!=	不等于

在 6 种关系运算符中，<、<=、>、>=运算符的优先级相同，高于==、!=运算符的优先级。关系运算符的优先级高于赋值运算符，低于算术运算符。关系运算符的结合性为左结合。

例如：

```
x+y>z;     //等价于(x+y)>z;
x=y>=z;    //等价于 x=(y>=z);
x==y<z;    //等价于 x==y<z;
x>y!=z;    //等价于(x>y)!=z;
```

2. 关系表达式

用关系运算符将两个表达式连接起来的式子，称为关系表达式。关系运算符两边的运算对象可以是 C 语言中任意合法的表达式或变量。

关系表达式的一般格式如下：

<表达式> 关系运算符 <表达式>

关系表达式首先计算关系运算符两边的值，然后进行两个值的比较。如果是数值型数据，就直接比较值的大小；如果是字符型的数据，则比较字符的 ASCII 码的大小。当表达式成立时，比较的结果为逻辑值"真"，表达式的值为整数 1；当表达式不成立时，比较的结果为逻辑值"假"，表达式的值为整数 0。

例如：

```
int a=1,b=2;
a>b;          //表达式为逻辑假，表达式的值为 0
a<b;          //表达式为逻辑真，表达式的值为 1
```

3.5.4　逻辑运算符与逻辑表达式

1. 逻辑运算符

逻辑运算符根据表达式的值返回真值或假值。C 语言提供了 3 种逻辑运算符，如表 3-6 所示。

表 3-6　逻辑运算符

符号	功能
&&	逻辑与
‖	逻辑或
!	逻辑非

在 C 语言中没有所谓的真值和假值，认为非零为真值，零为假值。

当表达式进行&&(逻辑与)运算时，只有参与运算的两个量都为真时，结果才为真；否则，只要有一个量为假，结果就为假。

当表达式进行‖(逻辑或)运算时，参与运算的两个量只要有一个为真，结果就为真；只有当两个量都为假时，结果才为假。

当表达式进行!(逻辑非)运算时，将参与运算的量转换为相反的真/假值。若参与运算的量为真，逻辑非的结果为假；若参与运算的量为假，逻辑非的结果为真。

其中，"&&"和"‖"是双目运算符，需要两个运算对象；而"!"是单目运算符，只需要一个运算对象。逻辑运算规则如表 3-7 所示。

表 3-7　逻辑运算规则

运算对象		逻辑结果		
X	Y	X&&Y	X‖Y	!X
0	0	0	0	1
0	1	0	1	1
1	0	0	1	0
1	1	1	1	0

在 3 种逻辑运算符中，逻辑非运算符(!)的优先级最高，其次是逻辑与运算符(&&)，再次是逻辑或运算符(‖)。逻辑与(&&)和逻辑或(‖)运算符的优先级低于关系运算符，逻辑非运算符(!)的优先级高于算术运算符。

2. 逻辑表达式

用逻辑运算符将一个或两个表达式连接起来的式子，称为逻辑表达式。逻辑表达式的值应该是逻辑值"真"或者"假"。

逻辑表达式的一般格式如下：

<表达式> 逻辑运算符 <表达式>

例如：

```
int a=5, b=3, c=0, d;
```

```
d = !a;            //因为a为真,所以d为逻辑假,d=0
d = !c;            //因为c为假,所以d为逻辑真,d=1
d = a&&b;          //因为a,b均为真,所以d为逻辑真,d=1
d = a&&c;          //因为a为真,c为假,所以d为逻辑假,d=0
d = a||b;          //因为a,b均为真,所以d为逻辑真,d=1
d = a||c;          //因为a为真,c为假,d为逻辑真,d=1
```

3.5.5 位运算符与位运算表达式

位运算是指利用位运算符对一个数按其二进制格式进行位操作。位运算在单片机编程中被大量使用,不仅使程序简化,而且程序在编译的过程中效率较高。C语言能直接对硬件进行操作,因此设计了位的概念,该功能使得C语言也能像汇编语言一样,用来编写系统程序。

进行位运算时,数据对象只能是整型数据(包括int、short int、unsigned int、long int)或字符型数据,不能是其他类型的数据。

C预言中包含6种位运算符,如表3-8所示。

表3-8 位运算符

符号	功能
&	按位与
|	按位或
^	按位异或
~	按位取反
>>	右移
<<	左移

在6种位运算符中,按位取反运算符(~)的优先级高于算术运算符和关系运算符,是所有位运算符中优先级最高的;其次是左移(<<)和右移(>>)运算符,这两个运算符的优先级高于关系运算符,但低于算术运算符;按位与(&)、按位或(|)和按位异或(^)运算符的优先级都低于算术运算符和关系运算符。这些运算符中,只有按位取反运算符(~)是单目运算符,其余运算符都是双目运算符。

1. 按位与运算符(&)

按位与运算符(&)的运算规则:参加运算的两个操作数(整型数或字符型数),按对应的二进制位分别进行"与"运算,只有对应的两个二进制位均为"1"时,结果才为"1",否则为"0"。

例如:

```
A = 01100110;
B = 01010101;
A&B = 01000100;
```

按位与运算可用于位清零或保留某些位。任何数与0相与结果为0,只有1与1相与结果才为1,因此与0相与该位清零。

2. 按位或运算符(|)

按位或运算符(|)的运算规则:参与运算的两个操作数,按对应的二进制位相或。只要对

应的两个二进制位有一个为"1"，结果位就为"1"。

例如：

```
A = 01100110;
B = 01010101;
A|B = 01110111;
```

按位或运算可用于将数据的某些位置"1"，只要将数据对应位置上二进制数置为"1"即可。

3. 按位异或运算符(^)

按位异或运算符(^)的运算规则：两个参加运算的操作数中对应的二进制位若相同，则该位结果为"0"；若不同，则该位结果为"1"。

例如：

```
A = 01100110;
B = 01010101;
A^B = 00110011;
```

按位异或运算与"0"异或的结果是它本身，与"1"异或的结果是取反。利用按位异或运算可实现对操作数某些位取反。

4. 按位取反运算符(~)

按位取反运算符(~)的运算规则：操作数的每一位都取反，即"1"变为"0"，"0"变为"1"。

例如：

```
A = 01100110;
~ A = 10011001;
```

5. 左移运算符(<<)

左移运算符(<<)的运算规则：把"<<"左边运算数的各二进制位全部左移若干位，高位丢弃，低位补 0，移动的位数由"<<"右边的数指定。

例如：

```
A = 01100110;
A<<1;      // A= 11001100，相当于A*2
A<<3;      // A = 00110000，相当于A*8
```

左移一位相当于原数乘 2，左移 n 位相当于原数乘 2 的 n 次方，n 是要移动的位数。在实际运算中，左移运算要比乘法快很多，常常采用左移运算实现乘法运算。

6. 右移运算符(>>)

右移运算符(>>)的运算规则：把">>"左边运算数的各二进制位全部右移若干位，">>"右边的数指定移动的位数。对于有符号数，在右移时，符号将随同移动。当为正数时，最高位补 0；而为负数时，符号位为 1。这取决于编译系统。

例如：

```
A = 00010001;
```

```
A >> 3;           // A= 00000010，相当于A/2
```

3.5.6　条件运算符与条件表达式

条件运算符是由问号"？"和冒号"："两个字符组成，用于连接 3 个运算对象，是 C 语言中唯一的三目运算符。

用条件运算符将运算对象连接起来的式子称为条件表达式，其中运算对象可以是任何合法的算术、关系、逻辑赋值等各种类型的表达式。条件表达式的一般格式如下：

```
<表达式 1>  ？ <表达式 2>  :<表达式 3>
```

在运算中，首先计算表达式 1 的值，如果表达式 1 的值为真，则计算表达式 2 的值，并将其作为整个条件表达式的值；若表达式 1 的值为假，则计算表达式 3 的值，并将其作为整个条件表达式的值。

例如：

```
x == y?3;2;       //如果 x 等于 y，则表达式的值为 3，否则为 2
```

条件运算符的优先级高于赋值运算符和逗号运算符。条件运算符具有右结合性。条件表达式中各表达式的类型可不一致。

3.5.7　逗号运算符与逗号表达式

在 C 语言中，逗号"，"也是一种运算符，称为逗号运算符。其功能是把两个表达式连接起来组成一个表达式，称之为逗号表达式。用逗号分开的表达式的值分别计算，整个表达式的值是最后一个表达式的值。逗号表达式的一般格式如下：

```
<表达式 1>,<表达式 2>,…,<表达式 n>
```

在运算中，首先求表达式 1 的值，再求表达式 2 的值，依次类推，最后求表达式 n 的值，表达式 n 的值作为整个逗号表达式的值。

例如：

```
20+50,20*3;
```

程序中使用逗号表达式，通常是要分别求逗号表达式中各表达式的值，并不一定要求整个逗号表达式的值。并不是所有出现逗号的地方都能组成逗号表达式，例如在变量声明时就不是。

3.5.8　运算符的优先级和结合性

优先级和结合性是运算符的两个重要特性。优先级是指在算术表达式中，不同运算符之间的执行次序。在 C 语言中，当一个操作数两边都有运算符时，程序按运算符的优先级别高低执行运算。结合性又称为运算顺序，当一个操作数两侧运算符的优先级别相同时由结合性决定运算顺序。C 语言中的结合性分为左结合性和右结合性两种。左结合性采用从左到右的结合顺序，而右结合性采用从右至左的结合顺序。表 3-9 给出了 C 语言中所使用的运算符的优先级和结合性。

表 3-9　C 语言中运算符的优先级和结合性

优先级	运算符	说明	结合方式
1	()、[]、->、.	圆括号、数组下标、成员选择(指针)、成员选择(对象)	自左向右
2	-、(类型)、++、--、*、&、!、~、sizeof	负号运算符、强制类型转换、自增运算符、自减运算符、取值运算符、取地址运算符、逻辑非运算符、按位取反运算符、长度运算符	自右向左
3	*、/、%	乘、除、余数(取模)	自左向右
4	+、-	加、减	自左向右
5	<<、>>	左移、右移	自左向右
6	>、>=、<、<=	大于、大于等于、小于、小于等于	自左向右
7	==、!=	等于、不等于	自左向右
8	&	按位与	自左向右
9	^	按位异或	自左向右
10	|	按位或	自左向右
11	&&	逻辑与	自左向右
12	||	逻辑或	自左向右
13	?:	条件运算符	自右向左
14	=、/=、*=、%=、+=、-=、<<=、>>=、&=、^=、|=	赋值运算符、除后赋值、乘后赋值、取模后赋值、加后赋值、减后赋值、左移后赋值、右移后赋值、按位与后赋值、按位异或后赋值、按位或后赋值	自右向左
15	,	逗号运算符	自左向右

3.6　程序基本结构及流程图

C 语言是一种结构化的编程语言。结构化编程语言的基本元素就是模块，它是程序的一部分，只有一个入口和一个出口，不允许有偶然的中途插入或从其他路径退出。结构化程序由若干模块组成，每个模块中包含着若干个基本结构，而每个基本结构中可以有若干条语句。归纳起来，C 语言有 3 种基本结构，即顺序结构、选择结构、循环结构。

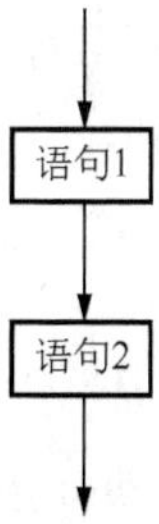

3.6.1　顺序结构及其流程图

顺序结构是一种最基本、最简单的编程结构。在这种结构中，程序按照语句的先后顺序依次执行。如图 3-1 所示，程序先执行语句 1，再执行语句 2，两者是顺序执行的关系。

图 3-1　顺序结构流程图

例如，单片机引脚配置的程序如下。

```
void main()
{
    MCUCSR = 0X80;
    MCUCSR = 0X80;
    DDRC = 0XFF;
    PORTC = 0X00;
    ...........
}
```

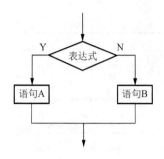

图 3-2　选择结构流程图

3.6.2　选择结构及其流程图

计算机功能强大的原因在于它具有决策或者说具有选择的能力。在选择结构中，程序首先对一条条件语句进行测试。当条件为"真"时，执行一个方向上的程序流程；当条件为"假"时，执行另一方向上的程序流程。如图 3-2 所示，先执行表达式语句，判断表达式的真假，若表达式为"真"，就执行语句 A；若表达式为"假"，则执行语句 B。两者只能选择其一。两个方向上的程序流程最终将汇集到一起，从一个出口退出。实现选择程序设计的关键就是要理清条件与操作之间的逻辑关系。

常用的选择语句有：if 语句、if...else 语句、if...else 结构、switch...case 语句。

1. if 语句

在编写程序的过程中，经常会遇到需要进行判断的情况。例如，单片机编程时判断是按下第二个按键还是按下第三个按键。在 C 语言中可以使用 if 语句来实现。C 语言中 if 语句用来判断所给定的条件是否成立，根据判定结果（真或假）决定是否执行给定的操作。if 语句程序框图如图 3-3 所示。

if 语句的一般格式如下：

```
if(表达式)　语句A
```

该语句执行的过程是：先执行表达式语句，判断表达式的真假（非零值为真，"0"为假），若表达式为真，就执行语句 A，然后继续执行 if 条件语句后面的语句；若表达式为假，则不执行语句 A，直接执行 if 条件语句后面的语句。

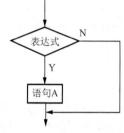

图 3-3　if 语句程序框图

例如：

```
If(a1 > a2)    a1 = 0;   //如果 a1>a2 为真，则对 a1 赋值 0
```

2. if...else 语句

if...else 语句程序框图如图 3-4 所示。

if...else 语句的一般格式如下：

```
if(表达式) 语句A
else      语句B
```

该语句的执行过程为：先执行表达式语句，判断表达式的真假，若表达式为真，就执行语句 A；若表达式为假，则执行语句 B。

例如：

```
if(a1 > a2) a1 = 0; //如果 a1>a2 为真，则对 a1 赋值 0
else   a2 = 0;         //否则对 a2 赋值 0
```

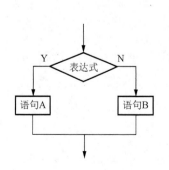

图 3-4　if...else 语句程序框图

3. if...else 结构

if...else 结构的一般格式如下：

```
if(表达式1)  语句1;
else if(表达式2)  语句2;
else if(表达式3)  语句3;
……
else if(表达式n-1)  语句n-1;
else    语句n;
```

if…else 结构的执行过程是：先判断条件 1(表达式 1)，若条件 1 成立，就执行语句 1，退出 if…else 结构；否则，再判断条件 2(表达式 2)，若条件 2 成立，则执行语句 2 后，退出 if…else 结构；否则，再判断条件 3(表达式 3)，若条件 3 成立，则执行语句 3 后，退出 if…else 结构……否则，再判断条件 n-1(表达式 n-1)，若条件 n-1 成立，则执行语句 n-1 后，退出 if…else 结构；否则执行语句 n。

使用 if、if…else 语句、if…else 结构的注意事项：

(1)表达式的类型不限于逻辑表达式，可以是任意合法的 C 语言表达式(如逻辑表达式、关系表达式、算术表达式等)，也可以是任意类型的数据(如整型、实型、字符型等)。通常使用非零值代表"真"，"0"代表"假"。

(2)else 语句不能单独使用，它必须是 if 语句的一部分，与 if 语句配对使用。

(3)if 和 else 后面只能含有一条操作语句，如果需要多条操作语句，必须使用大括号"{ }"括起来作为一条复合语句。

4. switch…case 语句

C 语言提供了一种用于并行多分支的 switch…case 语句，也称开关语句。其一般格式如下：

```
switch(表达式)
{
    case 常量表达式1:语句1;break;
    case 常量表达式2:语句2;break;
    ……
    case 常量表达式n-1:语句n-1;break;
    default: 语句n;
}
```

在 switch…case 语句中，switch 为关键字，switch 后用花括号括起来的部分称为 switch 的语句体。"表达式"可以是整型表达式、字符表达式或枚举表达式。case 也是关键字，case 后常量表达式 1～(n-1)应与 switch 后表达式类型相同，且各常量表达式的值不允许相同。

语句 1～n 可省略，或为单语句，或为复合语句。

default 也是关键字，可省略，也可出现在 switch 语句体内的任何位置，但程序依 switch 语句体的顺序执行。

break 语句用于结束当前 switch 语句，跳出 switch 语句体，执行后面的语句。当遇到 switch 语句的嵌套时，break 只能跳出当前一层的 switch 语句体，而不能跳出多层 switch 的嵌套语句。

程序在执行到 switch 语句时，首先计算表达式的值，然后将该值与 case 关键字后的常量表达式的值逐个进行比较，一旦找到相同的值，就执行该 case 及其后面的语句，直到遇到 break 语句才会退出 switch 语句。若没有找到相同的值，就执行 default 语句，然后退出 switch 语句。

例如，根据等级输出对应的分数范围。

```
Switch(grade)
```

```
{
    case 'A':printf("90~100\n");
    case 'B':printf("80~90\n");
    case 'C':printf("70~80\n");
    case 'D':printf("60~70\n");
    case 'E':printf("不及格\n");
    default: printf("输入错误\n");
}
```

若 grade 等于'C'，程序在执行到 switch 语句时，按顺序与 switch 的语句进行比较。当在 case 中找到与 grade 相匹配的'C'时，由于没有 break 语句，程序将从 case'C'开始向后顺序执行，输出：

```
70~80
60~70
不及格
输入错误
```

在上面的 switch 语句中加入 break 语句之后：

```
switch(grade)
{
    case 'A':printf("90~100\n"); break;
    case 'B':printf("80~90\n"); break;
    case 'C':printf("70~80\n"); break;
    case 'D':printf("60~70\n"); break;
    case 'E':printf("不及格\n"); break;
    default: printf("输入错误\n");
}
```

若 grade 为'C'，则只输出 70~80。

使用 switch…case 语句应注意以下几点。

（1）switch 后面的表达式应用"( )"圆括号括起来；switch 下的花括号"{}"不能省略，其作用是将各 case 和 default 子句括在一起，让计算机将多分支结构视为一个整体。

（2）case 和 default 冒号后面如果有多余的语句，则不需要用花括号括住，程序会自动按顺序执行 case 后所有语句；case 和常量表达式之间必须有空格。

（3）表达式的值可以是整型或者字符型，如果是实型数据，系统将会自动将其转换成整型或字符型。在同一 switch 语句中，任意两个 case 关键字后的常量表达式的值不能相同。

（4）switch 语句中若没有 default 分支，则当找不到与表达式相匹配的常量表达式时，不执行任何操作；default 语句可以写在语句体的任何位置，也可以省略不写。

（5）C 语言允许 switch 语句嵌套使用，而内层与外层的 switch 语句的 case 中，或者两个并列的内层 switch 语句的 case 中，允许含有相同的变量值。

（6）多个变量值可以共同使用同一个语句序列。

3.6.3 循环结构及其流程图

在许多实际问题中，需要进行有规律的重复操作。使用循环结构可以有效地解决这一问题，使分支流程重复地进行。构成循环结构的循环语句一般由循环体和循环终止条件两部分组成。程序中需要反复执行的程序段称为循环体，循环能否继续重复执行下去取决于循环终止条件。

在 C 语言中用来实现循环结构的语句有 if...goto…循环语句、while 循环语句、do…while 循环语句、for 循环语句。

1. if...goto…循环语句

if 语句与 goto 语句构成循环，实现无条件转移。C 语言中 goto 语句的一般格式如下：

```
goto 语句标号；
```

其中，语句标号不必特殊加以定义，它是一个任意合法的标识符。这个标识符加上 ":" 一起出现在函数某处时，执行 goto 语句后，程序将跳到该标号处并执行其后的语句。另外，标号必须与 goto 语句同处于一个函数中，但可以不在一个循环层中。通常，goto 语句与 if 条件语句连用，当满足某一条件时，程序跳到标号处运行。

结构化程序设计方法主张限制使用 goto 语句，因为滥用 goto 语句将使程序流程无规律，可读性差；但也不是绝对禁止使用 goto 语句。

例如，求 1 到 100 的整数累加和。

```
void main()
{
    int i,sum;
    i = 1;
    loop:if(i<=100)
        {
            sum = sum + i;
            i++;
            goto loop;
        }
}
```

程序运行结果：sum 值为 5050。

2. while 循环语句

while 循环语句用来实现"当型"循环结构。while 循环语句的一般格式如下：

```
while(<表达式>)
{
语句；    //循环体
}
```

在 while 循环语句中，表达式是 while 循环能否继续的条件，语句部分是执行重复操作的部分，是循环体。如图 3-5 所示，while 循环执行时，先计算表达式的值，当表达式的值为真时，执行循环体中语句；直到表达式的值为假时，跳出循环体，结束循环，并继续执行循环体外的下一条语句。由于 while 循环总是先判断条件(表达式)，再执行循环体(循环体语句)，这就意味着循环体可能一次也不执行。

例如，求 1 到 100 的整数累加和。

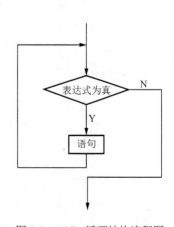

图 3-5　while 循环结构流程图

```
void main()
```

```
{
    int i = 0,sum = 0;
    while(i<=100)
    {
        sum += i;
        ++i;
    }
}
```

程序运行结果：sum 值为 5050。

当条件表达式永远为真时，即 while(1)，构成无限循环，即无限循环地执行循环体内的语句。while 语句的作用是当条件成立时，使语句反复执行(循环体)。为此，在 while 的循环体语句中可以增加对循环变量进行修改的语句，使程序趋于结束。当条件表达式不成立或循环体内遇到 break、return、goto 语句时可以退出 while 循环。while 循环可以有多层循环嵌套。While 循环体内允许空语句。如果循环体包括一条以上语句，则应该用大括号括起来，以复合语句的形式出现。不加大括号，则 while 语句的范围只到 while 后面的第一条语句(第一处分号)。

3. do…while 循环语句

do…while 循环语句用来实现"直到型"循环结构，实际上就是一直循环到条件不成立为止。do…while 循环语句的一般格式如下：

```
do
{
    语句;      //循环体
} while(表达式);
```

如图 3-6 所示，do…while 循环结构先执行一遍循环体内的语句，然后判断表达式是否为真，如果表达式为真，则循环继续并再一次执行循环语句；如果表达式为假，则终止循环，并以正常方式执行程序后面的语句。do…while 循环语句把 while 循环语句做了移位，即把循环条件测试的位置从起始处移至循环的结尾处。该语句大多用于执行至少一次以上循环的情况。

例如，求 1 到 100 的整数累加和。

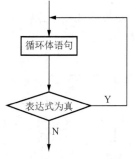

图 3-6　do…while 循环结构流程图

```
void main()
{
    int i = 0,sum = 0;
    do
    {
        sum += i;
        ++i;
    } while(i<=100);
}
```

程序运行结果：sum 值为 5050。

do…while 语句由 do 开始，用 while 结束。必须注意的是，while(表达式)后面的分号不可丢，它表示 do…while 语句的结束。循环体内有多条语句时，需要用大括号"{}"括起来而构成复合语句。若循环体内只有一条语句，可省略大括号。当条件表达式不成立或在循环体内遇到 break、return、goto 语句，可以跳出 do…while 循环。循环体内可为任意类型语句。

4. for 循环语句

C 语言中，for 循环是循环控制语句中功能最强大，应用最为灵活、最为广泛的一种。无论循环次数是已知，还是未知，都可以使用 for 循环语句。它可以完全代替 while 语句。for 循环语句的一般格式如下：

```
for(表达式1;表达式2;表达式3)
{
    语句;    //循环体
}
```

如图 3-7 所示，for 循环语句的执行过程如下。

(1)先计算表达式 1。一般情况下，表达式 1 为循环结构的初始化语句，给循环计数器赋初值。

(2)判断表达式 2 的值，若表达式 2 的值为非零("真"，条件成立)，则执行 for 循环语句的循环体语句，然后再执行步骤(3)；若表达式 2 的值为 0("假"，条件不成立)，则结束 for 循环，转到步骤(5)执行。

(3)计算表达式 3 的值。

(4)回到步骤(2)继续执行。

(5)for 语句执行结束，退出 for 循环，执行下面一条语句。

例如，求 1 到 100 的整数累加和。

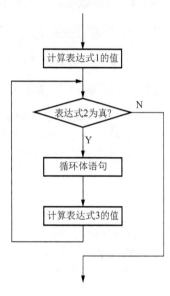

图 3-7　for 循环程序流程图

```
void main()
{
    int i = 0,sum = 0;
    for(i=0;i<=100;++i)
        sum+=i;
}
```

程序运行结果：sum 值为 5050。

在上述程序中，for 循环表达式 1 是 i=0，其作用是给 i 赋初值。表达式 2 是 i<=100，其作用是对循环条件进行判断，若 i 值小于等于 100，表达式 2 为"真"，则执行循环体内语句，sum+=i(即 sum= sum+i)，然后执行表达式 3，修改循环变量 i，++i(即 i=i+1)，进入下一轮循环。若 i 值大于 100，表达式 2 为"假"，则终止循环。

在 for 循环语句中，表达式 1 通常用来给循环变量赋初值；表达式 2 用来对循环条件进行判断；表达式 3 用来对循环变量进行修改。因此，for 语句也可以写成如下形式：

```
for(循环变量赋初值;循环条件;循环变量增值)
{
    语句;    //循环体
}
```

3 个表达式可以全部或部分缺省，但最好根据程序需要在适当的位置添加表达式语句。3 个表达式全部缺省，意味着没有设初值、无判断条件、循环变量为增值，这将导致一个无限循环。表达式 1 省略，即没有设初值；表达式 2 缺省，即不判断循环条件，认为表达式 2 始终为真，程序将陷入死循环。

C 语言中的 for 语句书写灵活，表达式 1 和表达式 3 可以是一个简单的表达式，也可以是一个逗号表达式；它可以与循环变量有关，也可以与循环变量无关。

3.7　C 语言中的数组

数组，顾名思义就是一组相同类型的数。数组是 C 语言提供的一种最简单但又非常有用的构造类型。数组中的变量在内存中占有连续的存储单元。在程序中，数组中的变量具有相同的名称，但具有不同的下标。

3.7.1　一维数组的定义和引用

1. 一维数组的定义

定义一维数组的一般格式如下：

数据类型说明符 数组名[常量表达式];

其中，"数据类型说明符"说明数组中每一个元素的类型；"数组名"是标识符，应该遵循标识符的命名规则；"常量表达式"表示的是数组中有多少元素，即数组的长度，它可以是整型常量、整型常量表达式或符号常量，但不能出现变量或非整型表达式。

例如：

```
int  sum[5];
```

这条语句定义了一个一维数组 sum，int 表示数组 sum 中每一个元素都是整型的，数组名为 sum，此数组共有 5 个元素，这些元素在内存中是连续存储的。数组的大小

下面的数组定义是允许的：

```
#define N 10
int sum[N];
```

数组下标从 0 开始。上面定义的 sum 数组里有 5 个元素，分别是 sum[0]、sum[1]、sum[2]、sum[3]、sum[4]。它们在内存中连续存放，数组的首地址就是 sum[0]的地址。

数组名代表数组的首地址。以上面定义的 sum 数组为例，sum 的值与 sum[0]的地址值（即 &sum[0]）相同。需要特别注意的是，数组名是一个地址常量，而不是变量。

2. 一维数组的引用

在程序中，数组元素的用法与基本类型变量的用法相同，可以出现在表达式中，也可以被赋值。一维数组元素的表达形式如下：

数组名[下标表达式]

其中，"下标表达式"只能是整型常量或整型表达式。例如：

```
......
int sum[5];
sum[0] = 1;
sum[1] = 1;
```

......

在这个程序中，sum[0]、sum[1]都是 sum 数组中的下标变量，其下标可以是整型变量或整型表达式。

3. 一维数组的初始化

在定义数组时给数组元素赋初值称为数组的初始化。在一个函数范围内，如果定义数组时，没有给数组赋初值，则数组元素的初值不定。

定义数组时，可以用放在一对大括号中的初始化表对数组元素赋初值。初始化值的个数可以和数组元素个数一样多。如果初始化值的个数多于元素个数，将产生编译错误；如果少于元素个数，其余元素将被初始化为"0"。如果定义数组时位数表达式为空，那么将用初始化值的个数隐式地指定数组元素的个数。

例如：

```
int sum [5] = {1,2,3,4,5}
int count[5] = {1,2,3}
int array[] = {0,1,2,3}
```

第 1 条语句定义了一个数组长度为 5 的一维整型数组 sum，数组中元素 sum[0]的初值为 1，sum[1]的初值为 2，sum[2]的初值为 3，sum[3]的初值为 4，sum[4]的初值为 5。

第 2 条语句定义了一个数组长度为 5 的一维整型数组 count，数组中元素 count[0]的初值为 1，count[1]的初值为 2，count[2]的初值为 3，count[3]的初值为 0，count[4]的初值为 0。

第 3 条语句定义了一个整型一维数组 array，系统根据初值的个数定义数组 array 的长度为 4，它相当于 int array[4] = {0,1,2,3}。

例如，用选择法对输入的 10 个数进行排序。

```
void main()
{
    int a[10];
    int i,j,t;
    printf("请输入十个人的成绩，用空格隔开：\n");
    for(i=0;i<10;++i)
        scanf("%d",&a[i]);
    for(j=0;j<9;j++)
    {
        for(i=j+1;i<10;++i)
            if(a[j]>a[i])
            {
                t = a[j];
                a[j] = a[i];
                a[i] = t;
            }
    }
    printf("成绩从高分到低分的顺序为：\n");
    for(i=0;i<10;++i)
        printf("%d ",a[i]);
    printf("\n");
}
```

3.7.2 二维数组的定义和引用

1. 二维数组的声明

定义二维数组的方法是在一维数组定义的后面再加上一个用方括号括起来的维数说明，即定义二维数组的一般格式如下。

类型说明符 数组名[常量表达式 1][常量表达式 2]

例如：

```
int array[3][4];
```

上述语句定义了一个整型二维数组，数组名为 array，此数组有 3 行 4 列 12 个元素。二维数组可以看做是一个特殊的一维数组，如上例中，array[3][4]可以看作 3 个连续的一维数组 array[0]、array[1]、array[2]，每个一维数组具有 4 个元素。二维数组元素在内存中的存储格式为按行存放，即在内存中先顺序存放第 1 行的元素，再存放第 2 行的元素，以此类推，一直这样排下去。

2. 二维数组的引用

在程序中，二维数组元素也可以用下标访问。二维数组元素的表达形式为：

数组名[下标 1][下标 2]

其中下标可以是整数，也可以是整型表达式，如 a[4-2][8/4]。使用数组时，应注意数组下标值应在已定义的数组大小范围内。

定义二维数组时用 array[3][4]，表示定义数组的维数和各维的大小。当引用二维数组时，应注意 array[2][3] 表示二维数组 array 的第 3 行第 4 个元素。

3. 二维数组的初始化

可以分行给二维数组赋初值。例如：

```
int array[3][4] = {{1,2,3,4},{5,6,7,8},{9,10,11,12}}
```

上述语句赋值结果是：array [0][0] = 1、array [0][1] = 2、array [0][2] = 3、array [0][3] = 4、array [1][0] = 5、array [1][1] = 6、array [1][2] = 7、array [1][3] = 8、array [2][0] = 9、array [2][1] = 10、array [2][2] = 11、array [2][3] = 12。

也可以将所有数据写在一个大括号内，按数组的排列顺序对各元素赋初值。例如：

```
int array[3][4] = {1,2,3,4,5,6,7,8,9,10,11,12}
```

上述语句赋值结果是：array [0][0] = 1、array [0][1] = 2、array [0][2] = 3、array [0][3] = 4、array [1][0] = 5、array [1][1] = 6、array [1][2] = 7、array [1][3] = 8、array [2][0] = 9、array [2][1] = 10、array [2][2] = 11、array [2][3] = 12。

可以只对部分元素赋初值。例如：

```
int array[3][4] = {{1,2},{},{9}}
```

赋值结果是：array[0][0] = 1、array[0][1] = 2、array[2][0] = 9。

与一维数组类似，如果对数组中全部元素都赋初值，则定义数组时对第 1 维的长度可不指定，但第 2 维的长度不能忽略。例如：

```
int array[][4] = {{1,2,3,4},{5,6,7,8},{9,10,11,12}}
```

上述语句等价于：

```
int array[3][4] = {1,2,3,4,5,6,7,8,9,10,11,12}
```

3.7.3　字符数组与字符串

用来存放字符型数据的数组是字符数组。字符数组中的每个元素存放一个字符。注意，'a'、'A' 是不同的字符常量。

1. 字符数组与字符串的概念

C 语言规定，字符串的末尾必须有 '\0' 字符，即 '\0' 字符为字符串结束的标志。'\0' 是一个转义字符，其 ASCII 码值为 0。例如，字符串 "abcd" 在内存中存放时占 5B，如图 3-8 所示。

图 3-8　字符串的存放形式

在字符数组中，若某个元素存放的是 '\0'，系统就认为该数组中存放的是一个字符串。若字符数组中没有存放 '\0'，则系统认为该数组中存放的是若干个字符型数据，只能对其中的某个字符进行处理而不能把它当做字符串处理。

2. 字符数组的声明

字符数组的定义与普通的一维数组的定义类似，如：

```
char a[10] = {'s','u','o','a','o'}
```

同样，如果大括号中提供的初值个数(即字符个数)大于数组长度，则 C 语言将其作为语法错误进行处理；如果初值个数小于数组长度，则只将这些字符赋给数组中前面的那些元素，其余的元素自动定义为空字符(即'\0')。如果初值个数与预定的数组长度相同，则在定义时可以省略数组长度，系统会根据初值个数确定数组的长度。

3. 字符数组的初始化

首先，用字符常量赋初值。例如：

```
char s[5] = {'s','u','o','a','0'}
```

此时赋值结果为：s[0] = 's'、s[1] = 'u'、s[2] = 'o'、s[3] = 'a'、s[4] = 'o'。

值得注意的是，数组 s 中存放的数据是 5 个字符型数据，不是字符串。

例如：

```
char s[6] = {'s','u','o','a','0'}
```

此时赋值结果为：s[0] = 's'、s[1] = 'u'、s[2] = 'o'、s[3] = 'a'、s[4] = 'o'、s[5] = '\0'。

注意：此时可以把数组 s 看做是存放了字符串"suoao"。如果定义的数组长度大于初值的个数，则其余元素存放'\0'字符。

其次，用字符串常量赋初值。例如：

```
char s[10] = {"suoao"}
```

或

```
char s[10] ="suoao";
```

此时赋值结果为：s[0] = 's'、s[1] = 'u'、s[2] = 'o'、s[3] = 'a'、s[4] = 'o'、s[5] = '\0'、s[6] = '\0'、s[7] = '\0'、s[8] = '\0'、s[9] = '\0'。

字符数组初始化时长度也可以省略。例如：

```
char s[] = "suoao";
```

此时 s 数组中存放的是一个字符串，末尾 s[5]='\0'，所以 s 数组的长度是 6。

例如：

```
char s[] = {'s','u','o','a','0'};
```

由于此数组没有字符串结束标识符'\0'，因此不能作为字符串使用，此时数组的长度为 5。

4. 字符数组的引用

对于字符数组，可以引用数组元素，也可以引用整个数组。当引用整个数组的时候，数组中必须存放字符串。

例如：

```
void main()
{
    char s1[4] = {'a','b','c','d'};
    char s2[] = "abcd";
    for(int i = 0;i<4;++i)
    {
        printf("%c",s1[i]);
    }
    printf("\ns%\n",s2);
}
```

运行结果：

```
abcd
abcd
```

3.8　函　　数

在开发大的 C 语言程序时，函数显得尤为重要。在程序设计中，常将整个程序分为若干个程序模块，每个模块用来实现一个特定的功能。C 语言中的模块以函数的形式来实现，函数是具有一定功能的相对独立的代码段。

实际上，设计程序就是设计函数，一个 C 语言程序可以由一个主函数(main()函数)和若干子函数构成。主函数就是程序执行的起点，由主函数调用子函数，子函数还可以再调用其他子函数。从主函数开始到程序结束，都是函数在起作用。

3.8.1　函数的定义

定义函数的一般格式如下：

```
函数类型　函数名(形参列表)
{
    函数体(说明语句,执行语句)
}
```

函数类型一般为 void、float、int、void 等。函数的类型决定了函数返回值的类型。当函数需要向主调函数返回一个值时，可以使用 return 语句，将需要返回的值返回给主调函数。需要注意的是，由 return 语句返回的值的类型必须与函数类型一致。void 定义的函数不需要返回值，其他类型定义的函数需要相对应的返回值。

函数名是指程序员为该函数定义的名称，一般能表示该函数的功能。当函数定义之后，程序员即可通过函数名调用函数(执行函数体代码段)。函数名是程序员定义的标识符，要符合标识符的命名规则。

函数名后括号中的形参列表具有如下格式：

```
类型名 1 形参 1,类型名 2 形参 2,……,类型名 n 形参 n
```

例如：

```
int sum,float avr
```

其中，"类型名"是各个形参的数据类型说明符（例如 int、float、char）；"形参"为各个形式参数的标识符，是编程者定义的标识符。形式参数表示主调函数与被调函数之间需要交换的信息。

用花括号括起来的部分称为函数体，函数体是实现函数功能的代码部分。C 语言规定，在定义的函数内部不能再定义函数。

例如，设计一个延时函数。

```
void delay(int time)
{
    int i,j;
    for(j=0;j<time;++j)
        for(i=0;i<124;++i)
}
```

函数类型为 void；函数名为 delay(延时)；形参列表为 int time；函数体为

```
int i,j;
for(j=0;j<time;++j)
    for(i=0;i<124;++i)
```

3.8.2　函数的参数传递与返回值

函数之间信息交换的一种重要形式就是函数的参数传递，即由实际参数向形式参数传递信息。对于不同类型的实参，有着不同的参数传递方式。

(1)函数的参数是基本类型的变量。主调函数将实际参数的值传递给被调函数中的形式参数，这种方式称为值传递，是一种单向传递。

(2)函数的参数是数组类型的变量。主调函数将实际参数(数组)的起始地址传递到被调函数中形式参数的临时存储单元，这种传递称为地址传递，是一种双向传递。

(3)函数的参数是指针类型的变量。主调函数将实际参数的地址传递给被调函数中形式参数的临时存储单元，同样属于地址传送，也是一种双向传送。

由 void 定义的函数不需要返回值，而其他类型定义的函数需要相对应的返回值。有时我们需要通过调用函数得到一个确定的值，这个值就是函数的返回值。函数通过 return 语句返回，格式如下。

```
return(表达式);
```

函数的返回值通过 return 语句，将被调函数中的确定值返回主调函数。返回值的类型必须与函数首部说明的类型一致。

例如，计算一个数的三次方。

```
int cube(int a)
{
    int b;
    b = a*a*a;
    return b;
}
void main()
{
    int c;
    printf("请输入一个数\n");
    scanf("%d",&c);
    printf("经计算，%d 的立方为%d\n",c,cube(c));
}
```

在上述程序中，cube(a)为函数调用语句；a 为形参，c 为实参。在 cube()函数中，通过 return b 将传入的 a 进行三次方计算后传回主函数。

3.8.3　函数的调用

定义一个函数，目的就是使用其实现的一个功能。函数的使用就是通过函数调用来实现。一个函数调用另一个函数，程序就转到另一个函数去执行，称为函数调用。调用其他函数的函数称为主调函数，被其他函数调用的函数就是被调函数。一个函数既可以是主调函数，也可以是被调函数(main 主函数除外)

函数调用的一般格式如下：

```
函数名(实参列表)
```

在调用函数时，函数名后括号中的参数，称为实际参数(简称实参)。如果有多个实参，则各参数间用逗号隔开，如 sum(100,100)。如果调用无参函数，即被调函数无形参，则实参表也是空的，如 sum()。

在 C 语言中，把函数调用也作为一个表达式。凡是表达式可以出现的地方都可以出现函数调用。函数的调用通常有 3 种情况：

(1)函数语句。把函数当做一条语句。例如：

```
delay(100);
```

（2）函数表达式。函数出现在一个表达式中，这时要求参数带回一个确定的值以参加表达式的计算。例如：

```
sum = ABS(a,b);
```

（3）函数调用另一个函数做实参。例如：

```
c = max(a,max(b,c));
```

3.8.4　函数的嵌套

C 语言的函数定义都是平行的、独立的，不允许嵌套定义，即在定义一个函数时，其函数体内不能再定义其他函数。但 C 语言的函数可以嵌套使用，即被调用的函数又去调用另一个函数来完成所需的功能。这种层次化的结构有利于形成结构化的程序。函数的嵌套关系如图 3-9 所示。

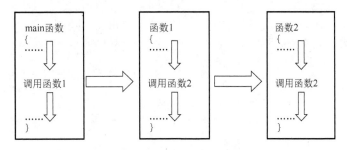

图 3-9　函数的嵌套关系

例如，使用 ATmega16 单片机进行 A/D 转换。

```
#include <macros.h>
extern UINT8 LED[]={0x3f,0x06,0x5b,0x4f,0x66,0x6d,0x7d,0x07,0x7f,
                    0x6f,0x77,0x7c,0x39,0x5e,0x79,0x71,0x40};
static void Send_Data_To_74HC595( UINT8 data )
{
   UINT8 i , data_temp = 0 ;
   data_temp = data ;
   for( i = 0; i < 8; i++)               //一次只能发送 1B(字节)的数据(8 位)
    {
       if( BitIsSet(data_temp,7) )       //从高位开始发送
          HC595_DATA_HIGH ;              //如果为 1,拉高数据线
       else
          HC595_DATA_LOW ;               //如果为 0,拉低数据线
       HC595_SCLK_HIGH ;                 //时钟线拉高
       NOP() ;NOP() ;
       HC595_SCLK_LOW ;                  //时钟线拉低
       data_temp <<= 1;                  //数据向左移位,发送下一位
    }
}
void HC595_Display_Bit( UINT8 bit, UINT8 a_bit_data, UINT8 point )
{
   UINT8 i, data_temp = 0 ;
```

```
        data_temp = LED[a_bit_data] ;              //只能获取数字段选信号

        if(point)   SetBit(data_temp,7) ;          //显示小数点
        else        ClrBit(data_temp,7) ;          //不显示小数点
        HC595_LCLK_LOW ;                           //锁存线拉低
        HC595_SCLK_LOW ;                           //时钟线拉低
        Delay_us(5) ;
        Send_Data_To_74HC595( ~(1<<bit));          //发送位选信号
        Delay_us(5) ;
        Send_Data_To_74HC595( data_temp);          //发送段选信号
        HC595_LCLK_HIGH ;                                //上升沿实现刚移入的十六位数据的输出及锁存
}
void HC595_DisplayData( UINT8 start, UINT8 stop , UINT32  data )
{
    UINT8 i, j, temp ;
    j = stop;
    for(i = start; i <= stop ; i++)
    {
        temp = data % 10 ;                  //选出 data 的第 i 位(从高位往低位数)
        HC595_Display_Bit(j, temp, 0) ;     //通过扫描的方式显示
        j--;
        data /= 10 ;                        //去除末位,并将十进制数向右移一位
    }
}
    extern void HC595_DisplayData_Point( UINT8 start, UINT8 stop , UINT32  data ,
UINT8 point_bit )
    {
    UINT8 i, j, temp ;
    j = stop;
        for(i = start; i <= stop ; i++)
        {
            temp = data % 10 ;        //选出 data 的末位(从高位往低位数),首先显示低位
            if(j == stop - point_bit)
              HC595_Display_Bit(j, temp, 1) ;        //该显示小数点
            else
              HC595_Display_Bit(j, temp, 0) ;        //不该显示小数点
            j --;
            data /= 10 ;                    //去除末位,并将十进制数向右移一位
    }
}
void HC595_Init(void)
{
    HC595_DDR_INIT                     //B 端口 0、1、2 初始化为输出状态
    HC595_LCLK_HIGH ;                  //锁存线拉高
    HC595_SCLK_HIGH ;                  //时钟线拉高
    Delay_us(10) ;
}
void AD_Init(void)
{
    DDRA =~(1<<0);
    ADMUX=0x60;                        //第 6、7 位决定参考电压,第 5 位控制左右对齐
    ADCSRA|=((1<<7)|(1<<5)|(1<<1)|(1<<0));  // ADCSRA 7(ADC 使能)6 5 4 3 2 1 0
```

```
    SFIOR=0x00;
    ADCSRA|=((1<<6));
}
int main(void)
{
    AD_Init();
    HC595_Init();
    while(1)
    {
        while(ADCSRA&(1<<4))
        {
            int a = 0b11110000;
            a += 0b11111111;
            HC595_DisplayData(0,7,ADC);
        }
    }
    return 0;
}
```

3.9　编译预处理

C 语言允许在程序中使用几种特殊的命令——预处理命令，进行编译预处理。在 C 语言编译系统对程序进行编译前，先对程序中这些特殊的命令进行预处理，然后将预处理的结果与源程序一起再进行编译，得到目标代码。编译预处理是 C 语言编译系统的一个重要组成部分。很好地利用 C 语言的预处理命令可以增强代码的可读性、灵活性，使其易于修改，并便于程序的结构化。

在 C 语言中，预处理命令必须在一行的开头以"#"号开头；"#"号后是指令关键字；在关键字和"#"号之间允许存在任意个数的空白字符；每行的末尾不得加";"，以区别于 C 语言的定义和说明语句。整行语句构成了一条预处理指令，该指令将在编译器进行编译前对源代码进行某些转换。C 语言提供的预处理主要有宏定义、文件包含、条件编译 3 种。

3.9.1　宏定义

"宏"是指用一个标识符表示一个特定内容，"宏名"就是被定义为宏的标识符。宏定义命令为"#define"。在编译预处理时，对程序中所有的宏名，都会用宏定义时的值去代替，称为宏代换。C 语言中宏定义分为带参数的不带参数的宏定义和宏定义两种。

1. 不带参数的宏定义

用一个指定的标识符(即名字)来代替一个字符串。其定义的一般格式如下：

```
#define 标识符 字符串
```

该宏定义的作用是出现该标识符的地方均用字符串来代替。其中，"#"表示这是一条预处理命令；define 为宏定义命令；"标识符"为所定义的宏名；"字符串"可以是常数、表达式、格式串等。

例如：

```
#define PI 3.14
```

此语句的作用就是用标识符 PI 来代替"3.14"这个字符串,在编译预处理时,将源文件中位于该命令后的所有 PI 都用"3.14"来代替。

利用宏定义有两个优点:首先,用户能以一个简单的名字代替一个长的字符串;其次,用户可利用宏定义定义标识符来替代程序中多次使用的参数等常量,以便使程序的修改更加方便,提高程序的可读性。

不带参数宏定义的注意事项如下:

(1)宏定义不是 C 语言,不必加分号;如果误加分号,则会连分号一起置换。例如:

```
#define PI 3.14          //此时 PI 为"3.14"
#define PI 3.14;         //此时 PI 为"3.14;"
```

(2)当宏定义在一行中写不下,需要在下一行继续写时,应该在最后一个字符后紧跟着加一个反斜线"\",新的一行应从第 1 列开始书写,不能插入空格。

(3)宏名一般习惯用大写字母表示,以区别于变量名。但这并非 C 语言的语法规定,也允许用小写字母。

(4)宏定义是用宏名代替一个字符串,没有值和类型的含义,编译系统只对程序中出现的宏名用定义中的宏体进行简单的置换,而不做语法检查,且不分配内存空间。

(5)#define 命令通常出现在函数的外面,宏名的有效范围为宏定义之后到宏所在的源文件结束。通常#define 命令写在文件开头,作为文件的一部分,在此文件范围之内都有效。

(6)可以用#undef 命令中止宏定义的作用域。

(7)在宏定义时,可以引用已定义的宏名,还可以层层置换。

2. 带参数的宏定义

带参数的宏在预编译时不但要进行简单的字符串替换,还要进行参数替换。其定义的一般格式如下:

```
#define 宏名(参数表)字符串
```

该宏定义的作用是进行相应的参数替换。带参数的宏展开时,不是进行简单的字符串替换,而是进行参数替换。例如:

```
#define A(x,y) x*y
a = A(3,5)
```

在宏调用时,用实参 3 和 5 去代替形参 x 和 y。经预处理宏展开后的语句为 a=3*5。

带参数宏定义的注意事项如下。

(1)在宏定义时,在宏名与带参数的括号之间不应加空格,否则将空格以后的字符都作为替代字符串的一部分。

(2)在宏定义时,字符串内的形参最好用括号括起来以避免出现错误。例如:

```
#define A(x,y) (x)*(y)
int num=3+4;
result=A(num,num);
```

展开后为(3+4)×(3+4),如果没有那些括号就变为 3+4×3+4。

3.　带参数的宏与函数的区别

(1)函数调用时，先求出表达式的值，然后代入形参。而使用带参数的宏只是进行简单的字符替换，在宏展开时并不求解表达式的值。

(2)函数调用是在程序中运行时处理的，而宏展开则是在编译时进行的，在展开时不分配内存单元，不进行值的传递处理，也没有"返回值"的概念。

(3)使用宏定义时，宏展开后源程序变长，而函数调用不使源程序变长。

(4)调用函数时只能得到一个返回值，而用宏可以设法得到几个结果。

(5)宏替换只占用编译时间，不占用允许时间，而函数调用则占用允许时间(分配单元、保留现场、值传递、返回)。

3.9.2　文件包含

所谓"文件包含"预处理，是指一个源文件可以将另外一个源文件的全部内容包含进来，即将其他的文件包含到本文件夹中。C 语言中提供了#include 预处理命令来实现"文件包含"的操作。

在程序中包含头文件有如下两种格式：

```
#include <文件名>
#include "文件名"
```

例如：

```
#include <74HC595.h>
#include "74HC595.h"
```

第 1 种方法是用尖括号将头文件括起来，这种格式告诉预处理程序在编译器自带的或外部库的头文件中搜索并包含头文件。第 2 种方法是用双引号把头文件括起来，这种格式告诉预处理程序首先在当前的源文件目录中查找该文件，若未找到再到指定存放头文件的目录下查找该文件。

采用两种不同包含格式的理由在于，编译器是安装在公共子目录下，而被编译的应用程序在其私有子目录下。一个应用程序既包含编译器提供的公共头文件，也包含自定义的私有头文件。采用两种不同的包含格式使得编译器能够在很多头文件中区别出一组公共的头文件。

使用"文件包含"预处理的注意事项如下。

(1)#include 命令行应写在所有文件的开头，故有时也把包含文件称为"头文件"。头文件可以由用户指定，其后缀不一定用".h"。

(2)一个#include 命令只能指定一个被包含文件，如果要包含 n 个文件，要用 n 个#include命令。

(3)被包含文件中有全局静态变量，它在包含文件中也有效，不必用 extern 声明。

(4)在一个被包含的文件中又可以包含另一个被包含的文件，即文件包含是可以嵌套的。标准 C 编译器至少支持 8 重嵌套包含。

3.9.3　条件编译

在 C 语言的编译过程中，有时候我们希望按照某些条件对一组语句进行编译，而不需要对程序全部进行编译。为了实现这样的功能，C 语言中提供了"条件编译"。条件编译的功能就是根据不同的编译条件去编译不同的程序部分，产生不同的目标代码，这样有助于程序的移植和调试，增加了程序的灵活性。

条件编译通常有以下 3 种格式：

1. # ifdef 格式

```
#ifdef 标识符
    程序段1；
#else
    程序段2；
#endif
```

当标识符已经被定义过(一般是用#define 命令定义)，则对程序段 1 进行编译，否则编译程序段 2，其中#else 部分可以省略。这里的程序段可以是语句组，也可以是命令行。

2. #ifndef 格式

```
#ifndef 标识符
    程序段1；
#else
    程序段2；
#endif
```

当标识符未被#define 定义时，则对程序段 1 进行编译；否则，编译程序段 2。它与第一种格式的功能正好相反。

3. #if 格式

```
#if 常量表达式
    程序段1；
#else
    程序段2；
#endif
```

当指定表达式值为真时编译程序段 1，否则编译程序段 2。可以事先给出一定的条件，使编译器在不同的条件下编译不同的语句。

在程序中，有些情况下不使用条件编译而使用 if 语句也能达到要求，但是使用 if 语句会使目标程序变长，因为所有的语句都参加编译，而采用条件编译后，将减少被编译的语句，从而减少目标程序的长度。在一个大型的项目中，使用条件编译，目标程序长度可以大大减少。

【思考练习】

1. 选择题

(1)下面叙述中，正确的是(   )。

A．C 语言程序中关键字必须小写，其他标识符不区分大小写

　　B．C 语言程序中所有的标识符都必须小写

　　C．C 语言程序中所有的标识符都不区分大小写

　　D．C 语言程序中关键字必须小写，其他标识符区分大小写

(2)下面不合法的用户标识符是(　　)。

　　A．_1sum　　　B．1_sum　　　　　C．sum_1　　　　　D．Sum1

(3)以下正确的描述是(　　)。

　　A．continue 语句的作用是结束整个循环的执行

　　B．在 for 循环中，不能使用 break 语句跳出循环

　　C．只能在循环体内和 switch 语句体内使用 break 语句

　　D．在循环体内使用 break 语句和 continue 语句的作用相同

(4)以下叙述正确的是(　　)。

　　A．每个 C 语言程序都必须在开头使用预处理命令：#include <stdio.h>

　　B．预处理命令必须在 C 源程序的头部

　　C．在 C 语言中，预处理命令都以 "#" 开头

　　D．C 语言的预处理命令只能实现宏定义和条件编译功能

(5)以下选项中，不能正确赋值的是(　　)。

　　A．char s1[10]; s1 = "hello";　　　B．char s2[]; s1 = {'h','e','l','l','o'};

　　C．char s3[10] = "hello";　　　　　D．Char s4[10] = {"hello"};

(6)下列程序的输出结果是(　　)。

```c
#include "stdio.h"
#include "string.h"
void main
{
    char str[20] = "\"hello\"";
    printf("%d\n",strlen(str));
}
```

　　A．6　　　　　B．7　　　　　　C．11　　　　　D．12

2. 填空题

(1)C 语言中的标识符只能由_____、数组和下划线 3 种字符组成，开头只能是_____、

_____。

(2)定义 int a = 4, b = 8;，则执行--a&&b++;语句后，b 的值为_____。

(3)定义 m = 1,n = 5;，则执行 if(!m+5>=n)　n=1;后变量 n 的值是_____。

(4)若程序中有 int x = -1;定义语句，则 while(!x) x*=x;语句的循环体将执行_____次。

(5)定义 int a[4][4] ={{1,2,3,4},{5,6,7,8},{9,10,11,12},{13,14,15,16}};，则 a[2][2]=_____，

a[1][3]=_____。

3. 编程题

(1)输入一个小于 8 位的数，判断它是几位数，并逆序输出各位上的数字。例如 1234，判断出为 4 位数，并输出 4321。

(2)编写一个程序，根据本金(a)、存款年数(n)和年利率(p)计算到期利息。

(3)编写程序，输入 2 个整数，分别求出 2 个整数的最大公约数和最小公倍数。要求用主函数调用这两个函数，并输出结果。

(4)编写程序，判断 1000 年到 2016 年之间的某年是否为闰年，若是输出该年是闰年，否则输出该年是平年。

第二篇 实战演练篇

第 4 章 通用数字 I/O 端口及其应用

【学习目标】

(1) 了解 ATmega16 单片机通用数字 I/O 端口的基本结构特性。

(2) 熟练使用 DDRX、PORTX 对 I/O 端口的引脚进行配置。

(3) 熟练掌握 LED 驱动典型电路。

(4) 掌握并理解独立按键驱动程序。

(5) 熟练掌握数码管的典型驱动电路。

4.1 通用数字 I/O 端口简介

所谓 I/O 端口，其实就是 Input/Output 端口，也就是输入/输出端口，即实现单片机 CPU 与外部设备之间进行数据交换的接口设备，是单片机应用系统的重要组成部分。在 ATmega16 单片机中，I/O 端口一般都可作为通用 I/O 端口 (General Purpose Input/Output, GPIO) 使用，同时还具有其他的复用功能，比如中断、串口、定时/计数器等。本章所讲为通用 I/O 功能，端口复用将会在后面的章节中提到。这些 I/O 端口同外围电路有机组合，构成各种各样的嵌入式系统前向、后向通道。输入端口负责从外界接收检测信号、键盘信号等各种开关量信号，输出端口负责向外界输送由内部电路产生的处理结果、控制命令、驱动信号等。有了人机交互接口，才能构建各种实用的单片机系统。

ATmega16 单片机有 32 个可编程的通用 I/O 端口，分为 A、B、C、D 4 组，分别是 PORTA、PORTB、PORTC 和 PORTD (简称 PA、PB、PC、PD)；每组 8 位，即 PA0～PA7、PB0～PB7、PC0～PC7、PD0～PD7。32 路通用 I/O 端口，分别对应了芯片上 32 个 I/O 引脚。在 ATmega16 学习板上，每一个 I/O 端口都预留了外接接口——排针，这里的每一个排针都与单片机的引脚相连。直观地讲，当单片机的 I/O 端口设置为输出端口时，输出"1"信号，即相应的引脚(排针)向外输出高电平。例如，PA0 置高，则 PA0 对应的排针就会输出高电平，此时如果测量 PA0 与 GND 之间的电压，其电压应该是高电平 3.3V(或是 5V，这与单片机供电电压有关)。

4.2 通用数字 I/O 端口的基本特性

ATmega16 单片机通用数字 I/O 端口引脚逻辑关系如图 4-1 所示。作为通用 I/O 端口使用时，所有 AVR I/O 端口都是真正的双向数字 I/O 端口，具有真正的读(Read)-修改(Modify)-写(Write)功能。这意味着在应用程序中用 SBI 或 CBI 指令改变某些引脚的输入/输出方式即方向(或者是端口电平即引脚输出值、禁止/使能上拉电阻)时，不会无意地改变其他引脚状态。

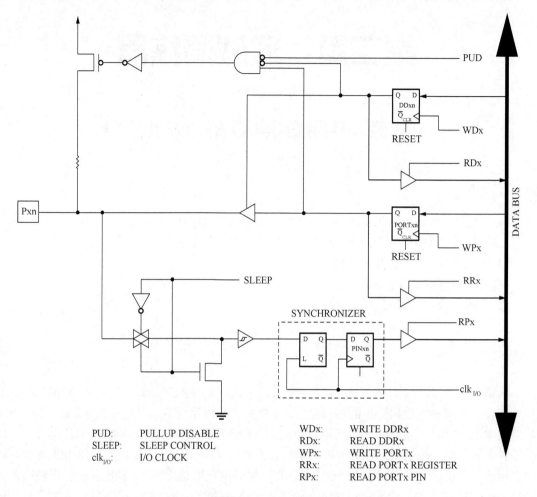

PUD:	PULLUP DISABLE	WDx:	WRITE DDRx
SLEEP:	SLEEP CONTROL	RDx:	READ DDRx
clk$_{I/O}$:	I/O CLOCK	WPx:	WRITE PORTx
		RRx:	READ PORTx REGISTER
		RPx:	READ PORTx PIN

图 4-1　通用数字 I/O 端口引脚逻辑关系

　　每个 I/O 引脚的输出缓冲器都具有对称的驱动能力，可以输出或吸收大电流，直接驱动 LED。所有的端口引脚都具有与电压无关的上拉电阻，并有保护二极管与 VCC 和地相连。ATmega16 单片机的每组 I/O 端口都有 3 个寄存器：数据寄存器 PORTx、数据方向寄存器 DDRx 和端口输入引脚寄存器 PINx(x=A，B，C，D)。数据寄存器和数据方向寄存器为读/写寄存器，而端口输入引脚寄存器为只读寄存器。当寄存器 MCUCR 的上拉禁止位 PUD 置位时，所有端口引脚的上拉电阻都被禁止。

　　说明：本书所有的寄存器和位均以通用格式表示，小写的"x"表示端口的序号，即 x 代表 A、B、C 或 D；小写的"n"代表位的序号，即 0~7。

4.3　通用数字 I/O 端口相关寄存器

　　ATmega16 单片机的每组 I/O 端口都有 3 个八位寄存器，即数据寄存器 PORTx、数据方向寄存器 DDRx 和端口输入引脚寄存器 PINx(x=A，B，C，D)，I/O 端口的工作方式和表现特征由这 3 个 I/O 寄存器控制。

4.3.1 数据方向寄存器 DDRx

数据方向寄存器 DDRx 为读/写寄存器,用来选择端口引脚的方向。当 DDRx 的某一位置"1"时,相应的引脚用于输出。反之,当 DDRx 的某一位置"0"时,相应的引脚用于输入。例如:

```
DDRB = 0xF0;        //PB 端口的 PB0～PB3 位设置为输入端口, PB4～PB7 位设置为输出端口
```

4.3.2 数据寄存器 PORTx

数据寄存器 PORTx 为读/写寄存器。当数据方向寄存器 DDRx 设置为输出时,端口引脚就会输出数据寄存器中相应的数据,即高/低电平。例如:

```
DDRB = 0xFF;        //PB 端口 PB0～PB7 位都设置为输出
PORTB = 0b01010101; //PB 端口输出 01010101, 即 PB 端口的 0、2、4、6 位输出高电平, 而 1、
3、5、7 位输出低电平
```

4.3.3 端口输入引脚寄存器 PINx

端口输入引脚寄存器 PINx 其实是相应端口的输入引脚地址,如果希望读取引脚的逻辑电平值,就需通过 PINx 读取。需要特别注意的是,PINx 是只读寄存器,不能对其赋值,对 PINx 寄存器某一位写入逻辑"1"将造成数据寄存器相应位的数据发生"0"与"1"的交替变化。例如:

```
DDRA = 0x00 ;        //设置 A 端口为输入端口
Temp = PINA ;        //从 PINA 中读取 A 端口的引脚信号并存入 Temp
```

AVR 单片机的 I/O 端口作为通用数字 I/O 端口使用时,控制端口的寄存器有 4 个,即 PORTx、DDRx、PINx、SFIOR(SFIOR 中的 PUD 位),其端口引脚配置如表 4-1 所示。使用时先正确设置 DDRx 方向寄存器,再进行 I/O 端口的读写操作。

表 4-1 端口引脚配置

DDRxn	PORTxn	PUD(in SFIOR)	I/O	上拉电阻	说明
0	0	×	Input	No	高组态(Hi-Z)
0	1	0	Input	Yes	被外部电路拉低时将输出电流
0	1	1	Input	No	高组态(Hi-Z)
1	0	×	Output	No	输出低电平(吸收电流)
1	1	×	Output	No	输出高电平(输出电流)

4.4 通用数字 I/O 口的设置与编程

使用 AVR 的 I/O 端口作为通用数字 I/O 端口时,首先分析硬件系统的设计情况,根据实际电路需要设置 I/O 端口的工作方式为输入或者输出,然后设置 DDRx 方向寄存器,再进行读写操作。如果作为输入端口,还应注意是否需要将内部上拉电阻设置为有效。

在 ICC AVR 中，可直接用 C 语言语句对 I/O 端口寄存器进行操作。例如：

(1)PA 端口设置为带上拉电阻输入

```
DDRA = 0x00;                    //输出低电平
PORTA = 0xFF;                   //内部上拉，高电平
i = PINA;                       //读取 PORTA 端口状态
```

(2)将 PB0、PB1 定义为输出高电平

```
DDRB  |= BIT(0)|BIT(1);
PORTB |= BIT(0)|BIT(1);
```

AVR 单片机的 C 语言没有扩展位操作(布尔操作)，需要采用位逻辑运算来实现位操作。例如，在头文件 iom16v.h 中已经定义了 #define PA7 7，假定 PA 端口已经设置为输出端口，此时：

```
PORTA | = (1<<PA7);             //设置 PA7 为 1
PORTA & = ~(1<<PA7);            //设置 PA7 为 0
PORTA ^ =(1<<PA7);             //PA7 取反
```

假定 PA 端口已经设置为输入端口，此时：

```
if (PINA & ( 1<<PA7 ) );        //检测 PA7 是否为 1
if (! (PINA & (1<<PA7 ) ) );    //检测 PA7 是否为 0
```

AVR 系列单片机上电后，端口寄存器的默认值 DDRx=0x00，PORTx=0x00，其表现为输入、无上拉电阻。在 AVR 单片机的程序代码中，一定要注意 I/O 寄存器操作的顺序。例如，PA 端口驱动 LED，低电平时 LED 亮，如图 4-2 所示。

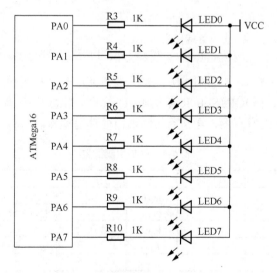

图 4-2　PA 端口驱动 LED 示意图

PA 端口驱动 LED，如果初始化程序为：

```
PORTA = 0xFF;                          //PA 端口内部上拉，高电平
DDRA = 0xFF;                           //PA 端口输出高电平
```

在这种初始化操作顺序下，LED 灯一直是灭的。如果初始化程序为：

```
DDRA = 0xFF;                        //PA 口输出低电平，LED 被点亮了
PORTA = 0xFF;                       //PA 口输出高电平，LED 马上熄灭
```

在这种初始化操作顺序下，LED 灯闪了一下，但时间很短，不到 1μs。

4.5　8 位 LED 灯显示系统

使用 ATmega16 单片机作为主控芯片，设计并制作一个 8 位 LED 灯显示系统，实现系统工作后 8 位 LED 灯同时点亮。

4.5.1　硬件电路设计

发光二极管(Light Emitting Diode，LED)是单片机应用系统常用的人机交互器件之一，通常用于指示单片机工作系统的状态。发光二极管有红、黄、绿等多种颜色及不同的大小(直径)，还有高亮等类型，它们的主要区别在于外形大小、发光功率及价格，如图 4-3 所示。

发光二极管和普通二极管一样，具有单向导电性。当加在发光二极管两端的电压超过其导通电压(一般为 1.7～1.9V)时，发光二极管就会导通；当流过发光二极管的电流超过一定电流时，发光二极管则会发光。

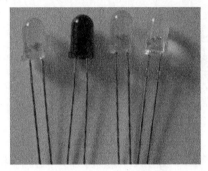

图 4-3　发光二极管

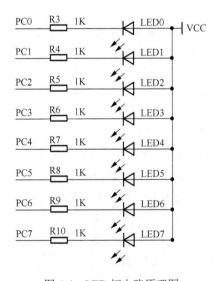

图 4-4　LED 灯电路原理图

ATmega16 单片机的 I/O 端口输出为"1"时，可以提供 20mA 左右的驱动电流；输出为"0"时，可以吸收 20mA 左右的灌电流(最大为 40mA)。将 ATmega16 单片机的 PC 端口 8 个引脚都设置为输出，用于点亮或熄灭 8 个发光二极管。如图 4-4 所示，ATmega16 单片机学习板上 8 位 LED 的阳极都接在了 VCC 上，阴极则分别通过一个电阻接在了 PC0～PC7 上，这种接法叫做共阳接法。

实际使用的 LED 的前向电压约为 1.8V，工作电流约为 10mA。由此计算限流电阻：

$$R = \frac{VCC - V}{I} = \frac{5 - 1.8}{10} = 320\Omega$$

当 PC 端口某一位输出高电平时，其所对应的 LED 两端无电压差，LED 不能被点亮；当 PC 端口某一位输出低电平时，其所对应的 LED 两端有正向电压差，LED 能被点亮。因此，要想控制 LED 灯，其实就是要操作与其阴极相连的 PC 端口。下面就编写程序来点亮 LED 灯，体验一下 ATmega16 单片机 I/O 端口的操作。

4.5.2　软件设计

8 位 LED 灯全部点亮程序代码如下：

```
#include <macros.h>
```

```
#include "iom16v.h"
void main(void)
{
    MCUCSR = 0x80;
    MCUCSR = 0x80;          //取消 C 端口的 I/O 端口复用功能
    DDRC = 0xFF;            //设置 PC 端口方向寄存器为输出
    PORTC = 0x00;           //设置输出寄存器为输出低电平，点亮 8 个 LED
    while(1)                //无限循环
    {
    }
}
```

首先在 ICC AVR8 中创建项目，输入源代码并编译生成 "8 位 LED 灯显示系统.cof" 文件，然后下载程序 "8 位 LED 灯显示系统.hex" 到目标板进行调试，观察 8 位 LED 灯是否全部点亮。

4.6   独立按键键值解读系统

使用 ATmega16 单片机作为主控芯片，设计并制作两个独立按键 K1 和 K2，通过查询方式确定是否有按键被按下，并实现键值显示，即按 K1 键时 LED0 点亮，按 K2 键时 LED1 点亮。

4.6.1   机械触点按键常识

独立按键是单片机应用系统中最常用的人机交互器件之一，通常用于为用户提供向单片机输入信息的通道。独立按键工作的基本原理是：当独立按键被按下时，按键接通两个点，放开时则断开两个点。常用按键按照结构原理可分为触点式开关按键(如机械式开关、导电橡胶式开关等)和无触点式开关按键(如电气式按键、磁感应按键等)两类。

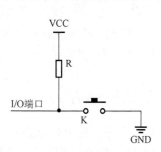

图 4-5   典型的独立按键应用电路

单片机应用系统中典型的独立按键应用电路如图 4-5 所示，按键的一端连接到电源地，另一端通过一个电阻连接到电源正电压端，同时连接到单片机的 I/O 引脚上。当按键未被按下时，单片机的 I/O 引脚通过电阻连接到 VCC 上，I/O 引脚上被加上了高电平；当按键被按下时，单片机的 I/O 引脚直接连接到电源地，I/O 引脚上被加上低电平。这样，只要检测单片机的 I/O 引脚状态，便可判别出对应按键是否已经被按下。由于按键是机械触点，当机械触点闭合或断开时，会有抖动。

独立式键盘有一个很大的缺点，当键盘上的按键较多时，引线太多，占用的 I/O 端口资源也太多。因此，独立式键盘只适用于仅有几个按键的小键盘。

4.6.2   硬件电路设计

在 ATmega16 单片机学习板上，有 K1、K2 两个独立按键，如图 4-6 所示。按键 K1、K2 一端分别连接到 ATmega16 单片机的 PD2、PD3，同时通过 R20、R21 两上拉电阻接 VCC，另一端接地。当没有按键被按下时，按键支路没有电流，ATmega16 单片机读回 PD2、PD3 均为 VCC，即高电平；当按键被按下时，形成通路，PD2、PD3 端口直接与 GND 相连，PD2 和 PD3 端口读到的电平应为低电平。上拉就是将不确定的信号通过一个电阻嵌位在高电平，电阻同时起限流作用。因此，想要知道按键是否被按下，只要通过读取 PD2 和 PD3 端口的电平变化，就可以判断出来了。

本项目中，用 PA 端口控制 8 位的 LED，用 PD 端口作为独立按键的接口。

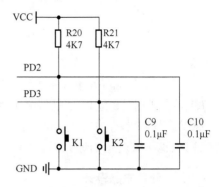

图 4-6　2 个独立按键电路原理图

4.6.3　软件设计

没有键被按下时，LED0 和 LED1 都不亮；当 K1 键被按下时，LED0 亮；当 K1 键抬起时，LED0 熄灭。同理，当 K2 键被按下时，LED1 亮，当 K2 键抬起时，LED1 熄灭。当 K1、K2 同时按下时，LED0、LED1 同时点亮。

单片机读取按键可以采用查询方式，即不断地检测是否有键闭合，如有键闭合，则去除键抖动，判断键号并转入相应的键处理，具体流程如图 4-7 所示。

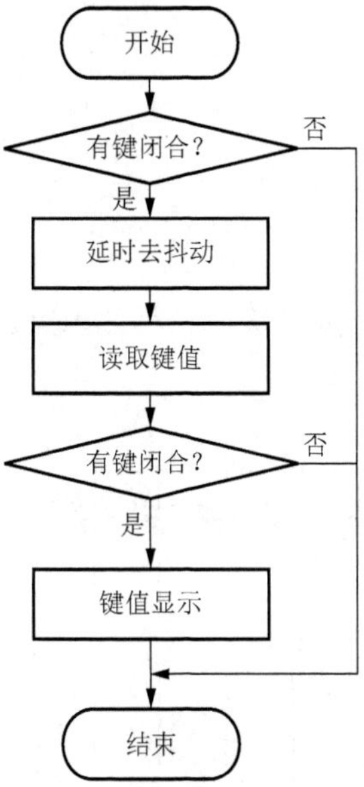

具体程序如下：

```
#include <macros.h>
#include "iom16v.h"
unsigned char Read_key(void)
{
    if ( ( PIND&0x0f )==0x0f)
        return 0x0f;
    else
    {
        _delay_ms ( 10 );
        if (( PIND&0x0f )==0x0f )
            return 0x0f;
        else
            return PIND&0x0f;
    }
}
void main ( )
{
    unsigned char key;
    DDRD=0xf0;                          //K1、K2 两个按键引脚设置为输入
    PORTD=0x0f;
    While (1)
    {
    key = Read_key ( );
    if (key == 0xff)
        PORTD=0x0f;                      //无键被按下，熄灭所有的 LED
    else
        PORTD = (PORTD&0x0f)|(~key<<4); //输出显示
    }
}
```

流程图：
开始 → 有键闭合？（否→结束）→ 是 → 延时去抖动 → 读取键值 → 有键闭合？（否→结束）→ 是 → 键值显示 → 结束

图 4-7　程序流程图

4.7　多功能 8 位 LED 流水灯

使用 ATmega16 单片机作为主控芯片，设计并制作一个多功能 8 位 LED 流水灯。当按键 K1 被按下时，8 位 LED 灯每隔 1 秒从 LED0 到 LED7 依次点亮，然后从 LED0 到 LED7 依次熄灭。当 K2 键被按下时，8 位 LED 分 LED0、LED2、LED4、LED6 和 LED1、LED3、LED5、LED7 两组，交错闪烁。

4.7.1　硬件电路设计

根据项目要求，多功能 8 位 LED 流水灯的硬件系统主要由主控模块、8 位 LED 灯、独立按键 3 大模块组成。8 位 LED 流水灯系统框图如图 4-8 所示。

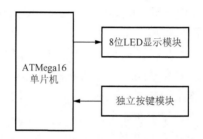

图 4-8　多功能 8 位 LED 流水灯系统框图

使用 ATmega16 单片机 PC 端口控制 8 位 LED，PD 端口作为独立按键接口。具体电路原理图见图 4-9。

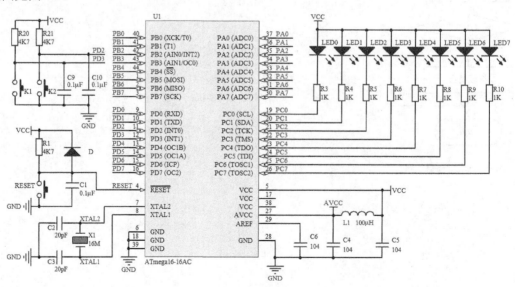

图 4-9　多功能 8 位 LED 流水灯硬件电路原理图

4.7.2　软件设计

从图 4-9 所示的硬件电路原理图可以看出，当 PC 端口的输出信号为低电平时，LED 发光。程序代码如下：

```
/**************************************************************
作者：北京科技大学自动化学院索奥科技中心
功能：多功能流水灯
硬件：ATmega16 单片机
      8 位 LED，PC 端口驱动
      2 个独立按键，切换显示方式，PD2 接 K2，PD3 接 K1
***************************************************************/
#include "iom16v.h"                //ICC AVR 环境下的 ATmega16 库函数
#include "macros.h"
/*-----------------------------------------------------------
函数功能：延时 1ms
函数说明：12MHz 晶振
        (3*cnt_j+2)*cnt_i*(1/12)=(3*66+2)*60*(1/12)=1000us=1ms
------------------------------------------------------------*/
void Delay_1_ms(void)
{
    unsigned int cnt_i,cnt_j;
    for(cnt_i=0;cnt_i<60;cnt_i++)
    {
        for(cnt_j=0;cnt_j<66;cnt_j++)
        {
        }
    }
}
/*-----------------------------------------------------------
函数功能：延时若干 ms
输入参数：n_ms
------------------------------------------------------------*/
void Delay_n_ms(unsigned int n_ms)
{
    unsigned int cnt_i;
    for(cnt_i=0;cnt_i<n_ms;cnt_i++)
    {
        Delay_1_ms();
    }
}
/*-----------------------------------------------------------
函数功能：LED 灯驱动 I/O 端口初始化
函数说明：8 位 LED 灯接 ATmega16 的 PC 端口，8 位 LED 灯共阳接法
------------------------------------------------------------*/
void LED_IO_Init(void)
{
    MCUCSR = 0x80;
    MCUCSR = 0x80;                 //取消复用
    DDRC = 0xff;                   //C 端口输出
    PORTC = 0xff;                  //LED 共阳，高电平全灭
}
/*-----------------------------------------------------------
函数功能：独立按键驱动 I/O 端口初始化
函数说明：2 个独立按键接 ATmega16 的 PD 端口的 PD2(K2)、PD3(K1)
------------------------------------------------------------*/
```

```
void KEY_IO_Init(void)
{
    MCUCSR = 0x80;
    MCUCSR = 0x80;                    //取消复用
    DDRD = 0x00;                      //PD 端口设置为输入
    PORTD = 0xff;
}
/*------------------------------------------------------------------------
函数功能：8 位 LED 灯全亮，延时后熄灭
函数说明：8 位 LED 灯接 ATmega16 的 PC 端口，8 位 LED 灯共阳接法
------------------------------------------------------------------------*/
void LED_All_On(void)
{
    PORTC = 0x00;                     //LED 共阳接法，设置输出为低电平
    Delay_n_ms(1000);                 //延时 1s
    PORTC = 0xFF;                     //LED 灯全部熄灭
}
/*------------------------------------------------------------------------
函数描述：8 位 LED 灯每隔 1 秒顺序逐个点亮，然后每隔 1 秒顺序逐个熄灭
函数说明：8 位 LED 灯接 ATmega16 的 PC 端口，8 位 LED 灯共阳接法
------------------------------------------------------------------------*/
void Flow_LED_ALL_Test(void)
{
    unsigned char i;
    for (i=0; i<8; i++)
    {
        PORTC &= ~(1 << i);           //顺次置零
        Delay_n_ms(100);
    }
    for (i=0; i<8; i++)
    {
        PORTC |= (1<<i);
        Delay_n_ms(100);
    }
}
/*------------------------------------------------------------------------
函数功能：8 位 LED 灯 0、2、4、6 和 1、3、5、7 分组交替闪烁
函数说明：8 位 LED 灯接 ATmega16 的 PC 端口，8 位 LED 灯共阳接法
------------------------------------------------------------------------*/
void LED_Change(void)
{
    PORTC = ((1 << 1) | (1 << 3) | (1 << 5) | (1 << 7));    //偶数位 LED 灯亮
    Delay_n_ms(1000);
    PORTC = ((1 << 0) | (1 << 2) | (1 << 4) | (1 << 6));    //奇数位 LED 灯亮
    Delay_n_ms(1000);
    PORTC = 0xFF;
}
/*------------------------------------------------------------------------
函数功能：读取独立按键键值
返回值：无键被按下和同时被按下返回 0，按下 K1 键返回 2，按下 K2 键返回 1
函数说明：2 个独立按键接 ATmega16 的 PD 口的 PD2、PD3
------------------------------------------------------------------------*/
```

```
unsigned char Get_Key_Value(void)
{
    unsigned char key_value;
    if (( PIND&0x0C)==0x0C)              //无键被按下
        key_value=0;
    else
    {
        Delay_n_ms ( 10 );
        if (( PIND&0x0C )==0x0C )        //无键被按下
            key_value=0;
        else                             //有键被按下
        {
            key_value=PIND&0x0C;
            switch(key_value)
            {
                case 0x08:
                    key_value=1;         //K2 键被按下
                    break;
                case 0x04:
                    key_value=2;         //K1 键被按下
                    break;
            }
        }
    }
    return key_value;
}
/*-------------------------------------------------------------------
函数功能：主函数
-------------------------------------------------------------------*/
void main(void)
{
    unsigned char  key_value,mode_num=0 ;
    LED_IO_Init();                       //LED 的 I/O 端口初始化
    KEY_IO_Init();                       //独立按键的 I/O 端口初始化
    while(1)
    {
        key_value=Get_Key_Value();
        switch(key_value)
        {
            case 1:                      //K1 键被按下，流水点亮
                Flow_LED_ALL_Test();
                break;
            case 2:                      //0、2、4、6 和 1、3、5、7 分组交替闪烁
                LED_Change();
                break;
            default:
                PORTC = 0xff;            //LED 共阳，高电平全灭
                break;
        }
    }
}
```

4.7.3 系统调试

在 ICCV8 中新建项目文件，完成源代码的编写与编译。使用 AVR Studio 软件通过 JTAG 仿真头进行软件的下载与调试，通过按键控制切换 8 位流水灯的显示方式。

4.8 多功能数码管显示器

使用 ATmega16 单片机作为主控芯片，设计并制作一个 8 位数码管显示器，显示"SUOAO-16"。

4.8.1 LED 数码管介绍

数码管也称 LED 数码管，是由多个发光二极管封装在一起组成的半导体发光器件，引线已在内部连接完成，只需引出它们的各个笔画的公共电极。数码管按照显示的段数可分为 7 段数码管和 8 段数码管，8 段数码管比 7 段数码管多 1 个发光二极管单元（多 1 个小数点显示）；按照能显示多少个字符/数字可以分为 1 位数码管、2 位数码管、4 位数码管⋯⋯；按照数码管中各个发光二极管的连接方式可以分为共阴极数码管和共阳极数码管。

共阳极数码管是指所有发光二极管的阳极接到一起，形成公共阳极（COM）的数码管。共阳极数码管在应用时将公共阳极 COM 接+5V。当某一字段发光二极管的阴极为低电平时，相应字段被点亮；当某一字段发光二极管的阴极为高电平时，相应字段不会被点亮。

共阴极数码管是指所有发光二极管的阴极接到一起，形成公共阴极（COM）的数码管。共阴极数码管在应用时将公共阴极 COM 接地 GND。当某一字段发光二极管的阳极为高电平时，相应字段被点亮；当某一字段发光二极管的阳极为低电平时，相应字段不会被点亮。

如图 4-10 所示，1 位共阴极数码管由 7 个发光管组成了 8 字形，加上小数点就是 8 个，可以控制这 8 段 LED 的亮暗来显示数据，这些段分别用字母 a、b、c、d、e、f、g、h 来表示。可以根据数码管需要显示的数字或字符对数码管进行字形编码，共阴极数码管的字形编码如表 4-2 所示。

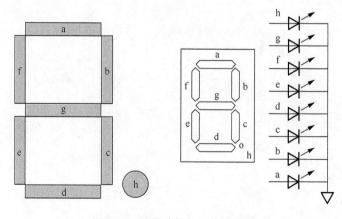

图 4-10　共阴连接数码管示意图

表 4-2　共阴极数码管的字形编码

显示字符	编码	显示字符	编码	显示字符	编码	显示字符	编码
0	0x3f	5	0x6d	A	0x77	F	0x71
1	0x06	6	0x7d	B	0x7c	无显示	0x00
2	0x5b	7	0x07	C	0c39	.	0x80
3	0x4f	8	0x7f	D	0x5e		
4	0x66	9	0x6f	E	0x79		

4.8.2　多位 LED 数码管动态显示

单个数码管显示非常简单，通过单片机的 I/O 端口直接驱动数码管的 8 个显示段即可，推荐使用电流 10～15mA。这种驱动方式称为静态驱动，编程简单，显示亮度高。但如果驱动 4 位数码管，则需要 4×8=32 个 I/O 端口来驱动。一个 ATmega16 单片机可用的 I/O 端口才 32 个，实际应用时必须增加译码器进行驱动，这无疑增加了硬件电路的复杂性。因此，控制多位数码管显示时最好使用动态驱动。

多位数码管和单个数码管类似，也有共阳极和共阴极两种。按照能显示的数字/字母的位数，多位数码管可分为 2 位、4 位、8 位等。如图 4-11 所示是 4 位共阴数码管外观及内部接线图。一共 12 个引脚，左下角是 1 脚，其余按逆时针方向依次为 2～12 脚。其中 1、2、3、4、5、7、10、11 为 8 个段选，将所有数码管的 a、b、c、d、e、f、g、h 按同名端对应集成到一起引出 a、b、c、d、e、f、q、h 数据引脚；6、8、9、12 为 4 个位选，分别对应每个数码管的公共阴极(COM)，用于数码管的位选通控制。

数码管动态显示是单片机中应用最为广泛的一种显示方式。将多位数码管的段选和位选信号端分别接单片机的 I/O 端口。当单片机输出段选码时，所有的数码管都接收到相同的字形码，但究竟是哪个数码管会显示段码，取决于单片机对位选通 COM 端电路的控制。因此，只要将需要显示的数码管的位选通控制打开，该位就显示出字符，没有选通的数码管就不会亮。通过分时轮流控制各个数码管的 COM 端，就可使各个数码管轮流受控显示，这就是动态驱动。在轮流显示过程中，每位数码管的点亮时间为 1～2ms，由于人眼的视觉暂留现象和发光二极管的余辉效应，尽管实际上每位数码管并非同时点亮，但只要扫描速度足够快，给人的印象就是一组稳定的显示数据，不会有闪烁感。N 位数码管的操作方式可归纳为：

输出第 1 位待显示字符的字形编码；

选中第 1 位；

输出第 2 位待显示字符的字形编码；

选中第 2 位；

……

输出第 N 位待显示字符的字形编码；

选中第 N 位。

动态驱动的显示效果和静态驱动的显示效果是一样的，但动态显示能节省大量的 I/O 端口，而且功耗更低。

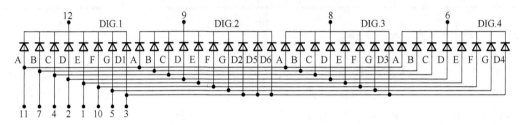

图 4-11　4 位共阴数码管外观及内部接线图

4.8.3　硬件电路设计

根据设计要求,本项目选用 2 个 4 位数码管,通过 ATmega16 单片机的 I/O 端口直接输出高/低电平来动态驱动数码管,显示不同数据。

通过单片机的 I/O 端口直接动态驱动数码管最关键的一步就是选择段选信号和位选信号。ATmega16 单片机具有 4 个端口(A、B、C 和 D),每个端口都具有 8 位控制位。2 个 4 位数码管需要 8 个段选信号和 8 个位选信号,所以只需要选择 4 个端口中的 2 个 I/O 端口来使用就可以了。如图 4-12 所示,选择 PA 端口来控制段选,用 PD 端口来控制位选。在此特别提醒,选择端口的时候要注意一下端口的复用功能,数码管动态驱动需要用的是端口的普通 I/O 功能。

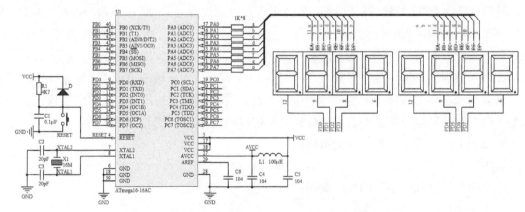

图 4-12　多功能数码管显示器硬件电路原理图

在进行硬件电路设计时,要注意限流电阻器的选择。

4.8.4　多功能数码管显示器软件设计

从图 4-12 所示硬件电路原理图可以看出,当 PC 端口的输出信号为低电平时,LED 发光。在 ICCV8 中新建项目文件 7SEG_DISP,完成源代码的编写与编译。程序代码如下:

```
/***************************************************************
作者：北京科技大学自动化学院索奥科技中心
功能：多功能数码显示器
硬件：ATmega16 单片机
      2 个 4 位数码管，动态驱动，PA 端口段驱动，PD 端口位驱动
***************************************************************/
#include "iom16v.h"        //ICC AVR 环境下的 ATmega16 库函数
#include "macros.h"
unsigned char DISP_TAB[8]={0x6d,0x3e,0x3f,0x77,0x3f,0x40,0x06,0x7d}; //SUOAO-16
/*-----------------------------------------------------------
函数功能：延时 1ms
函数说明：12MHz 晶振
        (3*cnt_j+2)*cnt_i*(1/12)=(3*66+2)*60*(1/12)=1000us=1ms
-----------------------------------------------------------*/
void Delay_1_ms(void)
{
    unsigned int cnt_i,cnt_j;
    for(cnt_i=0;cnt_i<60;cnt_i++)
    {
        for(cnt_j=0;cnt_j<66;cnt_j++)
        {
        }
    }
}
/*-----------------------------------------------------------
函数功能：延时若干 ms
输入参数：n_ms
-----------------------------------------------------------*/
void Delay_n_ms(unsigned int n_ms)
{
    unsigned int cnt_i;
    for(cnt_i=0;cnt_i<n_ms;cnt_i++)
    {
        Delay_1_ms();
    }
}
/*-----------------------------------------------------------
函数功能：2 个 4 位数码管驱动 I/O 端口初始化
函数说明：2 个 4 位数码管的段选信号接 ATmega16 的 PA 端口，位选信号接 PD 端口
-----------------------------------------------------------*/
void SEG_IO_Init(void)
{
    MCUCSR = 0x80;
    MCUCSR = 0x80;                      //取消复用
    DDRA = 0xff;                        //PA 端口输出，段选
    PORTA = 0x00;                       //共阴接法，全灭
    DDRD = 0xff;                        //PD 端口输出，位选
    PORTD = 0xff;                       //不选中数码管显示位
}
/*-----------------------------------------------------------
```

函数功能：主函数

```
-----------------------------------------------------------------*/
void main(void)
{
    unsigned char i;
    SEG_IO_Init();
    while(1)
    {
        for(i=0;i<8;i++)                //循环 i=1～7
        {
            PORTD = ～(1<<i);           //第i位显示
            PORTA=DISP_TAB[i];
            Delay_n_ms(2);              //延时 PORTA = LED[i]; //显示 i
        }
    }
}
```

4.8.5　下载调试

下载调试前需要完成以下工作：

(1)把轩微下载器的供电端换为5V供电(保证驱动信号电压足够)。

(2)将 ATmega16 单片机学习板上的 P6 和 P7 跳线帽拔下。

(3)按图 4-13 所示连接 ATmega16 单片机学习板上 P1、P2、P3、P4 相应端子，选择 PA 端口来控制段选，用 PD 端口来控制位选。

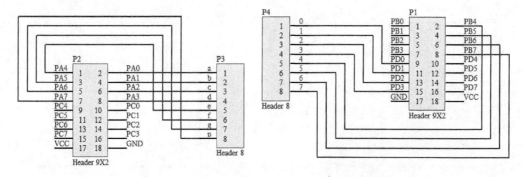

图 4-13　学习板上 P1、P2、P3、P4 接口连线图

硬件连接完成后，使用轩微下载器下载程序，观察数码管显示。

8 位数码管显示并不稳定，而是轮流显示。原因是主函数中延时时间过长，只要将"Delay_n_ms(40);"语句修改为"Delay_n_ms(1);"就可以稳定显示了。其实，延时时间过长恰好可以直观地看到动态显示究竟是怎么显示的。动态显示可以概括为"轮流显示，循环扫描"，当每一位数码管闪烁的频率足够高，由于人眼存在视觉惰性，就达到了稳定显示的目的。正确显示结果如图 4-14 所示。

图 4-14 多功能数码管显示器

【思考练习】

(1) ATmega16 单片机通用 I/O 端口的主要特点有哪些？

(2) 如何设置 ATmega16 单片机的 I/O 端口实现输出高电平？

(3) 常用 LED 的接法有几种？其限流电路如何设计？

(4) 独立按键的扫描过程如何？按键扫描函数如何使用？

(5) 在学习板上编程实现按下 K1 键后，LED 亮；按下 K2 键后，LED 灭。

(6) 在学习板上编程实现当按键被按下一次后，LED 能以间隔 1s 的时间闪烁 8 次；结束后，再次按下按键后，LED 能以间隔 2s 的时间闪烁 8 次。

第 5 章　中断系统及其应用

【学习目标】

(1) 了解中断的定义、中断类型以及中断的整个过程。
(2) 了解 ATmega16 单片机的中断源及中断向量。
(3) 掌握中断相关寄存器的配置。
(4) 掌握中断服务程序的编写方法，熟练应用外部中断实现一些控制功能。

5.1　中断和中断系统

程序执行过程中，允许外部或内部事件通过硬件打断程序的执行，使其转向处理外部或内部中断服务程序，完成中断服务程序后，再回到原来被打断的程序，继续执行，这一过程称为中断，如图 5-1 所示。中断发生时，暂时搁置当前执行程序并保存当前必要的环境信息的过程称为保护现场；事件处理完毕，将先前保存的环境信息加以恢复的过程称为恢复现场。中断源 (Interrupt Request Source) 是指能够向 MCU 发出中断请求信号的部件或设备。来自 MCU 内部设备的中断源称为内部中断源，来自 MCU 外部的中断源称为外部中断源。一个单片机系统有多个中断源，用来管理这些中断的逻辑称为中断系统。

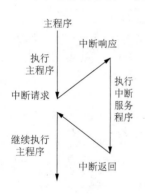

图 5-1　中断过程示意图

大多数中断系统都会执行如下几方面的操作，这些操作是按照中断的执行先后次序排列的。①接收中断请求。②查看本级中断屏蔽位，若该位为 1 则本级中断源参加优先权排队。③中断优先权选择。④处理器执行完一条指令后或者这条指令已无法执行完，则立即中止现行程序。⑤中断部件根据中断级又指定另外的主存单元，从这些单元中取出处理器新的状态信息和该级中断控制程序的起始地址。⑥执行中断控制程序和相应的中断服务程序。⑦执行完中断服务程序后，利用专用指令使处理器返回被中断的程序或转向其他程序。

做一个形象的比喻：你在教室上自习，然后同时来了两个电话(虽然这种情况不多见)，现在你要判断这两个电话要不要接，要是接的话先接哪个，选择好之后便开始接电话，处理完一个之后，若另一个电话还在请求，则继续接另一个，都接完之后，继续回去上自习。上自习这一动作便是主函数，即源程序；电话铃声请求便是外设给出中断请求信号；你的判断要不要接电话或者是先接哪个，便是在检查中断屏蔽位以及中断优先级的判断，接电话的过程中便是开始处理中断服务函数，接完电话之后继续上自习便是回到源程序。

从 CPU 资源利用角度来看，当一个 CPU 面对多项任务的时候，由于资源有限，可能出现资源竞争的局面，中断技术就是解决资源竞争的可行办法。采用中断方法可以使多项任务共享一个资源，分时复用，所以中断技术实质上是一种资源共享技术。其主要功能如下：

1. 分时复用，实现高速 CPU 与低速外设之间的速度配合

由于许多外设的速度比 CPU 慢，两者之间无法同步地进行数据交换，为此可通过中断方式实现 CPU 与外设之间的协调工作。例如，打印机打印字符的速度比较慢，CPU 每向打印机传输一个字符后，还可以去做其他工作。打印机打印完该字符后，向 CPU 提出中断请求，CPU 响应这个中断请求后再向打印机传送下一个字符，然后继续其他工作。这种用中断方式进行的 I/O 操作，从宏观上来看，可以实现 CPU 与外设的全速工作。

再比如，在 CPU 启动定时器后，就可继续运行主程序，同时定时器也在工作。当定时器溢出时便向 CPU 发出中断请求，CPU 响应中断(终止正在运行的主程序)，转去执行定时器服务子程序。中断服务结束后，又返回主程序继续执行，这样 CPU 就可以命令定时器、串口等多个外设同时工作，分时为中断源提供服务，使 CPU 高效而有序地工作。

2. 实现实时控制

实时处理控制系统对单片机提出的要求，各控制参数可以随时向 CPU 发出中断请求，CPU 必须做出快速响应并及时处理，以便使被控对象总保持在最佳工作状态。

3. 实现故障的紧急处理

当外设或单片机出现故障时，可以利用中断系统请求 CPU 及时处理这些故障，实现系统的智能化。

4. 实现人机接口

可以利用键盘等实现中断，实现人机交互。

总之，中断是为处理器具有对异常事件或高级任务实时处理能力而设置的，终端功能的强弱已成为衡量单片机性能的重要指标，掌握和运用中断技术是学习单片机技术的关键。

5.2 ATmega16 单片机的中断系统

5.2.1 ATmega16 中断源和中断向量

ATmega16 单片机具有丰富的中断源，每个中断源在程序空间都有自己独立的中断向量(Interrupt Vector)。中断向量用于指示中断响应时中断处理程序所在位置的数值信息。中断向量就是中断服务程序的入口地址，但不能理解为是一个地址，它也可能是一个地址偏移或者是地址索引表中的下标等。

ATmega16 单片机的所有中断事件都有自己的使能位，其复位和中断向量如表 5-1 所示。共有 21 个中断源，每一个中断源都有一个独立的中断向量作为中断服务程序入口地址，而且所有的中断源都有自己的独立使能位。如果状态寄存器(SREG)的全局中断使能位 I 和相应的中断使能位都置位，则在中断标志位置"1"时，将执行中断服务程序。

表 5-1　ATmega16 单片机复位和中断向量

向量号	程序地址	中断源	中断定义
1	$000	RESET	外部引脚电平引发的复位、上电复位、掉电检测复位、看门狗复位以及 JTAG AVR 复位
2	$002	INT0	外部中断请求 0
3	$004	INT1	外部中断请求 1
4	$006	TIME2 COMP	定时器/计数器 2 比较匹配
5	$008	TIME2 OVF	定时器/计数器 2 溢出
6	$00A	TIME1 CAPT	定时器/计数器 1 事件捕捉
7	$00C	TIME1 COMPA	定时器/计数器 1 比较匹配 A
8	$00E	TIME1 COMPB	定时器/计数器 1 比较匹配 B
9	$010	TIME1 OVF	定时器/计数器 1 溢出
10	$012	TIME0 OVF	定时器/计数器 0 溢出
11	$014	SPI,STC	SPI 串行传输结束
12	$016	USART, RXC	USART，Rx 结束
13	$018	USART, UDRE	USART，数据寄存器空
14	$01A	USART, TXC	USART，Tx 结束
15	$01C	ADC	ADC 转换结束
16	$01E	EE_RDY	E^2PROM 就绪
17	$020	ANA_COMP	模拟比较器
18	$022	TWI	两线串行口
19	$024	INT2	外部中断请求 2
20	$016	TIMER0 COMP	定时器/计数器 0 比较匹配
21	$028	SPM_RDY	保存程序存储器内容就绪

5.2.2　ATmega16 中断响应过程

在单片机中，中断技术主要用于实时控制。实时控制是指要求单片机能及时响应被控对象提出的分析、计算和控制等请求，使被控对象保持在最佳工作状态，以达到预定的控制效果。由于这些控制参量的请求都是随机发出的，而且需要单片机做出快速响应并及时处理，也就决定了从中断请求发生到被响应、从中断响应到转向执行中断服务程序，完成中断所要求的操作任务是一个复杂的过程。中断响应的过程如下。

(1)在每条指令结束后系统都会自动检测中断请求信号，若中断和总中断已经使能，则响应中断。

(2)保护现场。CPU 一旦响应中断，中断系统就会自动地保存当前的 PC(入栈)，程序计数器 PC 指向实际的中断向量，进入中断服务程序入口地址以执行中断处理例程，同时硬件将清除相应的中断标志。中断发生后，如果相应的中断源中断使能，则中断标志位置位，并一直保持到中断执行完，或者被软件清零。要注意的是，进入中断服务程序时状态寄存器不会自动保存，自动返回时也不会自动恢复，这些工作必须由用户通过软件来完成。在中断服务程序中，可以通过入栈(指令)保护源程序中用到的数据。当然，对于 C 编程，所有的堆栈保护和恢复现场工作全部由编译器自动完成。

(3)主动服务，即为相应中断源的中断服务子程序。

(4)恢复现场并中断返回，用堆栈指令将保护在堆栈中的数据弹出来，然后中断返回。此时，CPU 将 PC 指针出栈恢复断点，从而使 CPU 继续执行刚才被中断的程序。

5.2.3　ATmega16 中断优先级

ATmega16 单片机的最大向量表决定了不同中断的优先级(Interrupt Priority)，向量所在地址越低，优先级越高。其中，RESET 具有最高优先级。当两个中断源同时发出中断请求时，MCU 先响应中断优先级高的中断。低优先级的中断一般将保持中断标志位的状态(外部低电平中断除外)，等待 MCU 响应处理。

MCU 响应一个中断后，在进入中断服务程序前已由硬件自动清零全局中断使能位。此时即使有更高优先级的中断请求发生，MCU 也不会响应，而要等到执行到 RETI 指令，从本次中断返回并执行了一条指令后，才能继续响应中断。因此，在默认情况下，ATmega16 单片机的中断不能嵌套。ATmega16 单片机中断的优先级只是在有多个中断同时发生时才起作用，此时 MCU 将首先响应高优先级的中断。

ATmega16 单片机的中断嵌套处理是通过软件方式实现的。例如，在 A 中断服务程序中，如需要 MCU 能及时地响应其他中断(不是等本次中断返回后再响应)，则 A 中断服务程序应首先执行 A 中断的现场保护，然后用指令 SEI 开放允许全局中断，执行 A 中断服务程序，A 中断现场恢复，最后 B 中断返回。

采用软件方式实现中断嵌套处理的优点是能够让程序员根据不同的实际情况和需要来决定中断的重要性，用更加灵活的手段处理中断响应和中断嵌套，如让低优先级的中断(此时很重要)打断高优先级中断的服务等，但同时也增加了编写中断服务程序的复杂性。

5.2.4　ATmega16 中断响应时间

中断响应时间是指从中断信号出现到进入中断服务程序的时间总和。首先，中断信号出现，CPU 执行完当前指令后才去查询、响应中断，这个时间可以根据当前指令周期长短来确定。其次，CPU 响应中断后，到 CPU 执行中断服务程序也需要时间，因为需要入栈 PC 指针并将中断向量赋值给 PC 及跳转到中断服务程序。

ATmega16 单片机中断响应时间最少为 4 个时钟周期。4 个时钟周期后，程序跳转到实际的中断处理例程。在这 4 个时钟周期内 PC 自动入栈。通常情况下，中断向量为一个跳转指令，此跳转需要 3 个时钟周期。如果中断在一个以上时钟周期指令执行期间发生，则在此多周期指令执行完毕后，MCU 才会执行中断程序。若中断发生时 MCU 处于休眠模式，中断响应时间还要增加 4 个时钟周期。此外还要考虑到不同的休眠模式所需要的启动时间，这个时间不包括在前面提到的时钟周期里。中断返回需要 4 个时钟周期。在此期间 PC(2 字节)将被弹出栈，堆栈指针加 2，状态寄存器 SREG 的 I 位置位。

当然，如果出现高级中断正在响应或服务中需要等待的情况，那么响应时间是无法计算的。一般中断响应时间的长短，只有在精确定时应用场合才会考虑，以保证定时的精确控制。

5.3　ATmega16 单片机外部中断相关寄存器

外部中断是和内部中断相对的概念，内部中断是指 CPU 执行某些特殊操作或者某些指令引起的中断，也称软中断；外部中断是指外部 INT 引脚发生的电平变化所引起的中断，也称硬中断。外中断表征单片机响应芯片外部异常的能力和方法。

ATmega16 单片机的外部中断通过引脚 INT0、INT1 和 INT2 触发，INT0、INT1 中断可以由下降沿、上升沿或者低电平触发，INT2 中断仅由边沿触发，具体由外部中断控制寄存器的设置来确定。当 INT0、INT1 设置为电平触发时，只要引脚电平被拉低，中断就会产生。若设置为信号下降沿或上升沿触发中断，则 I/O 时钟必须工作。INT0、INT1 和 INT2 的中断检测是异步的，也就是说它们可以用来将器件从休眠模式唤醒。在休眠过程(除了空闲模式)中，I/O时钟是停止的。

通过电平中断将 MCU 从掉电模式唤醒时，要保证低电平保持一定的时间，以使 MCU 完成唤醒过程并触发中断。如果触发电平在启动时间结束前就消失了，则 MCU 将被唤醒，但中断不会被触发。

5.3.1　MCU 控制寄存器 MCUCR

ATmega16 单片机通过 MCU 控制寄存器 MCUCR 设置外部中断 INT0 和 INT1 的中断触发方式，其内部位结构参见表 5-2。

表 5-2　MCU 控制寄存器 MCUCR 的内部位结构

位	SM2	SE	SM1	SM0	ISC11	ISC10	ISC01	ISC00
读/写	R/W	R/W	R/W	R/W	R/W	R/W	R/W	R/W
初始值	0	0	0	0	0	0	0	0

ISC11、ISC10 和 ISC01、ISC00：分别控制外部中断 1 和外部中断 0 的中断触发方式。如果状态寄存器 SREG 的 I 标志位和相应的中断屏蔽位置位，触发方式如表 5-3 所示。

表 5-3　INT1/INT0 中断触发方式控制

ISC11/ISC01	ISC10/ISC00	说明
0	0	INT1/INT0 引脚为低电平时产生中断请求
0	1	INT1/INT0 引脚上任意的逻辑电平变化都将引发中断
1	0	INT1/INT0 引脚的下降沿产生异步中断请求
1	1	INT1/INT0 引脚的上升沿产生异步中断请求

如果选择边沿触发方式，在检测边沿前 MCU 首先采样 INT1/INT0 引脚上的电平。如果有边沿变化，且持续时间大于一个时钟周期的脉冲将触发中断，过短的脉冲则不能保证触发中断。

如果选择外部低电平方式触发中断，那么引脚上的低电平必须保持到当前一条指令执行完成后才能触发中断。另外，低电平中断并不置位中断标志位，即外部低电平中断的触发不是由中断标志位引起的，而是外部引脚上电平取反后直接触发中断(当然需要开放全局中断允许)。因此，在使用低电平触发方式时，中断请求将一直保持到引脚上的低电平消失为止。换句话说，只要中断引脚保持低电平，那么将一直触发中断。所以，在低电平中断服务程序中，应有相应的操作指令，控制外部器件释放或取消加在外部引脚上的低电平。

5.3.2　MCU 控制与状态寄存器 MCUCSR

MCU 控制和状态寄存器 MCUCSR 在 I/O 空间的地址为 0x34。它有 7 个有效位，与中断有关的是 ISC2 位，其他位用于单片机的复位控制。具体位结构如表 5-4 所示。

表 5-4　MCU 控制与状态寄存器 MCUCSR 的内部位结构

位	JTD	ISC2	—	JTRF	WDRF	BORF	EXTRF	PORF
读/写	R/W	R/W	R	R/W	R/W	R/W	R/W	R/W
初始值	0	0	0	具体见位描述				

其中，ISC2 是外部中断 2 触发方式控制位。

如果 SREG 寄存器的 I 标志位和 GICR 寄存器相应的中断屏蔽位置位的话，异步外部中断 2 由外部引脚 INT2 激活。若 ISC2=0，则 INT2 的下降沿产生一个异步中断请求。若 ISC2=1，则 INT2 的上升沿产生一个异步中断请求。INT2 的边沿触发方式是异步的。只要 INT2 引脚上产生宽度大于 50ns 的脉冲就会引发中断。若选择了低电平中断，低电平必须保持到当前指令完成，然后才会产生中断。而且只要将引脚拉低，就会引发中断请求。改变 ISC2 时有可能发生中断。因此建议首先在寄存器 GICR 中清除相应的中断使能位 INT2，然后再改变 ISC2。最后，不要忘记在重新使能中断之前通过对 GIFR 寄存器的相应中断标志位 INTF2 写"1"使其清零。

5.3.3　通用中断控制寄存器 GICR

通用中断控制寄存器 GICR 决定了 INT0、INT1 和 INT2 中断是否使能，其内部位结构如表 5-5 所示。

表 5-5　通用中断控制寄存器 GICR 的内部位结构

位	INT1	INT0	INT2	—	—	—	IVSEL	IVCE
读/写	R/W	R/W	R/W	R	R	R	R/W	R/W
初始值	0	0	0	0	0	0	0	0

(1) INT0、INT1、INT2：分别为外部中断 0、外部中断 1 和外部中断 2 的中断允许控制位。当 INT0=1，且状态寄存器 SREG 的 I 位置"1"时，允许通过外部引脚 PD2 产生 INT0 中断；当 INT1=1，且状态寄存器 SREG 的 I 位置"1"时，允许通过外部引脚 PD3 产生 INT1 中断；当 INT2=1，且状态寄存器 SREG 的 I 位置"1"时，允许通过外部引脚 PB2 产生 INT2 中断。

(2) IVSEL：中断向量选择位。当 IVSEL 为"0"时，中断向量位于 Flash 存储器的起始地址；当 IVSEL 为"1"时，中断向量转移到 Boot 区的起始地址。实际的 Boot 区起始地址由熔丝位 BOOTSZ 确定。为了防止无意识地改变中断向量表，修改 IVSEL 时需要先置位中断向量修改使能位 IVCE，然后在紧接着的 4 个时钟周期里将需要的数据写入 IVSEL。其实，在置位 IVCE 时中断就被禁止了，并一直保持到写 IVSEL 操作之后的下一条语句。如果没有 IVSEL 写操作，则中断在置位 IVCE 之后的 4 个时钟周期保持禁止。需要注意的是，虽然中断被自动禁止，但状态寄存器 I 位的值并不受此操作的影响。若中断向量位于 Boot 区，且 Boot 锁定位 BLB02 被编程，则执行应用区的程序时中断被禁止；若中断向量位于应用区，且 Boot 锁定位 BLB12 被编程，则执行 Boot 区的程序时中断被禁止。

(3) IVCE：中断向量修改使能位。改变 IVSEL 时 IVCE 位必须置位。在 IVCE 或 IVSEL 写操作之后 4 个时钟周期，IVCE 位被硬件清零。

5.3.4　通用中断标志寄存器 GIFR

通用中断标志寄存器 GIFR 用于标示外部中断，其内部位结构如表 5-6 所示。

表 5-6　通用中断标志寄存器 GIFR 的内部位结构

位	INTF1	INTF0	INTF2	—	—	—	—	—
读/写	R/W	R/W	R/W	R	R	R	R	R
初始值	0	0	0	0	0	0	0	0

INTF0、INTF1 和 INTF2 分别为外部中断 0、外部中断 1 和外部中断 2 的中断标志位。当 INT0、INT1 和 INT2 引脚电平发生跳变时，即触发相应的中断请求，置位相应的中断标志位 INTF0、INTF1 和 INTF2。如果 SREG 的 I 位以及 GICR 寄存器相应的中断使能位置位，MCU 即跳转到相应的中断向量。进入中断服务程序之后中断标志位将自动清零。此外，中断标志 位也可以通过软件写入"1"来清零。若 INT1 或 INT0 配置为电平触发，则相应的 INTF1 或 INTF0 一直为"0"，但这并不代表不产生中断请求。

5.4 利用外部中断方式实现多功能 8 位流水灯

使用 ATmega16 单片机作为主控芯片，设计并制作一个多功能 8 位 LED 流水灯。8 位 LED 流水灯可实现的循环显示方式有以下几种。

(1) 8 位 LED 灯同时亮 1 秒、熄灭 1 秒，无限循环。

(2) 8 位 LED 灯由 LED0 到 LED7 逐个点亮，然后由 LED0 到 LED7 逐个熄灭，无限循环。

(3) 8 位 LED 灯奇数、偶数交替闪烁，无限循环。

(4) 8 位 LED 灯由 LED0 到 LED7 移位点亮，然后由 LED7 到 LED0 移位点亮，无限循环。

采用外部中断方式切换 8 位 LED 流水灯循环显示方式。按 K1 键向上循环切换显示功能，每按一次，切换一种显示方式，由当前方式按方式(1)到方式(4)切换，无限循环。按 K2 键向下循环切换显示功能，每按一次，切换一种显示方式，由当前方式按方式(4)到方式(1)切换，无限循环。

5.4.1　硬件电路设计

本实例简单示范了如何使用 ATmega16 单片机的外部中断、中断的设置、按键的简单延时防抖动、中断的嵌套和变量在中断中的应用。多功能 8 位流水灯硬件电路原理图如图 5-2 所示，其中按键 K1、K2 分别接 ATmega16 单片机的 PD2 和 PD3，C9、C10 起硬件按键去抖动的作用。

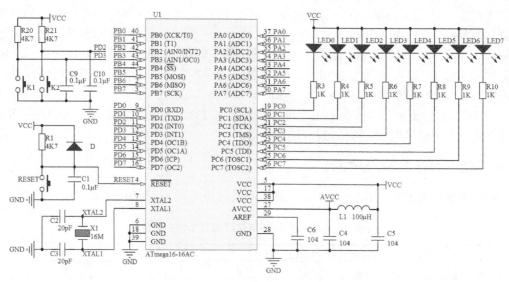

图 5-2　多功能 8 位流水灯硬件电路原理图

5.4.2　软件设计

从图 5-2 所示硬件原理图中可以看到，外部中断 INT0 和 INT1 的中断源为 PD2 和 PD3 引脚；而通过按键的原理图我们看到，由于上拉电阻 R20 和 R21 的作用，在不按下按键的时候 PD2 与 PD3 的引脚电平为高，而当按键被按下时，PD2（INT0）与 PD3（INT1）引脚的电平将会从高到低变化，从而触发中断。

单片机外部中断的初始化步骤如下。

(1) 清状态寄存器中的 I 位总中断，通过调用 AVRdef.h 中的库函数 CLI() 来实现。

(2) 中断允许设置，方法为置位 GICR 寄存器中的 INT1、INT0、INT2 位。

(3) 设置中断触发方式，方法为置位 MCUCR、MCUCSR 中的 ISC11、ISC10、ISC01、ISC00、ISC2 位。

(4) 允许总中断，通过调用 AVRdef.h 中的库函数 SEI() 来实现。

通过以上 4 步设置，单片机就可以等待中断产生，并进入中断服务程序进行中断处理。

ICC AVR 中使用预处理命令 #pragma interrupt_handler 来说明一个函数为中断处理函数，如 #pragma interrupt_handler timer:4。中断服务程序的写法有固定的格式，特别要注意各个中断的向量号。单片机外部中断服务程序的编写方法如下：

1. 外部中断 0 中断服务程序

```
#pragma interrupt_handler int0_isr:iv_INT0
void int0_isr(void)
{
    //external interrupt on INT0
}
```

2. 外部中断 1 中断服务程序

```
#pragma interrupt_handler int1_isr:iv_INT1
void int1_isr(void)
{
    //external interrupt on INT1
}
```

3. 外部中断 2 中断服务程序

```
#pragma interrupt_handler int2_isr:iv_INT2
void int2_isr(void)
{
    //external interrupt on INT2
}
```

具体程序代码如下：

```
/*********************************************************************
作者：北京科技大学自动化学院索奥科技中心
功能：多功能流水灯
硬件：ATmega16 单片机
      8 位 LED，PC 端口驱动
```

```
        2 个独立按键，用于切换显示方式。K2 接 PD2(INT0)，K1 接 PD3(INT1)
        按 K1 键向上循环切换显示功能，按 K2 键向下循环切换显示功能
**************************************************************/
#include "iom16v.h"                     //ICC AVR 环境下的 ATmega16 库函数
#include "macros.h"
unsigned char mode_num;
/*-------------------------------------------------------------------
函数功能：延时 1ms
函数说明：12MHz 晶振，
        (3*cnt_j+2)*cnt_i*(1/12)=(3*66+2)*60*(1/12)=1000us=1ms
-------------------------------------------------------------------*/
void Delay_1_ms(void)
{
    unsigned int cnt_i,cnt_j;
    for(cnt_i=0;cnt_i<60;cnt_i++)
    {
        for(cnt_j=0;cnt_j<66;cnt_j++)
        {
        }
    }
}
/*-------------------------------------------------------------------
函数功能：延时若干 ms
输入参数：n_ms
-------------------------------------------------------------------*/
void Delay_n_ms(unsigned int n_ms)
{
    unsigned int cnt_i;
    for(cnt_i=0;cnt_i<n_ms;cnt_i++)
    {
        Delay_1_ms();
    }
}
/*-------------------------------------------------------------------
函数功能：LED 灯驱动 I/O 端口初始化
函数说明：8 位 LED 灯接 ATmega16 的 PC 端口，8 位 LED 灯共阳接法
-------------------------------------------------------------------*/
void LED_IO_Init(void)
{
    MCUCSR = 0x80;
    MCUCSR = 0x80;                       //取消复用
    DDRC = 0xff;                         //C 端口输出-
    PORTC = 0xff;                        //LED 共阳，高电平全灭
}
/*-------------------------------------------------------------------
函数名称：外部中断 0 初始化函数
函数功能：使能外部中断 0(INT0)的功能
-------------------------------------------------------------------*/
void Interrupt_Init(void)
{
    CLI();                               //关闭全局中断，将第 0 位置 0，第 1 位置 1
    MCUCR &= ~(1 << ISC00);              //INT0 选择了下降沿触发中断
```

```
    MCUCR |= (1 << ISC01);
    GICR |= (1 << INT0);                //使能 INT0
    MCUCR &= ~(1 << ISC10);             //INT1 选择了上升沿触发中断
    MCUCR |= (1 << ISC11);
    GICR |= (1 << INT1);                //使能 INT1
    SEI();                              //打开全局中断
}
/*-----------------------------------------------------------------
函数名称：外部中断 0 服务函数
函数功能：中断触发后，显示模式标志位加 1
-----------------------------------------------------------------*/
#pragma interrupt_handler Int0_isr:iv_INT0
void Int0_isr(void)
{
    mode_num++;                         //每个信号下降沿到，计数值加 1
    if(mode_num>3)
        mode_num=0;
    PORTC = 0xFF;                       //LED 灯全部熄灭
}
/*-----------------------------------------------------------------
函数名称：外部中断 1 服务函数
函数功能：中断触发后，显示模式标志位减 1
-----------------------------------------------------------------*/

#pragma interrupt_handler Int1_isr:iv_INT1
void Int1_isr(void)
{
    //Flow_LED_Test();                  //外部中断不能放死循环
    mode_num--;                         //每个信号下降沿到，计数值加 1
    if(mode_num<0)
        mode_num=3;
    PORTC = 0xFF;                       //LED 灯全部熄灭
}
/*-----------------------------------------------------------------
函数功能：8 位 LED 灯全亮，延时后熄灭
函数说明：8 位 LED 灯接 ATmega16 的 PC 端口，8 位 LED 灯共阳接法
-----------------------------------------------------------------*/
void LED_All_On(void)
{
    PORTC = 0x00;                       //LED 共阳接法，设置输出为低电平
    Delay_n_ms(1000);                   //延时 1 秒
    PORTC = 0xFF;                       //LED 灯全部熄灭
    Delay_n_ms(1000);                   //延时 1 秒
}
/*-----------------------------------------------------------------
函数描述：8 位 LED 灯每隔 1 秒顺序逐个点亮，然后每隔 1 秒顺序逐个熄灭
函数说明：8 位 LED 灯接 ATmega16 的 PC 端口，8 位 LED 灯共阳接法
-----------------------------------------------------------------*/
void Flow_LED_ALL_Test(void)
{
    unsigned char i;
    for (i=0; i<8; i++)
```

```
        {
            PORTC &= ~(1 << i);                    //顺次置零
            Delay_n_ms(1000);
        }
        for (i=0; i<8; i++)
        {
            PORTC |= (1<<i);
            Delay_n_ms(1000);
        }
    }
/*----------------------------------------------------------------------
函数描述：8 位 LED 灯每隔 1 秒由 LED0 到 LED7 移位点亮，然后每隔 1 秒由 LED7 到 LED0 移位点亮
函数说明：8 位 LED 灯接 ATmega16 的 PC 端口，8 位 LED 灯共阳接法
----------------------------------------------------------------------*/
void Flow_LED_SINGLE_Test(void)
{
    unsigned char i;
    for(i=0;i<8;i++)                          //每隔 1 秒由 LED0 右移到 LED7
    {
        PORTC=~(1<<i);
        Delay_n_ms(1000);
    }
    for(i=8;i>0;i--)                          //每隔 1 秒由 LED7 左移到 LED0
    {
        PORTC=~(1<<(i-1));
        Delay_n_ms(1000);
    }
}
/*----------------------------------------------------------------------
函数功能：8 位 LED 灯 0、2、4、6 和 1、3、5、7 分组交替闪烁
函数说明：8 位 LED 灯接 ATmega16 的 PC 端口，8 位 LED 灯共阳接法
----------------------------------------------------------------------*/
void LED_Change(void)
{
    PORTC = ((1 << 1) | (1 << 3) | (1 << 5) | (1 << 7));   //偶数位 LED 灯亮
    Delay_n_ms(100);
    PORTC = ((1 << 0) | (1 << 2) | (1 << 4) | (1 << 6));   //奇数位 LED 灯亮
    Delay_n_ms(100);
    PORTC = 0xFF;
}
/*----------------------------------------------------------------------
函数功能：主函数
----------------------------------------------------------------------*/
void main(void)
{
    unsigned char  key_value,mode_num=0 ;
    LED_IO_Init();                                 //LED 的 I/O 端口初始化
    CLI();                                         //关闭全局中断
    MCUCR |= ((1 << ISC11)|(1 << ISC01));
    MCUCR &= ~((1 << ISC10)|(1 << ISC00));    //INT0,INT1 下降沿中断
    GICR |= ((1 << INT0)|(1 << INT1));          //INT0, INT1 使能
    MCUCSR = 0x80;
```

```
    MCUCSR = 0x80;
    DDRC = 0xff;
    SEI();                              //打开全局中断，即打开总开关
    while(1)
    {
        switch(mode_num)
        {
            case 0:                     //无键按下或同时按下，显示模式不变
                LED_All_On();
                break;
            case 1:
                Flow_LED_ALL_Test();
                break;
            case 2:
                LED_Change();
                break;
            case 3:
                Flow_LED_SINGLE_Test();
                break;
        }
    }
}
```

5.4.3　下载调试

首先在 ICC AVR8 中创建项目，输入源代码并编译生成"利用外部中断实现多功能流水灯.cof"文件。然后利用轩微下载器将程序"利用外部中断实现多功能流水灯.hex"下载到 ATmega16 单片机学习板进行调试。按 K1、K2 键，观察 8 位 LED 的显示状态。

【思考练习】

(1)什么是中断？说明中断的用途。

(2)什么是中断源？ATmega16 单片机有哪些中断源？各有什么特点？

(3)详细说明 ATmega16 单片机中断响应的全过程，硬件和软件分别完成了哪些工作？

(4)ATmega16 单片机外部中断有哪几种触发方式？适合哪些应用场合？

(5)参考 5.4 示例，采用中断方式在学习板上实现起始时 LED1 亮，按下 K1 键依次向右，按下 K2 键依次向左，循环移动。

(6)以外部中断方式和利用通用数字 I/O 端口实现多功能 8 位流水灯的效果有什么不同？

(7)在学习板上编程实现脉冲计数控制与显示系统。利用按键 K1 手动模拟脉冲信号，使用外部中断技术，在中断服务程序中累加 K1 的脉冲数，并送数码管显示。

第6章 SPI 总线模块及其应用

【学习目标】

(1) 了解 SPI 总线接口结构、工作模式。

(2) 掌握 ATmega16 单片机内部 SPI 总线的使用方法。

(3) 掌握 74HC595 工作原理。

(4) 掌握 ATmega16 单片机对 SPI 总线器件的控制与编程。

6.1 SPI 总线简介

6.1.1 SPI 总线的构成及信号类型

SPI 的全称是 Serial Peripheral Interface(串行外设接口)，是由 Freescale 公司(原 Motorola 公司半导体部)最先推出的一种单主多从式的全双工、高速、同步串行通信协议。其通信速率可以高达 5Mbit/s，但具体大小取决于 SPI 硬件。SPI 接口具有全双工操作、操作简单、数据传输速率较高的优点，但也存在没有指定的流控制、没有应答机制确认是否接收到数据的缺点。

一个典型的 SPI 接口通常由一条同步时钟信号线 SCK、一条主机发送从机接收的数据线 MOSI、一条从机发送主机接收的数据线 MISO 和一条(或若干)用于主从机通信同步的片选信号线 $\overline{SS}$ (或片选 $\overline{CS}$ 信号)组成。SPI 是基于单主多从工作模式的总线协议，有写冲突保护和总线竞争保护。接口定义如下。

(1) SCK(Serial Clock，串行时钟)信号线，由 SPI 总线上的主设备产生，可调整数据比特流。主设备可在不同的波特率下传输数据。SCK 根据传输的每一位来循环。

(2) MOSI(Master Out Slave In，主输出、从输入)信号线，数据从 SPI 总线的主设备输出，然后从 SPI 的从设备输入。

(3) MISO(Master In Slave Out，主输入、从输出)信号线，数据从 SPI 总线的从设备输出，然后从 SPI 的主设备输入。只有一个被选择的从设备能驱动从 MISO 输出。

(4) $\overline{SS}$ (Slave Select，从设备选择)信号线，该信号通过硬件控制选择一个特殊的从设备，没有选中的从设备不与 SPI 总线交互通信。

SPI 总线可在软件的控制下构成各种简单的或复杂的系统。例如，一个主机和多个从机构成的单主机系统几个单片机构成的多主机系统。在多数应用场合，常用一个单片机作为主机，控制一个或多个其他外围器件，实现数据在主机与被选择从器件之间的传输。典型的系统结构如图 6-1 所示。

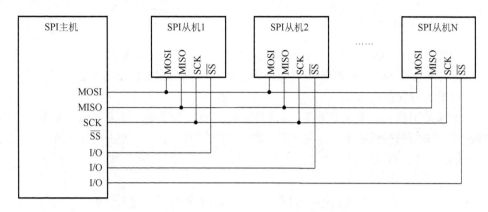

图 6-1 SPI 总线典型系统结构框图

6.1.2 SPI 总线的操作时序

SPI 主机通过将待通信的 SPI 从机的 $\overline{\text{SS}}$ 引脚拉低，实现主机与从机之间的同步，主机启动一次 SPI 通信。主机和从机将需要发送的数据放入相应的移位寄存器。主机在 SCK 引脚上产生时钟脉冲，按位进行数据传输，高位在前，低位在后。主机数据从主机的 MOSI 移出，从从机的 MOSI 移入。从机数据从从机的 MISO 移出，从主机的 MISO 移入。如图 6-2 所示，$\overline{\text{CS}}$ 在低电平时使能，数据在 SCK 的下降沿改变，在 SCK 的上升沿传输。

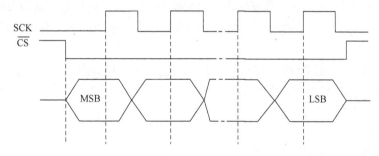

图 6-2 SPI 总线数据传输时序

在一个 SPI 时钟周期内，会完成如下操作：①主机通过 MOSI 线发送 1 位数据，同时从机通过 MOSI 线读取这 1 位数据。②从机通过 MISO 线发送 1 位数据，同时主机通过 MISO 线读取这 1 位数据。主机和从机各有一个移位寄存器，而且这两个移位寄存器连接成环状。当寄存器中的内容全部移出时，相当于完成了两个寄存器内容的交换。

SPI 有 4 种工作模式，通过设置时钟空闲时为高或者低的状态，以及数据是在时钟的上升沿或下降沿锁存，可将 SPI 配置成相应的工作模式。配置时应注意以下几点。

(1)主机配置 SPI 接口时钟的时候一定要考虑从设备的操作时序要求，因为主机这边的时钟极性和相位都是以从机为基准的。因此在时钟极性的配置上一定要确定从机是在 SCK 的下降沿还是上升沿输出数据，是在 SCK 的上升沿还是下降沿接收数据。

(2)当从机时钟频率小于主机时钟频率时，如果主机的 SCK 的速率太快，会出现从机接收到的数据不正确，而 SPI 接口又没有应答机制确认从机是否接收到数据，从而导致通信传输数据错误。

6.1.3　硬件 SPI 与软件 SPI

硬件 SPI 是用现成的专门进行 SPI 通信控制的芯片或内置模块进行 SPI 通信。使用硬件 SPI 不需要用户管控 SPI 的数据传输过程，将需要传输的数据提供给 SPI 通信模块即可（一般是通过直接给寄存赋值的方式）。

软件 SPI 是用户利用普通 I/O 口，在硬件上自己连接 SPI 端口的 4 条线，编写 SPI 协议的程序控制每一条线的高低电平状态来模拟 SPI 数据传输的方法，其好处是灵活，并可以节省 I/O 资源或者单片机的硬件 SPI 资源。

6.2　ATmega16 单片机的 SPI 总线模块

6.2.1　SPI 总线接口及特点

ATmega16 单片机内置了一个 SPI 接口总线控制模块，占用了 4 个 I/O 引脚作为数据通信的信号线，分别定义如下。

(1) SCK(PB7)：串行时钟数据线，由主机发出，对于从机是输入信号。当主机发起一次传送时，自动发出 8 个 SCK 信号，数据移位发生在 SCK 的每一次跳变上。

(2) MISO(PB6)：主入从出数据线，主机的数据输入线，从机的数据输出线。

(3) MOSI(PB5)：主出从入数据线，主机的数据输出线，从机的数据输入线。

(4) $\overline{SS}$ (PB4)：外设片选数据线，数据传送开始前允许从机与 SPI 总线交互通信的片选信号线。

ATmega16 单片机通过 SPI 总线模块可以实现与各种外围设备以串行方式进行数据通信，通信速率最高可达 3Mbit/s。其特点如下。

(1) 全双工，3 线同步数据传输。

(2) 主机或从机操作。

(3) LSB 首先发送或 MSB 首先发送设定。

(4) 7 种可编程的比特率，且不占用定时器。

(5) 传输结束中断标志。

(6) 写碰撞标志检测。

(7) 可以从闲置模式唤醒。

(8) 作为主机时具有倍速模式(CK/2)。

ATmega16 单片机的 SPI 接口还用来实现程序和 E^2PROM 的下载和读出。

6.2.2　SPI 总线的主从接口

SPI 总线采用主从式架构，总线上只允许存在一个主机，但是可以存在多个从机，主机和从机之间的 SPI 连接如图 6-3 所示。系统包括两个移位寄存器和一个主机 SPI 时钟发生器。主机使用 $\overline{SS}$ 信号线来选择从机。在时钟信号 SCK 的上升/下降沿，主机数据从主机的 MOSI 引脚发送给被 $\overline{SS}$ 引脚选中的从机的 MOSI 引脚，而在下一次下降/上升沿，从机数据从从机的 MISO 引脚返回到主机的 MISO 引脚。SPI 总线的工作过程类似于一个 16 位的移位寄存器，其中 8 位数据在主机中，另外的 8 位数据在从机中。

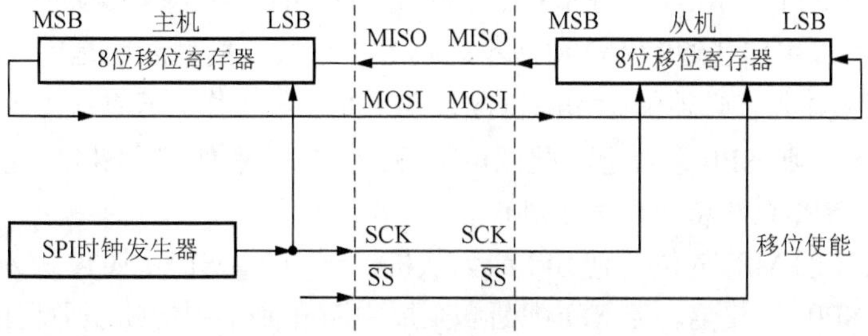

图 6-3　SPI 主机和从机之间的连接

配置为 SPI 主机时，SPI 接口不自动控制 $\overline{SS}$ 引脚，必须由用户软件来处理。对 SPI 数据寄存器写入数据即启动 SPI 时钟，将 8 位数据移入从机。传输结束后 SPI 时钟停止，传输结束标志位 SPIF 置位。如果此时 SPCR 寄存器的 SPI 中断使能位 SPIE 置位，中断就会发生。主机可以继续往 SPDR 写入数据以移位到从机中去，或者是将从机的 $\overline{SS}$ 拉高以说明数据包发送完成。最后进来的数据将一直保存于缓冲寄存器里。

配置为从机时，只要 $\overline{SS}$ 为高，SPI 接口将一直保持睡眠状态，并保持 MISO 为三态。在该状态下，软件可以更新 SPI 数据寄存器 SPDR 的内容。即使此时 SCK 引脚有输入时钟，SPDR 的数据也不会移出，直至 $\overline{SS}$ 被拉低。一个字节完全移出之后，传输结束标志位 SPIF 置位。如果此时 SPCR 寄存器的 SPI 中断使能位 SPIE 置位，就会产生中断请求。在读取移入的数据之前从机可以继续往 SPDR 写入数据。最后进来的数据将一直保存于缓冲寄存器里。

SPI 系统的发送方向只有一个缓冲器，而在接收方向有两个缓冲器。也就是说，在发送时一定要等到移位过程全部结束后才能对 SPI 数据寄存器执行写操作；而在接收数据时，需要在下一个字符移位过程结束之前通过访问 SPI 数据寄存器读取当前接收到的字符，否则第一个字节将丢失。

工作于 SPI 从机模式时，控制逻辑对 SCK 引脚的输入信号进行采样。为了保证对时钟信号的正确采样，SPI 时钟不能超过 $f_{osc}/4$。

SPI 使能后，MOSI、MISO、SCK 和 $\overline{SS}$ 引脚的数据方向将按照表 6-1 所示自动进行配置。

表 6-1　SPI 的 MOSI、MISO、SCK 和 $\overline{SS}$ 引脚的数据方向定义

引脚	SPI 主机	SPI 从机
MOSI	用户定义	输入
MISO	输入	用户定义
SCK	用户定义	输入
$\overline{SS}$	用户定义	输入

6.2.3　$\overline{SS}$ 引脚的功能

当 SPI 配置为从机时，从机选择引脚 $\overline{SS}$ 总是为输入。当 $\overline{SS}$ 为低时将激活 SPI 接口，MISO 成为输出（用户必须进行相应的端口配置）引脚，其他引脚成为输入引脚。当 $\overline{SS}$ 为高时所有的引脚成为输入，SPI 逻辑复位，不再接收数据。$\overline{SS}$ 引脚对于数据包/字节的同步非常有用，可以使从机的位计数器与主机的时钟发生器同步。当 $\overline{SS}$ 拉高时，SPI 从机立即复位接收和发送逻辑，并丢弃移位寄存器里不完整的数据。

当 SPI 配置为主机时(MSTR 的 SPCR 置位),用户可以决定 $\overline{SS}$ 引脚的方向。若 $\overline{SS}$ 配置为输出,则此引脚可以用作普通的 I/O 口而不影响 SPI 系统。典型应用是用来驱动从机的 $\overline{SS}$ 引脚。如果 $\overline{SS}$ 配置为输入,必须保持为高以保证 SPI 的正常工作。若系统配置为主机,$\overline{SS}$ 为输入,但被外设拉低,则 SPI 系统会将此低电平解释为有一个外部主机将自己选择为从机。为了防止总线冲突,SPI 系统将实现如下动作。

(1)清零 SPCR 的 MSTR 位,使 SPI 成为从机,从而 MOSI 和 SCK 变为输入。

(2)SPSR 的 SPIF 位置位。若 SPI 中断和全局中断开放,则中断服务程序将得到执行。

因此,使用中断方式处理 SPI 主机的数据传输,并且存在 $\overline{SS}$ 被拉低的可能性时,中断服务程序应该检查 MSTR 是否为"1"。若被清零,用户必须将其置位,以重新使能 SPI 主机模式。

6.3　SPI 总线模块相关寄存器

ATmega16 单片机通过对相关寄存器的操作来完成对 SPI 总线的控制,这些寄存器包括 SPI 控制寄存器 SPCR、SPI 状态寄存器 SPSR 和 SPI 数据寄存器 SPDR。

6.3.1　SPI 控制寄存器 SPCR

SPI 总线模块的控制寄存器 SPCR 用于对 SPI 总线模块进行设置和操控,其内部位结构如表 6-2 所示。

表 6-2　SPI 控制寄存器 SPCR 的内部位结构

位	SPIE	SPE	DORD	MSTR	CPOL	CPHA	SPR1	SPR0
读/写	R/W	R/W	R/W	R/W	R/W	R/W	R/W	R/W
初始值	0	0	0	0	0	0	0	0

(1)SPIE:SPI 总线模块的中断使能位。该位置位后,只要 SPSR 寄存器的 SPIF 位和 SREG 寄存器的全局中断使能位 I 也都被置位,则触发 SPI 中断事件。

(2)SPE:SPI 总线模块使能位。当 SPE 位置位时将使能 SPI 总线。在进行任何 SPI 总线模块的相关操作之前必须置位 SPE 位。

(3)DORD:数据次序选择位。当 DORD 位置位时,首先发送数据的最低位(LSB);否则,首先发送数据的最高位(MSB)。

(4)MSTR:主/从选择位。当 MSTR 位置位时,设置 SPI 总线模块为主机工作模式,否则为从机工作模式。如果 MSTR 为"1",$\overline{SS}$ 引脚配置为输入且被拉低,则 MSTR 位被清零,寄存器 SPSR 的 SPIF 位被置位,用户必须重新设置 MSTR 位使 SPI 总线模块进入主机模式。

(5)CPOL:时钟极性选择位。当 CPOL 位被置位时 SPI 总线模块空闲时 SCK 为高电平;否则,SPI 总线模块空闲时 SCK 为低电平。CPOL 位控制功能如表 6-3 所示。

表 6-3　CPOL 位控制功能

CPOL	空闲	起始沿	结束沿
0	低电平	上升沿	下降沿
1	高电平	下降沿	上升沿

(6) CPHA：时钟相位选择位。CPHA 位用于决定是在 SCK 的起始沿对数据采样还是在 SCK 的结束沿对数据进行采样。CPHA 位控制功能如表 6-4 所示。

表 6-4　CPHA 位控制功能

CPHA	起始沿	结束沿
0	接收器采样锁存接收 1 位数据	发送器移位输出更新 1 位数据
1	发送器移位输出更新 1 位数据	接收器采样锁存接收 1 位数据

(7) SPR1、SPR0：SPI 总线模块 SCK 时钟频率选择位。这两位用于联合确定主机的 SCK 时钟频率。SPR1 和 SPR0 对从机没有影响。SPI 总线模块 SCK 时钟频率和 ATmega16 单片机的工作时钟频率 f_{osc} 的关系如表 6-5 所示，其中 SPI2X 位是 SPI 状态寄存器 SPSR 的第 0 位。

表 6-5　SCK 时钟频率和单片机的工作时钟频率 f_{osc} 的关系

SPI2X	SPR1	SPR0	SCK 频率	SPI2X	SPR1	SPR0	SCK 频率
0	0	0	$f_{osc}/4$	1	0	0	$f_{osc}/2$
0	0	1	$f_{osc}/16$	1	0	1	$f_{osc}/8$
0	1	0	$f_{osc}/64$	1	1	0	$f_{osc}/32$
0	1	1	$f_{osc}/128$	1	1	1	$f_{osc}/64$

6.3.2　SPI 状态寄存器 SPSR

SPI 状态寄存器 SPSR 用于反映 SPI 总线模块的工作状态，其内部位结构如表 6-6 所示。

表 6-6　SPI 状态寄存器 SPSR 的内部位结构

位	SPIF	WCOL	—	—	—	—	—	SPI2X
读/写	R	R	R	R	R	R	R	R/W
初始值	0	0	0	0	0	0	0	0

(1) SPIF：SPI 中断标志位。串行发送结束后，SPIF 位置位。若此时 SPCR 寄存器的 SPIE 位和全局中断使能位置位，SPI 中断即产生。如果 SPI 为主机，$\overline{SS}$ 配置为输入，且被拉低，SPIF 位也将置位。进入中断例程后 SPIF 位将自动清零。此外，也可以通过先读 SPSR，紧接着访问 SPDR 来对 SPIF 位清零。

(2) WCOL：写冲突标志位。在发送当中对 SPI 数据寄存器 SPDR 写数据将置位 WCOL。WCOL 可以通过先读 SPSR，紧接着访问 SPDR 来清零。

(3) SPI2X：SPI 倍速位。该位置位后 SPI 的速度将加倍。若为主机，则 SCK 频率可达 CPU 频率的一半。若为从机，必须保证此时时钟频率不大于 $f_{osc}/4$，以保证正常工作。

6.3.3　SPI 数据寄存器 SPDR

SPI 数据寄存器 SPDR 用于存放需要传输的数据，数据写入寄存器后立即启动数据传送，寄存器的读操作可以读出接收到的数据，其内部位结构如表 6-7 所示。

表 6-7　SPI 数据寄存器 SPDR 的内部位结构

位	MSB	—	—	—	—	—	—	LSB
读/写	R/W	R/W	R/W	R/W	R/W	R/W	R/W	R/W
初始值	0	0	0	0	0	0	0	0

6.4　SPI 总线模块时序

SPI 总线的数据交换过程需要时钟驱动。SPI 总线模块的时序受其控制寄存器 SPCR 中时钟极性选择位(CPOL)和时钟相位选择位(CPHA)两个参数的控制，如表 6-8 所示。CPOL 决定了有效时钟是高电平还是低电平，CPHA 决定了有效时钟的相位。对于主、从机通信，时钟相位和极性必须相同。

表 6-8　SCK 的相位、极性与数据间的 4 种组合

SPI 模式	CPOL	CPHA	起始沿及边沿作用	结束沿及边沿作用
0	0	0	接收器上升沿采样 1 位数据	发送器下降沿输出更新 1 位数据
1	0	1	发送器上升沿输出更新 1 位数据	接收器下降沿采样 1 位数据
2	1	0	接收器下降沿采样 1 位数据	发送器上升沿输出更新 1 位数据
3	1	1	发送器下降沿输出更新 1 位数据	接收器上升沿采样 1 位数据

SPI 数据传输时序如图 6-4 和图 6-5 所示。数据每一位的移出和移入发生于 SCK 不同的信号跳变沿，以保证有足够的时间使数据稳定。在 CPHA=0 时的 SPI 总线模块数据传输时序中，SCK 有两种波形，一种为 CPOL=0，另一种为 CPOL=1。在 CPHA=0 时，$\overline{SS}$ 下降沿用于启动从机数据发送，而另一个 SCK 跳变捕捉最高位。一次 SPI 传输完毕，从机的 $\overline{SS}$ 引脚必须返回为高。在 CPHA=1 时的 SPI 总线模块数据传输时序中，主机在 SCK 的第一个跳变后开始驱动 MOSI，从机用它来启动数据传送。SPI 传送期间，从机的 $\overline{SS}$ 引脚保持为低电平。

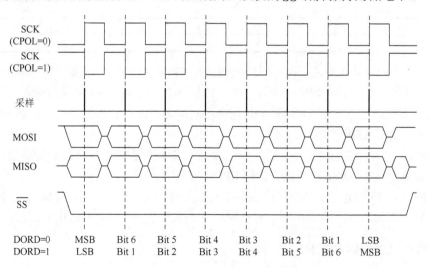

图 6-4　CPHA=0 时 SPI 总线模块数据传输时序

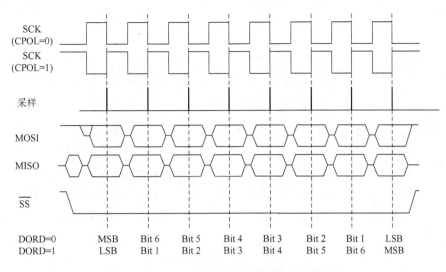

图 6-5　CPHA=1 时 SPI 总线模块数据传输时序

6.5　基于 SPI 总线实现 74HC595 驱动多位数码管动态显示

在有些场合，需要较多的引脚并行完成输出操作，此时在 SPI 总线上挂接移位寄存器就可以很方便地实现串并的转换。使用 ATmega16 单片机作为主控芯片，由 SPI 总线接口驱动串入并出移位寄存器芯片 74HC595，实现 8 位共阴极数码管动态显示。

6.5.1　移位寄存器 74HC595 介绍

移位寄存器在实际项目中的应用非常广泛。移位寄存器最大的特点就是可以将其中存储的数据进行移位，这非常类似于位运算中的左移右移操作；而在实际项目中，移位寄存器经常是用来进行端口扩展的必要芯片。

想要更好地理解移位寄存器的原理首先要了解两个要点：第一个是移位寄存器的分类，移位寄存器一般可以分为串入并出、并入串出、串入串出、并入并出 4 种；第二个是移位寄存器的工作方式，串行数据移位寄存器是时序芯片，也就是说移位寄存器的移位操作需要依靠时钟信号才能进行。

串入并出寄存器顾名思义是串行输入、并行输出，实际是通过移位将串行输入的数据"移"进移位寄存器中，再一并输出，由此实现串行端口的并行扩展功能，使得一个串行端口可以控制 N 位并行端口（N 为移位寄存器的存储单元数量）。下面以数据"10100111"为例，进一步形象地阐述数据的串入并出过程。

首先，串行端口开始向移位寄存器输入数据前，移位寄存器内 8 位存储单元默认存储"0"，故输出为 0。串行数据"10100111"的最高位（"1"）此时已准备在移位寄存器的输入端口等待时钟信号的上升沿输入寄存器，如图 6-6（a）所示。第一个时钟上升沿触发第一次输入，最高位的"1"被输入到移位寄存器的第一个存储单元中，第二位在输入端等待输入，如图 6-6（b）所示。第二个时钟上升沿触发第二次输入，第一次输入的"1"向右移入移位寄存器的第二个存储单元中，第二位输入移位寄存器的第一个单元中，第三位在输入端等待输入，如图 6-6（c）所示。以此类推，直到 8 位串行数据都进入到移位寄存器中，此时串行输入的数据变为了并行输出，如图 6-6（d）所示。

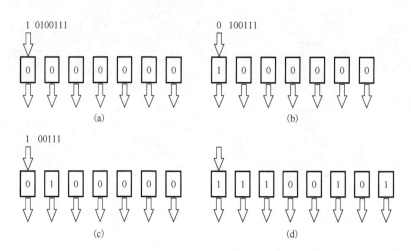

图 6-6　串入并出移位过程

74HC595 是一款典型的被广泛应用的 8 位串入并出移位芯片，采用两级锁存。74HC595 内部结构如图 6-7 所示，引脚封装如图 6-8 所示，引脚详细说明如表 6-9 所示。

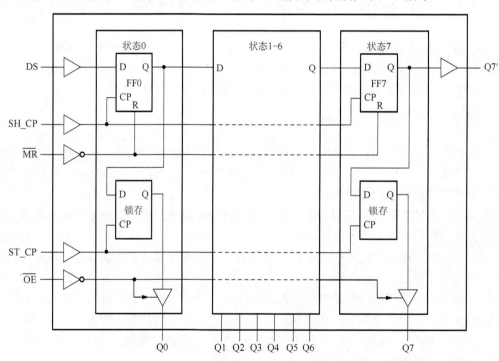

图 6-7　74HC595 内部结构逻辑框图

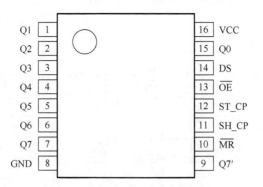

图 6-8　74HC595 的引脚封装

表 6-9　74HC595 引脚详细说明

引脚	引脚名称	功能说明
15、1~7	Q0~Q7	8 位并行数据输出端引脚
9	Q7′	串级输出端引脚
14	DS	串行数据输入端引脚
11	SH_CP	移位寄存器时钟输入
10	$\overline{MR}$	复位。在时钟上升沿将 74HC595 的数据移位，在下降沿时移位寄存器数据不变
12	ST_CP	锁存输出时钟。在时钟上升沿时将 74HC595 的数据送入数据存储寄存器，在下降沿时数据存储寄存器数据不变
13	$\overline{OE}$	输出使能。高电平时禁止 74HC595 输出，此时输出引脚为高阻态
8	GND	电源地
16	VCC	供电电源

74HC595 的输出有锁存功能，当 SH_CP 为高电平，$\overline{OE}$ 为低电平时，从 DS 端输入串行位数据，串行输入时钟 $\overline{MR}$ 发送一个上升沿，直到 8 位数据输入完毕，输出时钟上升沿有效一次，此时输入的数据就被送到了输出端进行并行输出。74HC595 的真值表如表 6-10 所示。

表 6-10　74HC595 的真值表

输入					输出		功能说明
$\overline{MR}$	ST_CP	$\overline{OE}$	SH_CP	DS	Q7′	Qn	
×	×	L	L	×	L	NC	$\overline{MR}$ 上的低电平清除所有数据
×	↑	L	L	×	L	L	把寄存器数据送入锁存器
×	×	H	L	X	L	Z	$\overline{OE}$ 上的高电平使得输出为高阻态
↑	×	L	H	H	Q6′	NC	串行移位输出
×	↑	L	X	H	NC	Qn′	串行移位输出
↑	↑	L	H	X	Q6′	Qn′	数据直接输出

6.5.2　硬件电路设计

ATmega16 单片机的 PB5（MOSI）接 74HC595 的数据输入端（DS），PB7（SCK）接 74HC595 的时钟线（SH_CP），PB4（$\overline{SS}$）接 74HC595 的锁存线（ST_CP）。第 1 个 74HC595 通过 Q7′ 连接到第 2 个 74HC595 的数据输入端，将两个 74HC595 变成一个移位寄存器，扩展到了 16 位。而这 16 位的并行输出分别对应数码管的 8 位段选和 8 位位选，且先输入的 8 位数据进入到了第 2 个移位寄存器中控制段选，后输入的 8 位数据控制位选。硬件电路原理图如图 6-9 所示。

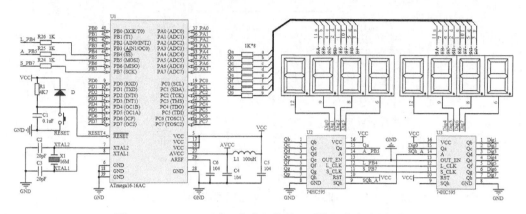

图 6-9　74HC595 驱动 8 位数码管显示系统硬件电路原理图

6.5.3　软件设计

使用查询方式的 SPI 主机典型通信流程如下。

(1)初始化 SPI 模块,包括工作模式、时钟频率、时钟极性等。

(2)初始化 SPI 引脚。将所有需要输出信号的 GPIO 设置为电平输出模式,包括 $\overline{\text{SS}}$、SCK 和 MOSI,并将 $\overline{\text{SS}}$ 引脚设置为高电平,其他引脚任意。

(3)将 $\overline{\text{SS}}$ 引脚设置为低电平,以通知从机准备进行数据交换。

(4)将要发送的数据送入 SPDR 寄存器,触发一次通信。

(5)不停地检查 SPSR 寄存器的 SPIF 标志位,等待通信完成。

(6)从 SPDR 中读取从机发送过来的数据,并自动清除标志位 SPIF。如果还有需要发送的数据,则从步骤(4)开始继续操作;如果通信已经完成,则将 $\overline{\text{SS}}$ 引脚拉高,迫使从机进入通信复位状态,等待下一次传输。

1. ATmega16 单片机硬件 SPI 通信驱动程序设计

该应用代码使用 ATmega16 单片机的 SPI 引脚进行移位操作,以完成对 74HC595 中数据的读写操作。具体程序如下:

```
/********************************************************************
作者:北京科技大学自动化学院索奥科技中心
功能:硬件 SPI 实现 74HC595 驱动多位共阴极数码管,显示"SUOAO-16"
硬件:索奥 ATmega16 单片机学习板
      2 个 4 位数码管,扩展 2 片 74HC595
*********************************************************************/
#include "iom16v.h"  //ICC AVR 环境下的 ATmega16 库函数
#include "macros.h"
#define  HC595_DATA_bit (5)          //ATmega16 的 PB5, MOSI
#define  HC595_LCLK_bit (4)          //ATmega16 的 PB4, SS
#define  HC595_SCLK_bit (7)          //ATmega16 的 PB7, SCK
unsigned char DISP_TAB[8]={0x6d,0x3e,0x3f,0x77,0x3f,0x40,0x06,0x7d};
//SUOAO-16
void SPI_MasterInit ( void )         //SPI 主机初始化
{
    DDRB=(1<< HC595_DATA_bit)|(1<<HC595_SCLK_bit) ;
```

```
                                        //设置 MOSI 和 SCK 为输出，其他为输入
    SPCR=(1<<SPE )|(1<<MSTR)|(1<<SPR0); //使能 SPI 主机模式，设置时钟频率 fck/16
}
unsigned char SPI_MasterTransmit ( unsigned char cData )
{
    SPDR = cData ;                       //启动数据传输
    while(!(SPSR&(1<<SPIF)));            //等待传输结束
    return SPDR;
}
void main (void )
{
    unsigned char i, d[2] ={4,2};
    SPI_MasterInit();
    DDRB |= 1<<HC595_LCLK_bit;           //HC595_LCLK_bit 为输出口
    PORTB = 0x00;                        //时钟线和装载锁存线初始化为低电平
    PORTB &= ~( 1<<HC595_LCLK_bit);
    for ( i = 0; i <8; i ++ )
        SPI_MasterTransmit (i);
        SPI_MasterTransmit (DISP_TAB[i]);
    PORTB |= 1<<HC595_LCLK_bit;
    PORTB &= ~ ( 1<<HC595_LCLK_bit );
    while(1);
}
```

2. ATmega16 单片机软件 SPI 的程序设计

很多外围器件采用非标准的 SPI 总线接口，即不是基于字节传输的，它所传输的数据位数不是 8 的整数倍，导致不能采用或直接采用硬件的 SPI 总线。此处采用软件模拟 SPI 时序。

由硬件基础可知，只需要先后将段选的数据和位选的数据通过 PB5(DS)连续输入即可。顺序为：PB4(ST_CP)清零，PB7(SH_CP)清零，(DS)输出段选的最高位，PB7(SH_CP)置位；PB7(SH_CP)清零，PB5(DS)输出段选的第 6 位，PB7(SH_CP)置位……以此类推，将段选和位选数据输入到两个移位寄存器中，最后 PB4(ST_CP)置位，16 位数据同时输出，数码管显示。

软件模拟 SPI 时序程序如下：

```
/***************************************************************
作者：北京科技大学自动化学院索奥科技中心
功能：软件 SPI 实现 74HC595 驱动多位共阴极数码管，显示"SUOAO-16"
硬件：索奥 ATmega16 单片机学习板
     2 个 4 位数码管，扩展 2 个 74HC595
***************************************************************/
#include "iom16v.h"  //ICC AVR 环境下的 ATmega16 库函数
#include "macros.h"
#define  HC595_DATA_bit (0)
#define  HC595_LCLK_bit (1)
#define  HC595_SCLK_bit (2)
#define HC595_DATA_HIGH   PORTB |= (1<<HC595_DATA_bit)
#define HC595_DATA_LOW    PORTB &= ~(1<<HC595_DATA_bit) //数据线
#define HC595_LCLK_HIGH   PORTB |= (1<<HC595_LCLK_bit)
#define HC595_LCLK_LOW    PORTB &= ~(1<<HC595_LCLK_bit) //锁存线
```

```c
#define HC595_SCLK_HIGH    PORTB |= (1<<HC595_SCLK_bit)
#define HC595_SCLK_LOW     PORTB &= ~(1<<HC595_SCLK_bit)  //时钟线
unsigned char DISP_TAB[8]={0x6d,0x3e,0x3f,0x77,0x3f,0x40,0x06,0x7d};
//SUOAO-16
/*-------------------------------------------------------------------
函数功能：延时 1μs
函数说明：12MHz 晶振，(1/12)μs 的指令执行周期，12*(1/12)=1μs
-------------------------------------------------------------------*/
void Delay_1_us(void)
{
    NOP();     NOP();     NOP();     NOP();
    NOP();     NOP();     NOP();     NOP();
    NOP();     NOP();     NOP();     NOP();
}
/*-------------------------------------------------------------------
函数功能：延时若干μs
输入参数：n_μs
-------------------------------------------------------------------*/
void Delay_n_μs(unsigned int n_μs)
{
    unsigned int cnt_i;
    for(cnt_i=0;cnt_i<n_us;cnt_i++)
    {
        Delay_1_us();
    }
}
/*-------------------------------------------------------------------
函数功能：发送数据到 74HC595
函数输入：待发送的数据
函数输出：无
-------------------------------------------------------------------*/
void Send_Data_To_74HC595(unsigned char data)
{
    unsigned char i, Data_temp = 0;
    Data_temp = data;
    for (i = 0; i < 8; i++)              //一次只能发送1B(字节)的数据(8 位)
    {
        if (Data_temp & (1 << 7))        //从高位开始发送
            HC595_DATA_HIGH;             //如果为1，拉高数据线
        else
            HC595_DATA_LOW;              //如果为0，拉低数据线
        HC595_SCLK_HIGH;                 //时钟线拉高
        NOP();          NOP();
        HC595_SCLK_LOW;                  //时钟线拉低
        Data_temp <<= 1;                 //数据向左移位，发送下一位
    }
}
/*-------------------------------------------------------------------
函数功能：主函数
-------------------------------------------------------------------*/
void main (void )
```

```
{
    int bit = 7;
    DDRB |= (1<<HC595_DATA_bit);
    DDRB |= (1<<HC595_LCLK_bit);
    DDRB |= (1<<HC595_SCLK_bit);
    HC595_LCLK_HIGH;
    HC595_SCLK_HIGH;
    Delay_n_us(10);
    while(1)
    {
        for(bit = 7;bit >= 0;bit--)
        {
            HC595_LCLK_LOW;
            HC595_SCLK_LOW;
            Delay_n_us(5);
            Send_Data_To_74HC595( ~(1 << bit) ) ;      //发送位选信号
            Delay_n_us(5);
            Send_Data_To_74HC595( DISP_TAB[bit] ) ;    //发送段选信号
            HC595_LCLK_HIGH ;
        }
    }
}
```

6.5.4　下载调试

首先在 ICC AVR8 中创建项目，输入源代码并编译生成"74HC595 驱动多位数码管动态显示.cof"文件。然后下载程序"74HC595 驱动多位数码管动态显示.hex"到目标板进行调试。观察数码管上是否显示"SUOAO-16"。同时，修改延时时间，观察数码管动态显示过程。

【思考练习】

(1) SPI 工作模式 0 下的数据传输格式是怎样的？

(2) 简述 74HC595 的工作原理。

(3) 利用 74HC595 编写一个程序，要求数码管以"XX-XX-XX"的格式显示某一日期。

第7章 定时器/计数器及其应用

【学习目标】

(1)了解定时器/计数器的工作原理以及使用方法。

(2)掌握定时器/计数器的控制及应用。

(3)学会定时器/计数器相关寄存器的设置，使用不同的工作模式。

(4)学会以中断方式实现对单片机定时器/计数器的应用。

7.1 ATmega16单片机定时器/计数器概述

定时器的基本功能是定时发出脉冲信号、向CPU申请中断，其定时间隔的长短及起始时间均可由程序控制。计数器的基本功能是对外界发生的事件计数，当达到程序规定的数值时，输出一个脉冲信号，向CPU申请中断。定时器/计数器是单片机中最基本的接口之一，其用途非常广泛，常用于计数、延时和测量周期、频率、脉宽等。在实际应用中，对于转速、位移、速度、流量等物理量的测量，通常也由传感器转换成脉冲信号，通过定时器/计数器来测量其周期或频率，再经过计算处理获得。

ATmega16单片机有3个具有PWM功能的定时器/计数器：T/C0、T/C1和T/C2。其中T/C0和T/C2是8位的定时器/计数器，而T/C1是16位具有输入捕获功能的定时器/计数器。实际上，不管定时器/计数器是作为计数器使用还是作为定时器使用，其基本的工作原理并没有改变，都是对一个脉冲时钟信号进行计数。所谓的定时器，更多的情况是指其计数脉冲信号来自芯片内部。由于内部计数脉冲信号的频率是已知甚至是固定的，因此用户可以根据需要来设定计数器脉冲计数的个数，以获得一个等间隔的定时中断。利用定时中断可以方便地实现系统定时访问外设或处理事务，获得更准确的延时等。T/C0、T/C1和T/C2的计数器分别命名为TCNT0、TCNT1和TCNT2，用于设置计数初值和比较等。

AVR单片机的定时器/计数器计数脉冲信号可以来自外部引脚，也可以由内部系统时钟获得。此外，AVR单片机的定时器/计数器在内部系统时钟和计数单元之间增加了一个可设置的预分频器，通过该预分频器的分频设置，定时器/计数器可以从内部系统中获得不同频率的计数脉冲信号。虽然T/C0和T/C1共用一个预分频器，但每个定时器都有自己的时钟源选择设置，包括定时器/计数器是否处于工作状态、作为定时器时时钟源的分频设置，以及作为计数器时的计数方式等。T/C2支持异步时钟，以及单片机除了可以使用系统时钟分频后作为定时时钟外，还可以使用外接实时时钟。

单片机芯片内的定时器/计数器通常具有如下3种功能。

(1)定时、计数功能，这是一般单片机定时器/计数器都具备的功能。

(2)PWM信号输出控制功能，包括频率控制、占空比控制等。PWM已经是一种普适性的输出控制技术，逐渐成为单片机的标配功能，广泛应用于功率调节和通信等领域。

(3)捕获功能。该功能已经逐步成为现代单片机定时器/计数器的基本功能，它主要是通过被测信号的上升或下降沿，将工作于定时器方式的定时器/计数器当前数据导出到指定 RAM 单元，通常用来完成精确的周期和矩形脉冲宽度测量。T/C1 就是 16 位具有输入捕获功能的定时器/计数器。

为了实现定时器的 PWM 功能，定时器都会设置输出比较单元，即定时器都会有其用于比较的 I/O 寄存器，称为 OCR，且每路 PWM 输出都对应一个 OCR 寄存器。8 位定时器/计数器的 OCR 为 8 位，16 位定时器/计数器的 OCR 为 16 位。T/C0 的 OCR 寄存器为 OCR0，T/C1 的 OCR 寄存器为 OCR1A 和 OCR1B，T/C2 的 OCR 寄存器为 OCR2。当使能了比较功能，且计数器中的数值 TCNTx 等于 OCRx 时，比较匹配成功，将触发 PWM 事件。使能中断的情况下，还会触发中断。每个输出比较单元都对应一个中断源。

AVR 的输出比较和 PWM 输出共有 4 种模式：普通模式、CTC（比较匹配时清零定时器）模式、快速 PWM 模式和相位修正 PWM 模式。

1. 普通模式

普通模式为最简单的工作模式。在此模式下计数器不停地累加。当计数计到最大值（8 位计数器为 TOP = 0xFF，16 位计数器为 TOP = 0xFFFF）时，由于数值溢出，计数器简单地返回到最小值 0x00 重新开始。在 TCNTx 为 0 的同一个定时器时钟里 T/C 溢出标志位 TOVx 置位。溢出中断对应一个中断源，中断服务程序能够自动清零该位。

注意：这种模式只是当作定时器来用，不输出波形，因为这会占用太多的 CPU 时间，相当于普通 I/O 口使用。

2. CTC（比较匹配时清零定时器）模式

在 CTC 模式下，比较寄存器 OCRx 用于调节计数器的分辨率。当计数器 TCNTx 的数值累加到等于 OCRx 中的数值时，下一个计数时钟周期计数器清零。这里 OCRx 中的值即为 TOP（≤MAX）值。OCRx 中定义的值即计数器的分辨率。

该模式通常是用来得到波形输出的，可以设置成在每次比较匹配发生时改变单片机对应引脚的逻辑电平来实现。在该模式下，用户可以很容易地控制比较匹配输出的频率，也简化了外部事件计数的操作。值得注意的是，需要首先设置该引脚为输出。波形发生器能够产生的最大频率为 $f_{osc}/2$（此时对应 OCR=0）。频率由如下公式确定：

$$f_{OCn} = \frac{f_{osc}}{2 \times N \times (1 + OCR)}$$

其中，N 为预分频系数（1、8、32、64、128、256 或者 1024）。

在普通模式下，TOV0 的置位发生在计数器从 MAX 变为 0x00 的定时器时钟周期里。

当然也可以在计数器数值达到 OCR 时产生中断，利用该功能同样可以实现类似自动重载的准确计时。在中断服务程序里也可以更新 OCR 的数值，不过要小心的是，如果写入的 OCR 数值小于当前计数器中的数值，计数器将丢失一次比较匹配。在下一次比较匹配发生前，计数器不得不先计数到最大值，然后再从 0 开始计数到 OCR。

3. 快速 PWM 模式

快速 PWM 模式可以用来产生高频的 PWM 波形。快速 PWM 模式与其他 PWM 模式的不同之处是其单边斜坡工作方式。该模式下计数器从最小值 0（BOTTOM 值）计数到最大值

TOP（≤MAX），然后立即回到 BOTTOM 值重新开始。不过计数过程中涉及比较匹配过程，即计数器中的数值与比较寄存器 OCR（BOTTOM＜OCR＜TOP≤MAX）中的值进行比较。这样，就可以形成 PWM 波形输出。对于普通的比较输出模式，波形输出引脚在计数器与 OCR 匹配时清零，在 BOTTOM 时置位；对于反向比较输出模式，波形输出引脚的动作正好相反。由于采用了单边斜坡工作方式，快速 PWM 模式的工作频率比使用双斜坡的相位修正 PWM 模式高 1 倍。此高频操作特性使得快速 PWM 模式十分适合于功率调节、整流和 DAC 应用。高频可以减小外部元器件（电感、电容）的物理尺寸，从而降低系统成本。

工作于快速 PWM 模式时，计数器的数值一直增加到 TOP，然后在紧接的时钟周期清零。计数器数值达到 TOP 时，T/C 溢出标志位置位。如果中断使能，在中断服务程序里可以更新比较值。输出的 PWM 频率可用下式计算：

$$f_{OCnxPWM} = \frac{f_{osc}}{N \times (1 + TOP)}$$

其中，N 为预分频系数（1、8、64、256 或 1024）。

4. 相位修正 PWM 模式

相位修正 PWM 模式为用户提供了一种获得高精度的、相位准确的 PWM 波形的方法。此模式基于双斜坡操作，计数器重复地从 BOTTOM 计数到 TOP（≤MAX）值，然后又从 TOP 倒退回到 BOTTOM。相位修正 PWM 模式也需要比较寄存器 OCR 的配合。在一般的比较输出模式下，当计时器往 TOP 计数时，若发生了计数器 TCNT 与比较寄存器 OCR 匹配，单片机对应波形输出引脚将清零为低电平；而在计时器往 BOTTOM 计数时，若发生了计数器 TCNT 与比较寄存器 OCR 匹配，单片机对应波形输出引脚将置位为高电平。工作于反向比较输出时则正好相反。与单斜坡操作相比，双斜坡操作可获得的最大频率要小，但其对称特性十分适合于电机控制。相位修正 PWM 模式适用于要求输出 PWM 频率较低，但频率固定，占空比调节精度要求高的应用。

工作于相位修正 PWM 模式时，计数器的数值一直累加到 TOP，然后改变计数方向，开始减计数。当计数值达到 BOTTOM 时，T/C 溢出标志位置位。此标志位可用来产生中断，比如修改 OCR 的值等。输出的频率可用下式计算：

$$f_{OCnxPWM} = \frac{f_{osc}}{N \times (2 + TOP)}$$

其中，N 为预分频系数（1、8、64、256 或 1024）。

在 AVR 有关定时器的 I/O 寄存器中，WGMx 位用于设置工作模式，COMx 位用于设置相应引脚的 PWM 输出状况。

TCNTx 计数器数值与 OCRx 中的数值相同时，对应的比较输出引脚 OCx 根据寄存器的设置发生电平跳变，比较器就给出匹配信号，在匹配发生的下一个定时器时钟周期输出，比较标志位 OCFx 置位。若此时已使能其中断，且 SREG 的全局中断标志位 I 置位，CPU 将产生输出比较中断。执行中断服务程序时，比较标志位 OCFx 自动清零，也可以通过软件写"1"的方式来清零。

7.2　定时器/计数器 0（T/C0）

7.2.1　T/C0 概述

T/C0 是一个通用的带有输出比较匹配和 PWM 波形发生器的 8 位单通道定时器/计数器模块，其主要特点如下。

(1) 单通道计数器。

(2) 比较匹配发生时清除定时器（自动加载特性）。

(3) 可产生无抖动输出、相位可以调节的 PWM 信号输出。

(4) 频率发生器。

(5) 外部事件计数器。

(6) 10 位的时钟预分频器。

(7) 溢出和比较匹配中断源（TOV0、OCF0）。

T/C0 有 2 个 8 位寄存器，即计数寄存器 TCNT0 和输出比较寄存器 OCR0。双缓冲的输出比较寄存器 OCR0 一直与 TCNT0 的数值进行比较，比较结果用于产生 PWM 波形，或者在输出比较引脚 OC0（PB3 端口）上产生变化频率的输出。

T/C0 可以通过预分频器由单片机的内部时钟进行驱动，也可以通过 T0（PB0 端口）连接外部时钟进行驱动。时钟逻辑选择模块控制使用哪一个时钟源以及时钟哪个边沿来进行加或减计数。T/C0 的时钟预分频器逻辑图如图 7-1 所示。预分频器对系统时钟进行分频后作为 T/C0 的驱动时钟。T/C0 时钟的分频系数通过控制寄存器 TCCR0 的时钟选择位 CS01～CS00 控制。

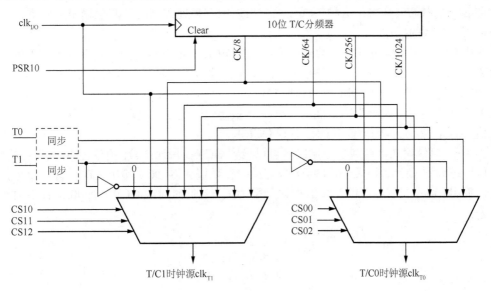

图 7-1　T/C0 的时钟预分频器逻辑图

当 T/C0 使用系统内部时钟作为计数源时，通常作为定时器和波形发生器使用。因为系统时钟的频率是已知的，所以通过计数器的计数值就可以知道时间值。当 T/C0 使用系统外部时钟作为计数源时，通常作为计数器使用，可用于记录外部脉冲的个数。

7.2.2　T/C0 的工作模式

T/C0 共有 4 种不同的工作模式,即普通模式、CTC(比较匹配时清零定时器)模式、快速 PWM 模式和相位修正 PWM 模式。这 4 种模式的选择以及 OC0 不同方式的输出是由 T/C0 的控制寄存器 TCCR0 的标志位 WGM01、WGM00 和 COM01、COM00 的组合决定的。

1. 普通模式(WGM01、WGM00=00)

普通模式为最简单的工作模式。在此模式下计数器不停地累加。当计数计到 8 位的最大值(TOP=0xFF,即 TCNT0=0xFF)时,由于数值溢出,计数器简单地返回到最小值 0x00(TCNT0=0x00)重新开始单向加 1 计数。在 TCNT0 为 "0" 的同一个定时器时钟里 T/C0 溢出标志位 TOV0 置位为 "1",用于申请 T/C0 溢出中断。此时 TOV0 比较像第九位数据,但是只能置位,不会清零。一旦 MCU 响应 T/C0 溢出中断,硬件会自动将 TOV0 清零,因此可以通过软件提高定时器的分辨率。在普通模式下没有什么需要特殊考虑的,用户可以随时写入新的计数器数值。

T/C0 在普通模式下工作时,同样可以使用输出比较单元来产生定时中断。但是不推荐在普通模式下利用输出比较来产生波形,因为会占用较多的 CPU 时间。

2. CTC(比较匹配时清零定时器)模式(WGM01、WGM00=10)

CTC 模式即比较匹配时清零定时器模式。T/C0 工作在此模式下时,OCR0 寄存器用于调节计数器的分辨率。当计数器 TCNT0 的数值等于 OCR0 时(此时 OCR0 寄存器的值为计数上限值),计数器 TCNT0 清零为 0x00,然后继续向上加 1 计数。OCR0 定义了计数器的 TOP 值,即所谓的计数器的分辨率。这种模式使用户可以很容易地控制比较匹配输出的频率,也简化了外部事件计数的操作。

利用 OCF0 标志位可以在计数器数值达到 TOP 时产生中断。在中断服务程序里可以更新 TOP 的数值。由于 CTC 模式具有双缓冲功能,在计数器以无预分频或者很低的预分频工作时,将 TOP 更改为接近 BOTTOM 的数值时要注意。如果写入的 OCR0 数值小于当前的 TCNT0 的数值,计数器将丢失一次比较匹配。在下一次比较匹配发生之前,计数器不得不先计数到最大值 0xFF,然后再从 0x00 开始计数到 OCR0。

为了在 CTC 模式下得到波形输出,可以设置 OC0 在每次比较匹配发生时改变逻辑电平。这可以通过设置 COM01、COM00=01 来完成。在期望获得 OC0 输出之前,首先要将其端口设置为输出。波形发生器能够产生的最大频率为 $f_{\text{osc}}/2$(此时对应 OCR0=0x00)。频率由如下公式确定:

$$f_{\text{OC0}} = \frac{f_{\text{clk}_{\text{I/O}}}}{2 \times N \times (1 + \text{OCR0})}$$

其中,N 为预分频系数(1、8、64、256 或者 1024)。

3. 快速 PWM 模式(WGM01、WGM00=11)

T/C0 工作在快速 PWM 模式下时,可以产生高频的 PWM 波形。快速 PWM 模式与其他 PWM 模式的不同之处是其单边斜坡工作方式。该模式下计数器从最小值 BOTTOM 计数到最大值 TOP(≤MAX),然后立即回到 BOTTOM 值重新开始。

工作于快速 PWM 模式时,计数器 TNCT0 的数值一直增加到 TOP,然后在后面的一个时钟周期清零。计数器数值达到 TOP 时，T/C0 溢出标志位 TOV0 置位为"1"。如果中断使能，在中断服务程序里可以更新比较值。工作于快速 PWM 模式时，比较单元可以在 OC0 引脚上输出 PWM 波形。设置 COM01、COM00=10 可以产生普通的 PWM 波形；COM01、COM00=11 则可以产生反向的 PWM 波形。OC0 输出的 PWM 波形的频率可用下式计算：

$$f_{OC0PWM} = \frac{f_{clk_{I/O}}}{256 \times N}$$

其中，N 为预分频系数(1、8、64、256 或 1024)。

由于采用了单边斜坡工作方式，快速 PWM 模式的工作频率比使用双斜坡的相位修正 PWM 模式高 1 倍。此高频操作特性使得快速 PWM 模式十分适合于功率调节、整流和 DAC 应用。高频可以减小外部元器件(电感、电容)的物理尺寸，从而降低系统成本。

4. 相位修正 PWM 模式(WGM01、WGM00=01)

相位修正 PWM 模式为用户提供了一种获得高精度的、相位准确的 PWM 波形的方法。此模式基于双斜坡操作，计数器重复地从 BOTTOM(即 0x00)计数到 TOP(即 0xFF)值，然后又从 TOP 倒退回到 BOTTOM。相位修正 PWM 模式也需要比较寄存器 OCR 的配合。在一般的比较输出模式下，当计时器往 TOP 计数时，若发生了计数器 TCNT0 与比较寄存器 OCR0 匹配，OC0 引脚将清零为低电平；而在计时器往 BOTTOM 计数时，若发生了计数器 TCNT0 与比较寄存器 OCR0 匹配，OC0 引脚将置位为高电平。工作于反向比较输出时则正好相反。与单斜坡操作相比，双斜坡操作可获得的最大频率要小，但其对称特性十分适合于电机控制。

工作于相位修正 PWM 模式时，比较单元可以在 OC0 引脚产生 PWM 波形。设置 COM01、COM00=10 可以产生普通的 PWM 波形；COM01、COM00=11 则可以产生反向的 PWM 波形。若想在引脚上得到输出信号，还必须将 0C0 的数据方向设置为输出。OCR0 和 TCNT0 比较匹配发生时，OC0 输出的 PWM 波形的频率可用下式计算：

$$f_{OC0PCPWM} = \frac{f_{clk_{I/O}}}{510 \times N}$$

其中，N 为预分频系数(1、8、64、256 或 1024)。

相位修正 PWM 模式适用于要求输出 PWM 频率较低，但频率固定，占空比调节精度要求高的应用。

7.2.3　T/C0 的相关寄存器

T/C0 有 2 个 8 位的寄存器，即计数寄存器 TCNT0 和输出比较寄存器 OCR0。其他相关寄存器还包括 T/C0 控制寄存器 TCCR0、中断屏蔽寄存器 TIMSK、中断标志寄存器 TIFR、特殊功能 I/O 寄存器 SFIOR。ATmega16 通过对这些寄存器的操作来实现对 T/C0 的控制。

1. T/C0 控制寄存器 TCCR0

T/C0 控制寄存器 TCCR0 用于对 T/C0 进行相应的设置和控制，其内部位结构如表 7-1 所示。

表 7-1　T/C0 控制寄存器 TCCR0 的内部位结构

位	FOC0	WGM00	COM01	COM00	WGM01	CS02	CS01	CS00
读/写	W	R/W	R/W	R/W	R/W	R/W	R/W	R/W
初始值	0	0	0	0	0	0	0	0

（1）FOC0：强制输出比较位。FOC0 仅在 WGM00 指明是非 PWM 模式时才有效。但是，为了保证与未来硬件的兼容性，在使用 PWM 时，写 TCCR0 要对其清零。对其写"1"后，波形发生器将立即进行比较操作。比较匹配输出引脚 OC0 将按照 COM01、COM00 的设置输出相应的电平。需要注意的是，FOC0 类似一个锁存信号，真正对强制输出比较起作用的是 COM01、COM00 的设置。对 FOC0 位的操作不会引发任何中断，也不会在利用 OCR0 作为 TOP 的 CTC 模式下对定时器进行清零操作。FOC0 读操作的返回值永远是"0"。

（2）WGM01、WGM00：工作模式控制位，用于控制 T/C0 的工作模式、累加计数器的最大值及产生何种波形。T/C0 支持的工作模式有普通模式、CTC（比较匹配时清零定数器）模式、快速 PWM 模式和相位修正 PWM 模式。工作模式控制位说明如表 7-2 所示。

表 7-2 工作模式控制位说明

模式	WGM01	WGM00	T/C0 的工作模式	累加器最大值	OCR0 更新时间	TOV0 置位时刻
0	0	0	普通	0xFF	立即更新	累加器最大值
1	0	1	相位修正 PWM	0xFF	累加器最大值	累加器最大值
2	1	0	CTC	OCR0	立即更新	累加器最大值
3	1	1	快速 PWM	0xFF	累加器最大值	累加器最大值

（3）COM01、COM00：比较匹配输出模式控制位，用于控制比较匹配发生时输出引脚 OC0 的电平变化。如果 COM01、COM00 中的一位或者全部都置位，OC0 以比较匹配输出的方式进行工作，覆盖 PB3 引脚的通用 I/O 端口功能。此时其方向控制位（DDRB3）要设置为"1"（输出方式），以使输出驱动器能正常工作。当 PB3 作为 OC0 输出引脚时，其输出方式取决于 COM01、COM00 和 WGM01、WGM00 的设置。COM01、COM00 位的功能如表 7-3 所示。

表 7-3 COM01、COM00 位的功能

工作模式	COM01	COM00	说明	备注
0 或 2（普通模式或 CTC 模式，即非 PWM 模式）	0	0	PB3 为通用 I/O 引脚，不与 OC0 相连	WGM01、WGM00=00 或 10
	0	1	比较匹配发生时，OC0 取反	
	1	0	比较匹配发生时，OC0 清零	
	1	1	比较匹配发生时，OC0 置位	
3（快速 PWM 模式）	0	0	PB3 为通用 I/O 引脚，不与 OC0 相连	WGM01、WGM00=11
	0	1	保留	
	1	0	比较匹配时，清零 OC0；计数到 0xFF，置位 OC0	
	1	1	比较匹配时，置位 OC0；计数到 0xFF 时，清零 OC0	
1（相位修正 PWM 模式）	0	0	PB3 为通用 I/O 引脚，不与 OC0 相连	WGM01、WGM00=01
	0	1	保留	
	1	0	升序计数过程比较匹配时，清零 OC0；降序计数过程比较匹配时，置位 OC0	
	1	1	升序计数过程比较匹配时，置位 OC0；降序计数过程比较匹配时，清零 OC0	

（4）CS02～CS00：时钟源选择位，用于选择 T/C0 的时钟源，如表 7-4 所示。

表 7-4　T/C0 的时钟源选择

CS02	CS01	CS00	说明
0	0	0	无时钟，T/C 不工作
0	0	1	clk$_{I/O}$/1 (没有预分频)
0	1	0	clk$_{I/O}$/8 (来自预分频器)
0	1	1	clk$_{I/O}$/64 (来自预分频器)
1	0	0	clk$_{I/O}$/256 (来自预分频器)
1	0	1	clk$_{I/O}$/1024 (来自预分频器)
1	1	0	时钟由 T0 引脚输入，下降沿触发
1	1	1	时钟由 T0 引脚输入，上升沿触发

如果 T/C0 使用外部时钟，即使 T0 被配置为输出，其上的电平变化仍然会驱动计数器。利用这一特性可通过软件控制计数。

2. T/C0 计数寄存器 TNCT0

T/C0 计数寄存器 TNCT0 用于对 T/C0 的 8 位数据进行读写。对 TNCT0 寄存器的写访问将在下一时钟周期中组织比较匹配。在计数器运行的过程中修改 TCNT0 的数值有可能会丢失一次 TCNT0 和 OCR0 的比较匹配。TNCT0 寄存器的内部位结构如表 7-5 所示。

表 7-5　T/C0 计数寄存器 TNCT0 的内部位结构

位	TCNT07	TCNT06	TCNT05	TCNT04	TCNT03	TCNT02	TCNT01	TCNT00
读/写	R/W	R/W	R/W	R/W	R/W	R/W	R/W	R/W
初始值	0	0	0	0	0	0	0	0

3. T/C0 输出比较寄存器 OCR0

T/C0 输出比较寄存器 OCR0 包含一个 8 位的数据，不间断地与计数器数值 TCNT0 进行比较。匹配事件可以用来产生输出比较中断，或者是在 OC0 引脚上产生波形。T/C0 输出比较寄存器 OCR0 的内部位结构如表 7-6 所示。

表 7-6　T/C0 输出比较寄存器 OCR0 的内部位结构

位	OCR07	OCR06	OCR05	OCR04	OCR03	OCR02	OCR01	OCR00
读/写	R/W	R/W	R/W	R/W	R/W	R/W	R/W	R/W
初始值	0	0	0	0	0	0	0	0

4. T/C 中断屏蔽寄存器 TIMSK

T/C 中断屏蔽寄存器 TIMSK 中的 OCIE0 位、TOIE0 位用于对 T/C0 的中断使能事件进行处理，其内部位结构如表 7-7 所示。

表 7-7　T/C 中断屏蔽寄存器 TIMSK 的内部位结构

位	OCIE2	TOIE2	TICIE1	OCIE1A	OCIE1B	TOIE1	OCIE0	TOIE0
读/写	R/W	R/W	R/W	R/W	R/W	R/W	R/W	R/W
初始值	0	0	0	0	0	0	0	0

(1) OCIE0：T/C0 输出比较匹配中断使能位。当 OCIE0 和状态寄存器的全局中断使能位 I

都为"1"时，T/C0 的输出比较匹配中断使能。当 T/C0 的比较匹配发生，即 TIFR 中的 OCF0 置位时，触发中断事件，执行中断服务程序。

(2)TOIE0：T/C0 溢出中断使能位。当 TOIE0 和状态寄存器的全局中断使能位 I 都为"1" 时，T/C0 的溢出中断使能。当 T/C0 发生溢出，即 TIFR 中的 TOV0 位置位时，触发中断事件，执行中断服务程序。

5. T/C 中断标志寄存器 TIFR

T/C 中断标志寄存器 TIFR 中的 OCF0 位、TOV0 位用于标志 T/C0 的中断事件，其内部位结构如表 7-8 所示。

表 7-8　T/C 中断标志寄存器 TIFR 的内部位结构

位	OCF2	TOV2	ICF1	OCF1A	OCF1B	TOV1	OCF0	TOV0
读/写	R/W	R/W	R/W	R/W	R/W	R/W	R/W	R/W
初始值	0	0	0	0	0	0	0	0

(1)OCF0：输出比较标志 0 位。当 T/C0 与 OCR0(输出比较寄存器 0)的值匹配时，OCF0 置位。这一位在中断服务程序里通过硬件清零，也可以对其写"1"来清零。当 SREG 中的位 I、OCIE0(T/C0 比较匹配中断使能)和 OCF0 都被置位时，触发中断事件，执行中断服务程序。

(2)TOV0：T/C0 溢出标志位。当 T/C0 溢出时，TOV0 置位。执行相应的中断服务程序时，此位由硬件清零。此外，TOV0 也可以通过写"1"来清零。当 SREG 中的位 I、TOIE0(T/C0 溢出中断使能)和 TOV0 都被置位时，触发中断事件，执行中断服务程序。在相位修正 PWM 模式下，当 T/C0 在 0x00 改变计数方向时，TOV0 置位。

6. 特殊功能 I/O 寄存器 SFIOR

特殊功能 I/O 寄存器 SFIOR 的 PSR10 位控制 T/C0 的预分频器复位操作，其内部位结构如表 7-9 所示。

表 7-9　特殊功能 I/O 寄存器 SFIOR 的内部位结构

位	ADTS2	ADTS1	ADTS0	—	ACME	PUD	PSR2	PSR10
读/写	R/W	R/W	R/W	R	R/W	R/W	R/W	R/W
初始值	0	0	0	0	0	0	0	0

PSR10：T/C1 与 T/C0 的预分频器复位控制位。置位时 T/C1 和 T/C0 的预分频器复位。操作完成后 PSR10 位由硬件自动清零。写入"0"时不会引发任何动作。注意，T/C1 与 T/C0 共用同一预分频器，且预分频器复位对两个定时器均有影响。该位总是读为 0。

7.3　定时器/计数器 1(T/C1)

7.3.1　T/C1 概述

T/C1 是一个多功能的 16 位定时器/计数器模块，带有 1 路噪声抑制输入捕获、2 路独立输出比较的 PWM 波形发生器，共有 15 种工作模式，可以实现精确的程序定时(事件管理)、波形产生和信号测量等。其主要特点如下。

(1) 真正的 16 位设计(即允许 16 位的 PWM)。

(2) 2 个独立的输出比较单元。

(3) 双缓冲的输出比较寄存器。

(4) 1 个输入捕捉单元。

(5) 输入捕捉噪声抑制器。

(6) 比较匹配发生时清零计数器(自动重载)。

(7) 可产生无输出抖动干扰的相位可调的 PWM 信号。

(8) 可变的 PWM 周期。

(9) 频率发生器。

(10) 外部事件计数器。

(11) 4 个独立的中断源(TOV1、OCF1A、OCF1B 与 ICF1)。

T/C1 的计数时钟源和 T/C0 的计数时钟源类似,可以来自内部,也可以来自外部。T/C1 和 T/C0 共用一个预分频器,如图 7-1 所示。分频器对系统时钟分频后作为 T/C1 的驱动时钟。时钟源由位于 T/C1 控制寄存器 B(TCCRB)的时钟选择位 CS12～CS10 决定。

T/C1 的 16 位计数器映射到 2 个 8 位 I/O 存储器位置中,TCNT1H 为高 8 位,TCNT1L 为低 8 位。CPU 只能间接访问 TCNT1H 寄存器,即 CPU 访问 TCNT1H 时,实际访问的是临时寄存器(TEMP)。读取 TCNT1L 时,临时寄存器的内容更新为 TCNT1H 的数值;而对 TCNT1L 执行写操作时,TCNT1H 被临时寄存器的内容所更新。这就使 CPU 可以在一个时钟周期里通过 8 位数据总线完成对 16 位计数器的读、写操作。根据工作模式的不同,在每一个 clk_{T1} 时钟到来时,计数器进行清零、加 1 或减 1 操作。CPU 对 TCNT1 的读取与 clk_{T1} 是否存在无关。CPU 写操作比计数器清零和其他操作的优先级都高。

T/C1 的输入捕捉功能是 AVR 定时器/计数器的一个很特别的功能, T/C1 的输入捕捉单元可用来捕获外部事件,并为其赋予时间标记以说明此事件的发生时刻。外部事件发生的触发信号由引脚 ICP1(PD6)输入,也可通过模拟比较器单元来实现。时间标记可用来计算频率、占空比及信号的其他特征,以及为事件创建日志。当引脚 ICP1 上的逻辑电平(事件)发生了变化,或模拟比较器输出 ACO 电平发生了变化,并且该电平变化为边沿检测器所证实,输入捕捉即被激发,16 位的 TCNT1 数据被复制到输入捕捉寄存器 ICR1,同时输入捕捉标志位 ICF1 置位。如果此时 ICIE1=1,输入捕捉标志将产生输入捕捉中断。中断执行时,ICF1 自动清零;也可通过软件在其对应的 I/O 位置写入逻辑"1"来清零。

T/C1 的输出比较单元中 16 位比较器持续比较 TCNT1 与 OCR1x 的内容,一旦发现它们相等,比较器立即产生一个匹配信号。然后 OCF1x 在下一个定时器时钟置位。如果此时 OCIE1x = 1,OCF1x 置位将引发输出比较中断。中断执行时,OCF1x 标志位自动清零;也可通过软件在其相应的 I/O 位置写入逻辑"1"来清零。根据 WGM13～WGM10 与 COM1x1、COM1 x 0 的不同设置,波形发生器用匹配信号生成不同的波形。

7.3.2　T/C1 的工作模式

T/C1 基本的工作原理和功能与 8 位定时器/计数器 T/C0 相同,常规的使用方法也是类似的。但与 T/C0 相比,T/C1 不仅位数增加到 16 位,其功能也更加强大。T/C1 定时器/计数器共有 5 种不同的工作模式,即普通模式、CTC(比较匹配时清零定时器)模式、快速 PWM 模式、相位修正 PWM 模式和相位频率修正 PWM 模式。这 5 种模式的选择由寄存器 TCCR1A

和 TCCR1B 中波形发生器模式 WGM13～WGM10 以及比较输出模式(COM1x1、COM1x0)的控制位决定。

1. 普通模式(WGM13～WGM10=0000)

普通模式为最简单的工作模式。在此模式下,计数器不停地累加。当计数计到 16 位的最大值(TOP = 0xFFFF, 即 TCNT1=0xFFFF, TCNT1H=0xFF, TCNT1L=0xFF)后,在下一个计数脉冲到来时 TCNT1 便恢复为 0x0000(TCNT1H=0x00, TCNT1L=0x00),重新开始单向加 1 计数。在 TCNT1 为 "0" 的同一个定时器时钟里 T/C1 溢出标志位 TOV1 置位 "1",用于申请 T/C1 溢出中断。此时 TOV1 比较像第 17 位数据,但是只能置位,不会清零。一旦 MCU 响应 T/C1 溢出中断,硬件会自动将 TOV1 位清零,因此可以通过软件提高定时器的分辨率。在普通模式下没有什么需要特殊考虑的,用户可以随时写入新的计数器数值。

在普通模式下输入捕捉单元很容易使用。要注意的是,外部事件的最大时间间隔不能超过计数器的分辨率。如果事件间隔太长,必须使用定时器溢出中断或预分频器来扩展输入捕捉单元的分辨率。T/C1 在普通模式下工作时,同样可以使用输出比较单元来产生定时中断。但是不推荐在普通模式下利用输出比较来产生波形,因为会占用较多的 CPU 时间。

2. CTC 模式(WGM13～WGM10=0100 或 1100)

CTC 模式即比较匹配时清零定时器模式。T/C1 工作在此模式下时,OCR1A 或 ICR1 寄存器用于调节计数器的分辨率。当计数器 TCNT1 的数值等于 OCR1A(WGM13～WGM10=0100)或 ICR1(WGM13～WGM10=1100)时,计数器 TCNT1 清零为 0x0000,然后继续向上加 1 计数。OCR1A 或 ICR1 寄存器定义了计数器的 TOP 值,即所谓的计数器的分辨率。这种模式使用户可以很容易地控制比较匹配输出的频率,也简化了外部事件计数的操作。

利用 OCF1A 或 ICR1 标志位可以在计数器数值达到 TOP 时产生中断。在中断服务程序里可以更新 TOP 的数值。由于 CTC 模式没有双缓冲功能,在计数器以无预分频或者很低的预分频工作时,将 TOP 更改为接近 BOTTOM 的数值时要注意。如果写入的 OCR1A 或 ICR1 数值小于当前的 TCNT1 的数值,计数器将丢失一次比较匹配。在下一次比较匹配发生之前,计数器不得不先计数到最大值 0xFFFF,然后再从 0x00 开始计数到 OCR1A 或 ICR1。

为了在 CTC 模式下得到波形输出,可以设置 OC1A 在每次比较匹配发生时改变逻辑电平。这可以通过设置 COM1A1、COM1A0=01 来完成。在期望获得 OC1A 输出之前,首先要将其端口设置为输出(DDR_OC1A=1)。波形发生器能够产生的最大频率为 $f_{\text{clk}_{I/O}}/2$(OCR1A=0x0000)。频率由如下公式确定:

$$f_{\text{OC1A}} = \frac{f_{\text{clk}_{I/O}}}{2 \times N \times (1 + \text{OCR1A})}$$

其中,N 为预分频系数(1、8、64、256 或者 1024)。

3. 快速 PWM 模式(WGM13～WGM10=0101、0110、0111、1110 或 1111)

T/C1 工作在快速 PWM 模式下时,也可以产生高频的 PWM 波形。快速 PWM 模式与其他 PWM 模式的不同之处是其单边斜坡工作方式。该模式下计数器从最小值 BOTTOM 计数到最大值 TOP(≤MAX),然后立即回到 BOTTOM 值重新开始。对于普通的比较输出模式,输出比较引脚 OC1x 在 TCNT1 与 OCR1x 匹配时置位,在 TOP 时清零;对于反向比较输出模式,

OCR1x 的动作正好相反。由于采用了单边斜坡工作方式，快速 PWM 模式的工作频率比使用双斜坡的相位修正 PWM 模式高 1 倍。此高频操作特性使得快速 PWM 模式十分适合于功率调节、整流和 DAC 应用。高频可以减小外部元器件（电感、电容）的物理尺寸，从而降低系统成本。

计时器数值达到 TOP 时 T/C 溢出标志位 TOV1 置位。另外，若 TOP 值是由 OCR1A 或 ICR1 定义的，则 OC1A 或 ICF1 标志位将与 TOV1 在同一个时钟周期置位。如果中断使能，可以在中断服务程序里来更新 TOP 以及比较数据。

改变 TOP 值时必须保证新的 TOP 值不小于所有比较寄存器的数值，否则 TCNT1 与 OCR1x 不会出现比较匹配。如果使用固定的 TOP 值，向任意 OCR1x 寄存器写入数据时未使用的位将屏蔽为"0"。

定义 TOP 值时更新 ICR1 与 OCR1A 的步骤是不同的。ICR1 寄存器不是双缓冲寄存器。这意味着当计数器以无预分频或很低的预分频工作的时候，给 ICR1 赋予一个小的数值存在着新写入的 ICR1 数值比 TCNT1 当前值小的危险，其结果是计数器将丢失一次比较匹配。在下一次比较匹配发生之前，计数器不得不先计数到最大值 0xFFFF，然后再从 0x0000 开始计数，直到比较匹配出现。而 OCR1A 寄存器则是双缓冲寄存器，这一特性决定了 OCR1A 可以随时写入。写入的数据被放入 OCR1A 缓冲寄存器。在 TCNT1 与 TOP 匹配后的下一个时钟周期，OCR1A 比较寄存器的内容被缓冲寄存器的数据所更新。在同一个时钟周期 TCNT1 被清零，而 TOV1 标志位被设置。

使用固定 TOP 值时最好使用 ICR1 寄存器定义 TOP，这样 OCR1A 就可以用于在 OC1A 输出 PWM 波形。但是，如果 PWM 基频不断变化（通过改变 TOP 值），OCR1A 的双缓冲特性使其更适合于这种应用。

工作于快速 PWM 模式时，PWM 分辨率可固定为 8、9 或 10 位，也可由 ICR1 或 OCR1A 定义。最小分辨率为 2 位（ICR1 或 OCR1A 设为 0x0003），最大分辨率为 16 位（ICR1 或 OCR1A 设为 TOP）。PWM 分辨率位数可用下式计算：

$$R_{FPWM} = \frac{\ln(TOP+1)}{\ln(2)}$$

工作于快速 PWM 模式时，比较单元可以在 OC1x 引脚上输出 PWM 波形。设置 COM1x1、COM1x0=10，可以产生普通的 PWM 信号；设置 COM1x1、COM1x0=11，则可以产生反向 PWM 波形。此外，要真正从物理引脚上输出信号，还必须将 OC1x 的数据方向 DDR_OC1x 设置为输出。产生 PWM 波形的机理是 OC1x 寄存器在 OCR1x 与 TCNT1 匹配时置位（或清零），以及在计数器清零（从 TOP 变为 BOTTOM）的那一个定时器时钟周期清零（或置位）。输出 PWM 波形的频率可以通过如下公式计算：

$$f_{OC1PWM} = \frac{f_{clk_{I/O}}}{N \times (1+TOP)}$$

其中，N 为预分频系数（1、8、64、256 或 1024）。

4. 相位修正 PWM 模式（WGM13～WGM10=0001、0010、0011、1010 或 1011）

相位修正 PWM 模式为用户提供了一种获得高精度的、相位准确的 PWM 波形的方法。此模式基于双斜坡操作，计时器重复地从 BOTTOM 计数到 TOP，然后又从 TOP 倒退回到 BOTTOM。在一般的比较输出模式下，当计时器往 TOP 计数时，若 TCNT1 与 OCR1x 匹配，

OC1x 将清零为低电平；而在计时器往 BOTTOM 计数时，若 TCNT1 与 OCR1x 匹配，OC1x 将置位为高电平。工作于反向比较输出时则正好相反。与单斜坡操作相比，双斜坡操作可获得的最大频率要小，但其对称特性十分适合于电机控制。

相位修正 PWM 模式的 PWM 分辨率固定为 8、9 或 10 位，或由 ICR1 或 OCR1A 定义。最小分辨率为 2 位(ICR1 或 OCR1A 设为 0x0003)，最大分辨率为 16 位(ICR1 或 OCR1A 设置为 TOP)。PWM 分辨率位数可用下式计算：

$$R_{\text{PCPWM}} = \frac{\ln(\text{TOP} + 1)}{\ln 2}$$

工作于相位修正 PWM 模式时，比较单元可以在 OC1x 引脚产生 PWM 波形。设置 COM1x1、COM1x0=10 可以产生普通的 PWM 波形；COM1x1、COM1x0=11 则可以产生反向的 PWM 波形。要真正从物理引脚上输出信号，还必须将 0C1x 的数据方向 DDR_OC1x 设置为输出。OCR1x 和 TCNT1 比较匹配发生时，OC1x 寄存器将产生相应的清零或置位操作，从而产生 PWM 波形。工作于相位修正模式时，OC1x 输出的 PWM 波形的频率可用下式计算：

$$f_{\text{OC1xPCPWM}} = \frac{f_{\text{clk}_{\text{I/O}}}}{2 \times N \times \text{TOP}}$$

其中，N 为预分频系数(1、8、64、256 或 1024)。

相位修正 PWM 模式适用于要求输出 PWM 频率较低，但频率固定，占空比调节精度要求高的应用。

5. 相位与频率修正 PWM 模式(WGM13 ~ WGM10=1000、1001)

在相位与频率修正 PWM 模式下，T/C1 可以产生高精度的、相位与频率都准确的 PWM 波形。与相位修正 PWM 模式类似，相位与频率修正 PWM 模式基于双斜坡操作，定时器重复地从 BOTTOM 计数到 TOP，然后又从 TOP 倒退回到 BOTTOM。在一般的比较输出模式下，当计时器往 TOP 计数时，若 TCNT1 与 OCR1x 匹配，OC1x 将清零为低电平；而在计时器往 BOTTOM 计数时，若 TCNT1 与 OCR1x 匹配，OC1x 将置位为高电平。工作于反向输出比较时则正好相反。与单斜坡操作相比，双斜坡操作可获得的最大频率要小，但其对称特性十分适合于电机控制。

相位与频率修正 PWM 模式下的 PWM 分辨率可由 ICR1 或 OCR1A 定义。最小分辨率为 2 位(ICR1 或 OCR1A 设为 0x0003)，最大分辨率为 16 位(ICR1 或 OCR1A 设为 MAX)。PWM 分辨率位数可用下式计算：

$$R_{\text{PFCPWM}} = \frac{\ln(\text{TOP} + 1)}{\ln 2}$$

在 OCR1x 寄存器通过双缓冲方式得到更新的同一个时钟周期里，T/C 溢出标志位 TOV1 置位。若 TOP 由 OCR1A 或 ICR1 定义，则当 TCNT1 达到 TOP 值时 OC1A 或 CF1 位置位。这些中断标志位可用来在每次计数器达到 TOP 或 BOTTOM 时产生中断。改变 TOP 值时必须保证新的 TOP 值不小于所有比较寄存器的数值，否则 TCNT1 与 OCR1x 不会产生比较匹配。使用固定 TOP 值时最好使用 ICR1 寄存器定义 TOP，这样 OCR1A 就可以用于在 OC1A 输出 PWM 波形。但是，如果 PWM 基频不断变化(通过改变 TOP 值)，OCR1A 的双缓冲特性使其更适合于这种应用。

相位与频率修正 PWM 模式与相位修正 PWM 模式的主要区别在于 OCR1x 寄存器的更新

时间。相位与频率修正 PWM 模式生成的输出在所有的周期中均为对称信号。这是由于 OCR1x 在 BOTTOM 得到更新，上升与下降斜坡长度始终相等。因此输出脉冲为对称的，确保了频率是正确的。

工作于相位与频率修正 PWM 模式时，比较单元可以在 OC1x 引脚上输出 PWM 波形。设置 COM1x1～COM1x0=10，可以产生普通的 PWM 信号；设置 COM1x1～COM1x0=11，则可以产生反向 PWM 波形。要想真正输出信号，还必须将 OC1x 的数据方向设置为输出。产生 PWM 波形的机理是 OC1x 寄存器在 OCR1x 与升序计数的 TCNT1 匹配时置位(或清零)，与降序计数的 TCNT1 匹配时清零(或置位)。输出的 PWM 频率可以通过如下公式计算：

$$f_{\mathrm{OC1xPFCPWM}} = \frac{f_{\mathrm{clk_{I/O}}}}{2 \times N \times \mathrm{TOP}}$$

其中，N 为预分频系数(1、8、64、256 或 1024)。

7.3.3　T/C1 的相关寄存器

T/C1 通过对相关寄存器的操作来完成相应的控制，这些寄存器包括 T/C1 控制寄存器 TCCR1A、TCCR1B 和 TCCR1C，数据寄存器 TCNT1H 和 TCNT1L，输出比较寄存器 OCR1AH 和 OCR1AL、OCR1BH 和 OCR1BL、OCR1CH 和 OCR1CL，输入捕获寄存器 ICR1H 和 ICR1L，中断屏蔽寄存器 TIMSK 和中断标志寄存器 TIFR。

1. T/C1 控制寄存器 A(TCCR1A)

TCCR1A 控制寄存器用于对 T/C1 的控制操作，其内部位结构如表 7-10 所示。

表 7-10　TCCR1A 内部位结构

位	COM1A1	COM1A0	COM1B1	COM1B0	FOC1A	FOC1B	WGM11	WGM10
读/写	R/W	R/W	R/W	R/W	W	W	R/W	R/W
初始值	0	0	0	0	0	0	0	0

(1)COM1A1、COM1A0 和 COM1B1、COM1B0：通道 A 和通道 B 的比较输出模式控制位，分别用于控制 OC1A 与 OC1B 的状态。如果 COM1A1、COM1A0(或 COM1B1、COM1B0) 的 1 位或 2 位被写入"1"，OC1A(或 OC1B)输出功能将取代 I/O 端口功能。此时 OC1A(或 OC1B)相应的输出引脚数据方向控制位必须置位以使能输出驱动器。当 OC1A(或 OC1B)与物理引脚相连时，COM1A1、COM1A0 和 COM1B1、COM1B0 的功能由 WGM13～WGM10 的设置决定，如表 7-11 所示。

表 7-11　比较输出模式控制位的功能

工作模式	COM1A1/ COM1B1	COM1A0/ COM1B0	说明
普通模式	0	0	普通端口操作，非 OC1A/OC1B 功能
	0	1	比较匹配时，OC1A/OC1B 电平取反
	1	0	比较匹配时清零 OC1A/OC1B(输出低电平)
	1	1	比较匹配时置位 OC1A/OC1B(输出高电平)
快速 PWM 模式	0	0	普通端口操作，非 OC1A/OC1B 功能
	0	1	WGM13～ WGM10=15 时，比较匹配 OC1A 取反，OC1B 不占用物理引脚；WGM13～ WGM10=其他值时，为普通端口操作，非 OC1A/OC1B 功能
	1	0	比较匹配时清零 OC1A/OC1B，OC1A/OC1B 在 TOP 时置位
	1	1	比较匹配时置位 OC1A/OC1B，OC1A/OC1B 在 TOP 时清零

续表

工作模式	COM1A1/ COM1B1	COM1A0/ COM1B0	说明
相位修正 PWM模式、相位与频率修正 PWM 模式	0	0	普通端口操作，非 OC1A/OC1B 功能
	0	1	WGM13～ WGM10=9 或 14，比较匹配时 OC1A 取反，OC1B 不占用物理引脚；WGM13～ WGM10=其他值，普通端口操作，非 OC1A/OC1B 功能
	1	0	升序计数时，比较匹配将清零 OC1A/OC1B；降序计数时，比较匹配将置位 OC1A/OC1B
	1	1	升序计数时，比较匹配将置位 OC1A/OC1B；降序计数时，比较匹配将置位 OC1A/OC1B

(2) FOC1A、FOC1B：通道 A、通道 B 强制输出比较控制位。只有当 WGM13～WGM10 指定为非 PWM 模式时，FOC1A/FOC1B 才会被激活。为了与未来的器件兼容，工作在 PWM 模式下对 TCCR1A 写入时，这两位必须清零。当 FOC1A/FOC1B 位置 "1" 时，将立即强制波形产生单元进行比较匹配。COM1x1、COM1x0 的设置改变 OC1A/OC1B 的输出。注意 FOC1A/FOC1B 位作为选通信号。COM1x1、COM1x0 位的值决定了强制比较的效果。在 CTC 模式下使用 OCR1A 作为 TOP 值，FOC1A/FOC1B 选通既不会产生中断也不好清除定时器。FOC1A/FOC1B 位总是读为 "0"。

(3) WGM11、WGM10：波形产生模式控制位。这两位与位于 TCCR1B 寄存器的 WGM13、WGM12 位相结合，用于控制计数器的计数序列，即计数器计数的上限值和确定波形发生器的工作模式，如表 7-12 所示。

表 7-12　波形产生模式控制位的功能

WGM13	WGM12 (CTC1)	WGM11 (PWM11)	WGM10 (PWM10)	工作模式	计数上线值 TOP	OCR1X 更新时刻	TOV1 置位时刻
0	0	0	0	普通模式	0xFFFF	立即更新	MAX
0	0	0	1	8 位相位修正 PWM 模式	0x00FF	TOP	BOTTOM
0	0	1	0	9 位相位修正 PWM 模式	0x01FF	TOP	BOTTOM
0	0	1	1	10 位相位修正 PWM 模式	0x03FF	TOP	BOTTOM
0	1	0	0	CTC 模式	OCR1A	立即更新	MAX
0	1	0	1	8 位快速 PWM 模式	0x00FF	TOP	TOP
0	1	1	0	9 位快速 PWM 模式	0x01FF	TOP	TOP
0	1	1	1	10 位快速 PWM 模式	0x03FF	TOP	TOP
1	0	0	0	相位与频率修正 PWM 模式	ICR1	BOTTOM	BOTTOM
1	0	0	1	相位与频率修正 PWM 模式	OCR1A	BOTTOM	BOTTOM
1	0	1	0	相位与修正 PWM 模式	ICR1	TOP	
1	0	1	1	相位与修正 PWM 模式	OCR1A	TOP	
1	1	0	0	CTC 模式	ICR1	立即更新	MAX
1	1	0	1	保留	—	—	—
1	1	1	0	快速 PWM 模式	ICR1	TOP	TOP
1	1	1	1	快速 PWM 模式	OCR1A	TOP	TOP

2. T/C1 控制寄存器 B(TCCR1B)

TCCR1B 寄存器也用于对 T/C1 的控制操作，其内部位结构如表 7-13 所示。

表 7-13　TCCR1B 内部位结构

位	ICNC1	ICES1	—	WGM13	WGM12	CS12	CS11	CS10
读/写	R/W	R/W	R	R/W	R/W	R/W	R/W	R/W
初始值	0	0	0	0	0	0	0	0

（1）ICNC1：输入捕捉噪声抑制器控制位。置位 ICNC1 将使能输入捕捉噪声抑制功能。此时外部引脚 ICP1 的输入被滤波。其作用是从 ICP1 引脚连续进行 4 次采样，如果 4 个采样值都相等，那么信号送入边沿检测器，否则抛弃该采样值。因此使能该功能使得输入捕捉被延迟了 4 个时钟周期。

（2）ICES1：输入捕捉触发沿选择位。该位控制选择使用 ICP1 的哪个边沿触发捕获事件。ICES 为 "0" 选择的是下降沿触发输入捕捉；ICES1 为 "1" 选择的是逻辑电平的上升沿触发输入捕捉。当 ICES1 捕获到一个事件后，计数器的数值被复制到 ICR1 寄存器。该捕获事件还会置位 ICF1。如果此时中断被使能，输入捕捉事件即被触发。当 ICR1 作为计数最大值 TOP 时，ICP1 与输入捕捉功能脱离，输入捕捉功能被禁用。

（3）WGM13、WGM12：波形产生模式控制位。参考 TCCR1A 寄存器中的描述。

（4）CS12~CS10：时钟源选择位。这 3 位用于选择 T/C1 的时钟源，如表 7-14 所示。选择使用外部时钟源后，即使 T1 引脚被定义为输出，其 T1 引脚上的逻辑信号电平变化仍然会驱动 T/C1 计数。这一特性使得用户可以通过软件来控制计数。

表 7-14　T/C1 的时钟源选择

CS12	CS11	CS10	说明
0	0	0	无时钟源(T/C1 不工作)
0	0	1	$clk_{I/O}$ / 1 (没有预分频)
0	1	0	$clk_{I/O}$ / 8 (来自预分频器)
0	1	1	$clk_{I/O}$ / 64 (来自预分频器)
1	0	0	$clk_{I/O}$ / 256 (来自预分频器)
1	0	1	$clk_{I/O}$ / 1024 (来自预分频器)
1	1	0	时钟由 T1 引脚输入，下降沿驱动
1	1	1	时钟由 T1 引脚输入，上升沿驱动

3. T/C1 计数寄存器 TCNT1

T/C1 计数寄存器 TCNT1 为 16 位，由 2 个 8 位寄存器 TCNT1H 和 TCNT1L 组成，可以直接读写它们来实现对 T/C1 的读写访问。注意，写 TCNT1 寄存器将在下一个定时器周期阻塞比较匹配，因此在计数器运行期间修改 TCNT1 的内容有可能丢失一次 TCNT1 与 OCR1x 的比较匹配操作。TCNT1H 与 TCNT1L 的内部位结构如表 7-15 所示。

表 7-15　T/C1 计数寄存器 TCNT1 的内部位结构

位	TCNT1H(TCNT115~TCNT18)							
	TCNT1L(TCNT17~TCNT10)							
读/写	R/W	R/W	R/W	R/W	R/W	R/W	R/W	R/W
初始值	0	0	0	0	0	0	0	0

4. T/C1 输出比较寄存器 A、B(OCR1A、OCR1B)

T/C1 输出比较寄存器中的 16 位数据与 TCNT1 寄存器中的计数值进行连续比较，一旦数据匹配，将产生一个输出比较中断，或改变 OC1A、OC1B 引脚上的输出逻辑电平。OCR1A 和 OCR1B 输出比较寄存器的长度均为 16 位，分别由 2 个 8 位寄存器 OCR1AH、OCR1AL 和 OCR1BH、OCR1BL 组成。T/C1 输出比较寄存器的内部位结构参见表 7-16。

表 7-16　T/C1 输出比较寄存器的内部位结构

位	OCR1AH (OCR1A15~OCR1A8)							
	OCR1AL (OCR1A7~OCR1A0)							
	OCR1BH (OCR1B15~OCR1B8)							
	OCR1BL (OCR1B7~OCR1B0)							
读/写	R/W	R/W	R/W	R/W	R/W	R/W	R/W	R/W
初始值	0	0	0	0	0	0	0	0

5. T/C1 输入捕捉寄存器 ICR1

ICR1 输入捕捉寄存器的长度为 16 位，由 2 个 8 位寄存器 ICR1H 和 ICR1L 组成。当外部 I/O 引脚 ICP1 (或 T/C1 的模拟比较器) 有输入捕捉触发信号产生时，计数器 TCNT1 中的值被写入 ICR1 寄存器中。ICR1 寄存器的设定值可作为累加寄存器的计数最大值 TOP。T/C1 输入捕捉寄存器内部位结构如表 7-17 所示。

表 7-17　T/C1 输入捕捉寄存器 ICR1 内部位结构

位	ICR1H (ICR115~ICR18)							
	ICR1L (ICR17~ICR10)							
读/写	R/W	R/W	R/W	R/W	R/W	R/W	R/W	R/W
初始值	0	0	0	0	0	0	0	0

6. T/C1 中断屏蔽寄存器 TIMSK

T/C1 中断屏蔽寄存器 TIMSK 用于对 T/C1 的相关中断进行控制。其内部位结构如表 7-18 所示，其中 TICIE1、OCIE1A、OCIE1B、TOIE1 参与了对 T/C1 相关中断的控制。

表 7-18　T/C1 中断屏蔽寄存器 TIMSK 内部位结构

位	OCIE2	TOIE2	TICIE1	OCIE1A	OCIE1B	TOIE1	OCIE0	TOIE0
读/写	R/W	R/W	R/W	R/W	R/W	R/W	R/W	R/W
初始值	0	0	0	0	0	0	0	0

(1) TICIE1：T/C1 输入捕捉中断使能位。当 TICIE1 位和状态寄存器的全局中断使能位 I 都为 "1" 时，T/C1 的输入捕捉中断使能。如果 TIFR 寄存器的 ICF1 位被置位，即触发 T/C1 输入捕捉中断事件。

(2) OCIE1A：T/C1 输出比较 A 匹配中断使能位。当 OCIE1A 位和状态寄存器的全局中断使能位 I 都为 "1" 时，T/C1 的输出比较 A 匹配中断使能。如果 TIFR 寄存器的 OCF1A 位被置位，即触发 T/C1 输出比较 A 匹配中断事件。

(3) OCIE1B：T/C1 输出比较 B 匹配中断使能位。当 OCIE1B 位和状态寄存器的全局中断使能位 I 都为 "1" 时，T/C1 的输出比较 B 匹配中断使能。如果 TIFR 寄存器的 OCF1B 位被置位，即触发 T/C1 输出比较 B 匹配中断事件。

(4) TOIE1：T/C1 溢出中断使能位。当 TOIE1 位和状态寄存器的全局中断使能位 I 都为 "1" 时，T/C1 的溢出中断使能。如果 TIFR 寄存器的 TOV1 位被置位，即触发 T/C1 溢出中断事件，执行中断服务程序。

7. T/C 中断标志寄存器 TIFR

T/C 中断标志寄存器 TIFR 中的 ICF1 位、OCF1A 位、OCF1B 位、TOV1 位用于标志 T/C1 的中断事件，其内部位结构如表 7-19 所示。

表 7-19　T/C 中断标志寄存器 TIFR 的内部位结构

位	OCF2	TOV2	ICF1	OCF1A	OCF1B	TOV1	OCF0	TOV0
读/写	R/W	R/W	R/W	R/W	R/W	R/W	R/W	R/W
初始值	0	0	0	0	0	0	0	0

(1) ICF1：T/C1 输入捕捉标志位。外部引脚 ICP1 出现捕捉事件时，ICF1 位被置位。另外，当 ICR1 作为计数器的 TOP 值，且计数器数值达到 TOP 时，ICF1 位也被置位。当执行输入捕捉中断服务程序时，ICF1 位被硬件自动清零。此外，也可以对其写入逻辑"1"来清除该标志位。

(2) OCF1A：T/C1 输出比较 A 匹配标志位。当 TCNT1 与 OCR1A 匹配成功时，OCF1A 位被置位。强制输出比较(FOC1A)不会置位 OCF1A。当执行强制输出比较匹配 A 中断服务程序时，OCF1A 位被硬件自动清零。此外，也可以对其写入逻辑"1"来清零该标志位。

(3) OCF1B：T/C1 输出比较 B 匹配标志位。当 TCNT1 与 OCR1B 匹配成功时，OCF1B 位被置位。强制输出比较(FOC1B)不会置位 OCF1B。当执行强制输出比较匹配 B 中断服务程序时，OCF1B 位被硬件自动清零。此外，也可以对其写入逻辑"1"来清零该标志位。

(4) TOV1：T/C1 溢出标志位。该位的设置与 T/C1 的工作模式有关，在普通模式和 CTC 模式下，当 T/C1 溢出时 TOV1 位置位。在其他模式下，TOV1 标志位置位如表 7-21 所示。进入溢出中断服务程序后，TOV1 位被硬件自动清零。

8. 特殊功能 I/O 寄存器 SFIOR

特殊功能 I/O 寄存器 SFIOR 的 PSR10 位控制 T/C1 的预分频器复位操作，其内部位结构如表 7-20 所示。

表 7-20　特殊功能 I/O 寄存器 SFIOR 的内部位结构

位	ADTS2	ADTS1	ADTS0	—	ACME	PUD	PSR2	PSR10
读/写	R/W	R/W	R/W	R	R/W	R/W	R/W	R/W
初始值	0	0	0	0	0	0	0	0

PSR10：T/C1 与 T/C0 的预分频器复位控制位。该位置位时，T/C1 和 T/C0 的预分频器复位。操作完成后 PSR10 位由硬件自动清零。写入"0"时不会引发任何动作。注意，T/C1 与 T/C0 共用同一预分频器，且预分频器复位对两个定时器均有影响。该位总是读为"0"。

7.3.4　访问 16 位寄存器

TCNT1、OCR1A/B 与 ICR1 是 AVR CPU 通过 8 位数据总线可以访问的 16 位寄存器。读写 16 位寄存器需要两次操作。每个 16 位计时器都有 1 个 8 位临时寄存器用来存放其高 8 位数据。每个 16 位定时器所属的 16 位寄存器共用相同的临时寄存器。访问低字节会触发 16 位读或写操作。当 CPU 写入数据到 16 位寄存器的低字节时，写入的 8 位数据与存放在临时寄存器中的高 8 位数据组成 1 个 16 位数据，同步写入到 16 位寄存器中。

当 CPU 读取 16 位寄存器的低字节时，高字节内容在读低字节操作的同时被放置于临时辅助寄存器中。并非所有的 16 位访问都涉及临时寄存器，对 OCR1A/B 寄存器的读操作就不涉及临时寄存器。写 16 位寄存器时，应先写入该寄存器的高位字节；而读 16 位寄存器时，应先读取该寄存器的低位字节。

下面的例程说明了如何访问 16 位定时器寄存器。前提是假设不会发生更新临时寄存器内容的中断。同样的原则也适用于对 OCR1A/B 与 ICR1 寄存器的访问。使用 C 语言时，编译器会自动处理 16 位操作。

```
unsigned int i;
...
TCNT1 = 0x1FF;      //设置 TCNT1 为 0x01FF
i = TCNT1;          //将 TCNT1 读入 i
...
```

注意到 16 位寄存器访问的基本操作是非常重要的。在对 16 位寄存器操作时，最好首先屏蔽中断响应，防止在主程序读写 16 位寄存器的两条指令之间发生这样的中断——它也访问同样的寄存器或其他的 16 位寄存器，从而更改了临时寄存器。如果这种情况发生，那么中断返回后临时寄存器中的内容便会改变，造成主程序对 16 位寄存器的读写错误。下面的例程给出了读取 TCNT1 寄存器内容的基本操作。对 OCR1A/B 或 ICR1 的读操作可以使用相同的方法。

```
unsigned int TIM16_ReadTCNT1( void )
{
    unsigned char sreg;
    unsigned int i;
    sreg = SREG;      //保存全局中断标志
    _CLI();           //禁用中断
    i = TCNT1;        //将 TCNT1 读入 i
    SREG = sreg;      //恢复全局中断标志
    return i;
}
```

下面的例程给出了写 TCNT1 寄存器的基本操作。对 OCR1A/B 或 ICR1 的写操作可以使用相同的方法。

```
void TIM16_WriteTCNT1 ( unsigned int i )
{
    unsigned char sreg;
    unsigned int i;
    sreg = SREG;      //保存全局中断标志
    _CLI();           //禁用中断
    TCNT1 = i;        //设置 TCNT1 到 i
    SREG = sreg;      //恢复全局中断标志
}
```

如果对不止一个 16 位寄存器写入数据且所有的寄存器高字节相同，则只需写一次高字节。前面讲到的基本操作在这种情况下同样适用。

7.4 定时器/计数器 2(T/C2)

7.4.1 T/C2 概述

T/C2 是一个通用的单通道 8 位定时器/计数器模块，带有输出比较匹配的 PWM 波形发生器与异步操作功能。其主要特点如下。

(1)单通道计数器。

(2)比较匹配时清零定时器(自动重载)。

(3)无干扰脉冲、相位正确的脉宽调制器(PWM)。

(4)频率发生器。

(5)10 位时钟预分频器。

(6)溢出与比较匹配中断源(TOV2 与 OCF2)。

(7)允许使用外部的 32.768kHz 时钟晶振作为独立的 I/O 时钟源。

T/C2 可以由通过预分频器的内部时钟驱动，或者通过 TOSC1、TOSC2 引脚(PC6、PC7)接入的异步时钟驱动。T/C2 的时钟预分频器逻辑如图 7-2 所示。时钟选择逻辑模块的输出称为 clk_{T2S}。在默认情况下，clk_{T2S} 与系统主时钟 $clk_{I/O}$ 连接。若置位 ASSR 的 AS2，T/C2 将由引脚 TOSC1 异步驱动，使得 T/C2 可以用作一个实时时钟 RTC。此时 TOSC1 和 TOSC2 从端口 C 脱离，引脚上可外接一个时钟晶振(内部振荡器针对 32.768kHz 的钟表晶体进行了优化)。不推荐在 TOSC1 上直接施加外部时钟信号。T/C2 的可能预分频选项有：$clk_{T2S}/8$、$clk_{T2S}/32$、$clk_{T2S}/64$、$clk_{T2S}/128$、$clk_{T2S}/256$ 和 $clk_{T2S}/1024$。此外还可以选择 clk_{T2S} 和 0(停止工作)。置位 SFIOR 寄存器的 PSR2 将复位预分频器，从而允许用户从可预测的预分频器开始工作。

T/C2 的计数单元是一个可编程的 8 位双向计数器。根据不同的工作模式，计数器针对每一个 clk_{T2S} 实现清零、加 1 或减 1 操作。clk_{T2S} 可以由内部时钟源或外部时钟源产生，具体由时钟选择位 CS22～CS20 确定。没有选择时钟源(CS22～CS20 =000)时，定时器停止。但是不管有没有 clk_{T2S}，CPU 都可以访问 TCNT2。CPU 写操作比计数器其他操作(清零、加减操作)的优先级高。

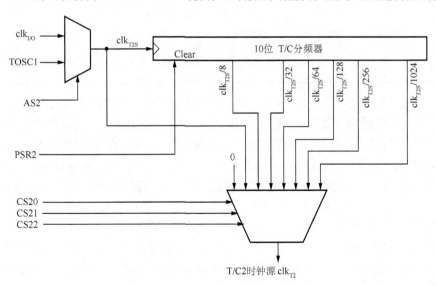

图 7-2 T/C2 的时钟预分频器逻辑图

计数序列由 T/C2 控制寄存器 TCCR2 中的标志位 WGM21 和 WGM20 确定。计数器计数行为与输出比较 OC2 的波形有着紧密的关系。T/C2 溢出中断标志位 TOV2 根据 WGM21、WGM20 设定的工作模式来设置。TOV2 位可以用于产生 CPU 中断。

在 T/C2 的输出比较单元，8 位比较器持续对 TCNT2 和输出比较匹配寄存器 OCR2 进行比较。一旦 TCNT2 等于 OCR2，比较器就给出匹配信号。在匹配发生的下一个定时器时钟周期里输出比较标志位 OCF2 置位。若 OCIE2 = 1 还将引发输出比较中断。执行中断服务程序时 OCF2 位将自动清零。此外，也可以通过软件写"1"的方式进行清零。根据 WGM21、WGM20 和 COM21、COM20 设定的不同工作模式，波形发生器可以利用匹配信号产生不同的波形。采用 PWM 模式时 OCR2 寄存器为双缓冲寄存器；而在正常工作模式和匹配时清零模式下双缓冲功能是禁止的。

7.4.2　T/C2 的工作模式

T/C2 共有 4 种不同的工作模式，即普通模式、CTC 模式、快速 PWM 模式和相位修正 PWM 模式。这 4 种模式的选择以及 OC2 不同方式的输出是由 T/C2 的控制寄存器 TCCR2 的标志位 WGM21、WGM20 和 COM21、COM20 的组合决定的。由于这 4 种工作模式与 T/C0 的 4 种工作模式基本相同，其相关知识可以参照 T/C0 的工作模式。

7.4.3　T/C2 的相关寄存器

T/C2 有 2 个 8 位的寄存器，即计数寄存器 TCNT2 和输出比较寄存器 OCR2。其他相关寄存器还包括 T/C2 控制寄存器 TCCR2、中断屏蔽寄存器 TIMSK、中断标志寄存器 TIFR、特殊功能 I/O 寄存器 SFIOR。ATmega16 通过对这些寄存器的操作来实现对 T/C2 的控制。

1. T/C2 控制寄存器 TCCR2

T/C2 控制寄存器 TCCR2 用于对 T/C2 进行相应的设置和控制，其内部位结构如表 7-21 所示。

表 7-21　T/C2 控制寄存器 TCCR2 的内部位结构

位	FOC2	WGM20	COM21	COM20	WGM21	CS02	CS21	CS20
读/写	W	R/W	R/W	R/W	R/W	R/W	R/W	R/W
初始值	0	0	0	0	0	0	0	0

(1) FOC2：强制输出比较位。FOC2 仅在 WGM20 指明是非 PWM 模式时才有效。但是，为了保证与未来硬件的兼容性，在采用 PWM 模式时，写 TCCR2 要对其清零。对其写"1"后，波形发生器将立即进行比较操作。比较匹配输出引脚 OC2 将按照 COM21、COM20 的设置输出相应的电平。需要注意的是，FOC2 类似一个锁存信号，真正对强制输出比较起作用的是 COM21、COM20 的设置。对 FOC2 位的操作不会引发任何中断，也不会在利用 OCR2 作为 TOP 的 CTC 模式下对定时器进行清零操作。FOC2 读操作的返回值永远是"0"。

(2) WGM21、WGM20：波形产生模式控制位，用于控制 T/C2 的计数和工作方式、累加计数器的最大值及确定波形发生器的工作模式。T/C2 支持普通模式、比较匹配发生时清除计数器模式(CTC)、快速 PWM 模式和相位修正 PWM 模式。T/C2 的波形产生模式控制位说明参见表 7-22。

表 7-22   T/C2 的波形产生模式控制位说明

模式	WGM21	WGM20	T/C2 的工作模式	累加器最大值	OCR2 更新时间	TOV2 置位时刻
0	0	0	普通模式	0xFF	立即更新	0xFF(TOP)
1	0	1	相位修正 PWM 模式	0xFF	0xFF(TOP)	0x00(BOTTOM)
2	1	0	CTC 模式	OCR2	立即更新	0xFF(TOP)
3	1	1	快速 PWM	0xFF	0xFF(TOP)	0xFF(TOP)

(3) COM21、COM20：比较匹配输出模式控制位，用于控制比较匹配发生时输出引脚 OC2(PD7) 的电平变化。如果 COM21、COM20 中的一位或者全部都置位，OC2 以比较匹配输出的方式进行工作，覆盖 PD7 引脚的通用 I/O 端口功能。此时其方向控制位 (DDRD7) 要设置为 "1"（输出方式），以使输出驱动器能正常工作。当 PD7 作为 OC2 输出引脚时，其输出方式取决于 COM21、COM20 和 WGM21、WGM20 的设置。见表 7-23。

表 7-23   COM21、COM20 位功能

工作模式	COM21	COM20	说明	备注
0 或 2(普通模式或 CTC 模式，即非 PWM 模式)	0	0	PD7 为通用 I/O 引脚，不与 OC2 相连	WGM21、WGM20=00 或 10
	0	1	比较匹配发生时，OC2 取反	
	1	0	比较匹配发生时，OC2 清零	
	1	1	比较匹配发生时，OC2 置位	
3(快速 PWM 模式)	0	0	PD7 为通用 I/O 引脚，不与 OC2 相连	WGM21、WGM20=11
	0	1	保留	
	1	0	比较匹配时，清零 OC2；计到 0xFF 时，置位 OC2	
	1	1	比较匹配时，置位 OC2；计到 0xFF 时，清零 OC2	
1(相位修正 PWM 模式)	0	0	PD7 为通用 I/O 引脚，不与 OC2 相连	WGM21、WGM20=01
	0	1	保留	
	1	0	升序计数过程中比较匹配时，清零 OC2；降序计数过程中比较匹配时，置位 OC2	
	1	1	升序计数过程中比较匹配时，置位 OC2；降序计数过程中比较匹配时，清零 OC2	

(4) CS22~CS20：时钟源选择位，用于选择 T/C2 的时钟源，如表 7-24 所示。

表 7-24   T/C2 的时钟源选择

CS22	CS21	CS20	说明
0	0	0	无时钟，T/C2 不工作
0	0	1	$clk_{I/O}$ /1 （没有预分频）
0	1	0	$clk_{I/O}$ /8 （来自预分频器）
0	1	1	$clk_{I/O}$ /64 （来自预分频器）
1	0	0	$clk_{I/O}$ /256 （来自预分频器）
1	0	1	$clk_{I/O}$ /1024 （来自预分频器）
1	1	0	时钟由 T2 引脚输入，下降沿触发
1	1	1	时钟由 T2 引脚输入，上升沿触发

如果 T/C2 使用外部时钟，即使 T2 被配置为输出，其上的电平变化仍然会驱动计数器。利用这一特性可通过软件控制计数。

2. T/C2 计数寄存器 TNCT2

T/C2 计数寄存器 TNCT2 用于对 T/C2 的 8 位数据进行读写。对 TNCT2 寄存器的写访问将在下一时钟周期中组织比较匹配。在计数器运行的过程中修改 TCNT2 的数值有可能会丢失一次 TCNT2 和 OCR2 的比较匹配。TNCT2 寄存器的内部位结构如表 7-25 所示。

表 7-25　T/C2 计数寄存器 TNCT2 的内部位结构

位	TCNT27	TCNT26	TCNT25	TCNT24	TCNT23	TCNT22	TCNT21	TCNT20
读/写	R/W	R/W	R/W	R/W	R/W	R/W	R/W	R/W
初始值	0	0	0	0	0	0	0	0

3. T/C2 输出比较寄存器 OCR2

T/C2 输出比较寄存器 OCR2 包含一个 8 位的数据，不间断地与计数器数值 TCNT2 进行比较。匹配事件可以用来产生输出比较中断，或者是在 OC2 引脚上产生波形。T/C2 输出比较寄存器 OCR2 的内部位结构如表 7-26 所示。

表 7-26　T/C2 输出比较寄存器 OCR2 的内部位结构

位	OCR27	OCR26	OCR25	OCR24	OCR23	OCR22	OCR21	OCR20
读/写	R/W	R/W	R/W	R/W	R/W	R/W	R/W	R/W
初始值	0	0	0	0	0	0	0	0

4. T/C 中断屏蔽寄存器 TIMSK

T/C 中断屏蔽寄存器 TIMSK 中的 OCIE2 位、TOIE2 位用于对 T/C2 的中断使能事件进行处理，其内部位结构如表 7-27 所示。

表 7-27　T/C 中断屏蔽寄存器 TIMSK 的内部位结构

位	OCIE2	TOIE2	TICIE1	OCIE1A	OCIE1B	TOIE1	OCIE0	TOIE0
读/写	R/W	R/W	R/W	R/W	R/W	R/W	R/W	R/W
初始值	0	0	0	0	0	0	0	0

(1) OCIE2：T/C2 输出比较匹配中断使能位。当 OCIE2 位和状态寄存器的全局中断使能位 I 都为 "1" 时，T/C2 的输出比较匹配中断使能。当 T/C2 的比较匹配发生，即 TIFR 中的 OCF2 置位时，触发中断事件，执行中断服务程序。

(2) TOIE2：T/C2 溢出中断使能位。当 TOIE2 位和状态寄存器的全局中断使能位 I 都为 "1" 时，T/C2 的溢出中断使能。当 T/C2 发生溢出，即 TIFR 中的 TOV2 位置位时，触发中断事件，执行中断服务程序。

5. T/C 中断标志寄存器 TIFR

T/C 中断标志寄存器 TIFR 中的 OCF2 位、TOV2 位用于标志 T/C2 的中断事件，其内部位结构如表 7-28 所示。

表 7-28　T/C 中断标志寄存器 TIFR 的内部位结构

位	OCF2	TOV2	ICF1	OCF1A	OCF1B	TOV1	OCF0	TOV0
读/写	R/W	R/W	R/W	R/W	R/W	R/W	R/W	R/W
初始值	0	0	0	0	0	0	0	0

（1）OCF2：输出比较标志位。当 T/C2 与 OCR2（输出比较寄存器 0）的值匹配时，OCF2 位置位。这一位在中断服务程序里通过硬件清零，也可以对其写"1"来清零。当 SREG 中的位 I、OCIE2（T/C2 比较匹配中断使能）和 OCF2 都被置位时，将触发中断事件，执行中断服务程序。

（2）TOV2：T/C2 溢出标志位。当 T/C2 溢出时，TOV2 置位。执行相应的中断服务程序时，此位由硬件清零。此外，TOV2 位也可以通过写"1"来清零。当 SREG 中的位 I、TOIE2（T/C2 溢出中断使能）和 TOV2 都被置位时，将触发中断事件，执行中断服务程序。在相位修正 PWM 模式下，当 T/C2 在 0x00 改变计数方向时，TOV2 位置位。

6. 特殊功能 I/O 寄存器 SFIOR

特殊功能 I/O 寄存器 SFIOR 的 PSR2 位用于控制 T/C2 的预分频器复位操作，其内部位结构如表 7-29 所示。

表 7-29　特殊功能 I/O 寄存器 SFIOR 的内部位结构

位	ADTS2	ADTS1	ADTS0	—	ACME	PUD	PSR2	PSR10
读/写	R/W	R/W	R/W	R	R/W	R/W	R/W	R/W
初始值	0	0	0	0	0	0	0	0

PSR2：T/C2 的预分频器复位控制位。该位置位时，T/C2 的预分频器复位。操作完成后这一位由硬件自动清零。写入"0"时不会引发任何动作。若内部 CPU 时钟作为 T/C2，则读该值总是返回"0"。当 T/C2 工作在异步模式时，直到预分频器复位，该位始终保持为"1"。

7. 异步状态寄存器 ASSR

异步状态寄存器 ASSR 用于控制 T/C2 的异步操作，其内部位结构如表 7-30 所示。

表 7-30　异步状态寄存器 ASSR 的内部位结构

位	—	—	—	—	AS2	TCN2UB	OCR2UB	TCR2UB
读/写	R	R	R	R	R/W	R/W	R/W	R/W
初始值	0	0	0	0	0	0	0	0

（1）AS2：T/C2 异步时钟选择位。AS2=0 时，T/C2 由 I/O 时钟 $clk_{I/O}$ 驱动；AS2=1 时，T/C2 由连接到 TOSC1 引脚的晶体振荡器驱动。改变 AS2 有可能破坏 TCNT2、OCR2 与 TCCR2 的内容。

（2）TCN2UB：T/C2 更新标志位。T/C2 工作于异步模式时，写 TCNT2 将引起 TCN2UB 位置位。当 TCNT2 从暂存寄存器更新完毕后，TCN2UB 位由硬件清零。TCN2UB=0，表明 TCNT2 可以写入新的数据了。

（3）OCR2UB：输出比较寄存器 2 更新标志位。T/C2 工作于异步模式时，写 OCR2 将引起 OCR2UB 位置位。当 OCR2 从暂存寄存器更新完毕后，OCR2UB 位由硬件清零。OCR2UB =0，表明 OCR2 可以写入新的数据了。

（4）TCR2UB：T/C2 控制寄存器更新标志位。T/C2 工作于异步模式时，写 TCCR2 将引起 TCR2UB 位置位。当 TCCR2 从暂存寄存器更新完毕后，TCR2UB 位由硬件清零。TCR2UB=0，表明 TCCR2 可以写入新的数据了。

注意：如果在更新标志位置位的时候写上述任何一个寄存器都将引起数据的破坏，并引发不必要的中断。读取 TCNT2、OCR2 和 TCCR2 的机制是不同的，读取 TCNT2 得到的是实际的值，而 OCR2 和 TCCR2 则是从暂存寄存器中读取。

7.5   用 T/C0 实现流水灯的控制

下面通过一个实例，即使用 ATmega16 单片机的 PC 端口作为输出端口，外接 8 个 LED，实现 LED 每隔 200ms 进行流水控制，示例说明 T/C0 作为定时器的使用方法。

本设计所用的硬件电路与 4.7 节采用的硬件电路完全相同，选用 ATmega16 单片机作为主控芯片，其 PC 端口作为输出端口，外接 8 个 LED，具体电路参见图 4-9。

无论定时器/计数器是作为计数器使用，还是作为定时器使用，其基本的工作原理都是对一个脉冲时钟信号进行计数。所谓的定时器，更多的情况是指其计数脉冲信号来自芯片内部。由于内部的计数脉冲信号频率是已知的或固定的，用户可以根据需要设定计数器脉冲计数的个数，以获得一个等间隔的定时中断。

ATmega16 单片机的定时器/计数器在内部系统时钟与计数单元之间增加了一个可设置的预分频器。利用这个预分频器，定时器/计数器可以从内部系统中获得不同频率的计数脉冲信号。

PC 端口作为输出端口，因此 PC 端口的 DDRC 设置为"0xFF"。采用定时器/计数器 T/C0 作为 200ms 硬件延时；普通模式；累加器最大值 0xFF；系统时钟内部 RC 振荡器，频率 1MHz。假设采用 1024 分频，T/C0 普通模式最大延时约 262ms。那么，计数初值 TCNT0 为

$$TCNT0 = 255 - \frac{200 \times 1024}{1 \times 10^3} = 50$$

在主程序中先进行 T/C0 的初始化，并启动中断。T/C0 的延时通过定时中断函数来实现。在初始化过程中使用普通模式，当分频系数为 1024 时，TCCR0=0x05，TCNT0=0x00，OCR0=0x00，TIMSK=0x01。除了 T/C0 初始化和中断设置外，还需要对 INT0 和 INT1 进行相应设置。在 INT0 中断函数中 TIMSK=0x01，以启动 T/C0 延时；在 INT1 中断函数中 TIMSK=0x00，暂停 T/C0 延时。其程序流程图如图 7-3 所示。

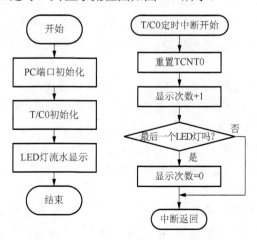

图 7-3   用 T/C0 实现流水灯控制程序流程图

用 T/C0 实现流水灯程序如下：

```
/**********************************************************************
作者：北京科技大学自动化学院索奥科技中心
功能：200ms 流水灯(T/C0 定时中断实现)
硬件：ATmega16 单片机学习板，内部 RC 振荡器 1MHz
**********************************************************************/
#include <macros.h>
#include <iom16v.h>
unsigned char ledFlag = 0;
/*-------------------------------------------------------------------
函数功能：定时器/计数器 0 溢出中断服务程序
-------------------------------------------------------------------*/
#pragma interrupt_handler Timer0_OVF_isr:iv_TIM0_OVF
void Timer0_OVF_isr(void)
{
    TCNT0 = 0x3D;  //重新设置定时器的值
    ledFlag++;
    if(ledFlag>7)
    {
        ledFlag=0;
    }
}
/*-------------------------------------------------------------------
函数功能：定时器/计数器 0 初始化
-------------------------------------------------------------------*/
void Timer0_Init(void)
{
    TCCR0 = 0x00;                //停止计数
    TCNT0 = 0x3D;                //设置计数初值
    OCR0  = 0xC3;                //设置比较匹配的数
    TCCR0 = 0x05;                //配置 T/C0 控制寄存器，普通模式，1024 分频
    TIMSK = 0x01;                //T/C0 溢出中断使能
}
void main(void)
{
    MCUCSR = 0x80;              //禁止 JTAG
    MCUCSR = 0x80;
    CLI();                     //关闭全局中断
    Timer0_Init();             //定时器中断配置
    DDRC = 0xff;               //设置 C 端口输出
    PORTC = 0xff;              //LED 灯全灭
    SEI();                     //打开全局中断
    while(1)
    {
        PORTC = ~(1<<ledFlag);  //控制相应的 LED 灯亮
    }
}
```

7.6　用 T/C0 产生占空比为 15%的 PWM 波

以 ATmega16 单片机为主控芯片，使用其 T/C0 的快速 PWM 模式输出一个频率为 125kHz、占空比为 15%的 PWM 波形。

PWM 波形的参数有频率、占空比和相位，其中频率和占空比为主要参数。ATmega16 单片机的定时器/计数器 0(T/C0)具备产生 PWM 波形的功能。由于计数器的长度为 8，使其成为固定 8 位精度的 PWM 波形发生器，即 PWM 波形的调节精度为 8 位。快速 PWM 模式可以产生一个频率较高、相位固定的 PWM 输出。在快速 PWM 模式下，计数器仅在单向正向计数，计数器的上限值决定 PWM 的频率，比较匹配寄存器 OCR0 的值决定占空比的大小。快速 PWM 模式下频率的计算公式为：

$$f_{\text{OC0PWM}} = \frac{f_{\text{clk}_{\text{I/O}}}}{256 \times N}$$

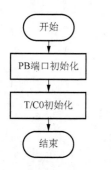

图 7-4　用 T/C0 产生占空比为 15%的 PWM 波程序流程图

当 T/C0 工作在快速 PWM 模式下时，计数器的上限值为固定的 0xFF，比较匹配寄存器 OCR0 的值与计数器的上限值即为占空比。在计数过程中，内部硬件电路对计数值 TNCT0 和比较匹配寄存器 OCR0 的值进行比较，当两个值相匹配时，自动置位(或清零)OC0 引脚的电平；而当计数器的值达到最大值时，自动将该引脚的电平清零(置位)。因此，在程序中改变比较寄存器中的值，定时器/计数器就能自动产生不同占空比的 PWM 信号了。程序流程图如图 7-4 所示。

以 ATmega16 单片机为主控芯片，内部 RC 振荡器 1MHz，快速 PWM 模式，在端口 OC0(PB3)输出 125kHz、占空比 15%的 PWM 波。程序代码如下：

```
/*********************************************************************
作者：北京科技大学自动化学院索奥科技中心
功能：125kHz、占空比 15%的 PWM 波。
硬件：ATmega16 单片机学习板，内部 RC 振荡器 1MHz
*********************************************************************/
#include <macros.h>
#include <iom16v.h>
/*-----------------------------------------------------------------
函数功能：定时器/计数器 0 初始化
输入参数：占空比
函数描述：快速 PWM 模式，比较匹配发生时置位 OC0，计数到 TOP 时清零 OC0，8 分频
-----------------------------------------------------------------*/
void Timer0_Init(unsigned char percent)
{
    TCCR0 = 0x00;              //停止计数
    TCNT0=0x00;                //设置计数初值
    OCR0 = percent * 256 / 100; //设置占空比
    TCCR0 = 0b01101010;
}
void main(void)
{
```

```
    DDRB  |=(1<<3);            //设置 PB3 为输出
    PORTB &= ~(1<<3);          //设置 PB3 初始值为 1
    Timer0_Init(15);           //T/C0 初始化
    while(1)
    {
    }
}
```

可以通过示波器观看 PB3 输出的波形。

7.7　用 T/C1 实现 LED 滚动闪烁显示

使用 ATmega16 单片机的定时器/计数器 1(T/C1)，设计一个 LED 滚动闪烁控制系统。要求当前 LED 闪烁几次后熄灭，下一个 LED 再闪烁，实现滚动闪烁的效果。

本设计所用的硬件电路与 4.7 节采用的硬件电路完全相同，选用 ATmega16 单片机作为主控芯片，其 PC 端口作为输出端口，外接 8 个 LED，具体电路参见图 4-4。

当 ATmega16 单片机的定时器/计数器 1(T/C1)工作于 CTC 模式下时，利用其比较匹配输出的性能，可直接进行延时控制。在 CTC 模式(WGM13～WGM10 = 0100)下，当 TCNT1=OCR1A 时，计数器清零。要实现 1s 的延时，定时器/计数器 1 应工作在 CTC 模式。

LED 滚动闪烁显示程序的编程思路为：T/C1 每次产生 1s 硬件延时中断时，t 加 1，i 也加 1。其中，t 用于控制滚动时间的切换，i 用于控制闪烁时间。当 $t=40$ 时，令 $t=0$，j(j 用于控制 LED 滚动选择)加 1。如果 $j=8$，则令 $j=0$；否则，j 继续加 1。当 $i=5$ 时，令 $i=0$，此时根据 j 值使相应 LED 状态取反，实现闪烁控制，而其他 LED 灯熄灭。例如，$j=4$ 时，如果 $i=5$，则 LED4 闪烁，而其他 LED 灯熄灭。其程序流程图如图 7-5 所示。

用 T/C1 实现 LED1 滚动闪烁显示程序。

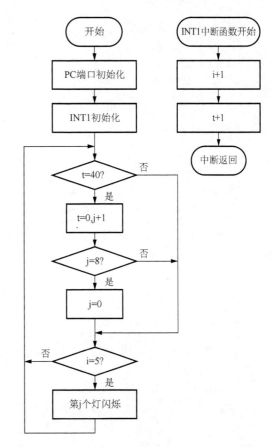

图 7-5　用 T/C1 实现 LED1 滚动闪烁显示程序流程图

```
/******************************************************
作者：北京科技大学自动化学院索奥科技中心
功能：LED 滚动闪烁控制(T/C1 的 CTC 模式实现)
硬件：ATmega16 单片机学习板，外部晶振 16MHz
说明：T/C 1 作为硬件延时
*******************************************************/
```

```
#include "macros.h"
#include "iom16v.h"
unsigned char i,j,t;
#pragma interrupt_handler timer1_compa_isr:iv_TIM1_COMPA   // T1 CTC 中断
void timer1_compa_isr(void)
{
    i++;
    t++;
}
void Port_Init(void)
{
    DDRC  = 0xFF;
    PORTC = 0xFF;                   //LED 灯全部熄灭
}
void Timer1_Init(void)
{
    TCCR1A = 0x00;
    TCCR1B = 0x0C;                  //打开 T1——设置无时钟源模式——停止 T1
    TCNT1H = 0x00;
    TCNT1L = 0x00;
    OCR1AH = 0x7A;
    OCR1AL = 0x12;
    TIMSK = 0x10;
}
void LED_Count(void)
{
    if(t==40)
    {
        t=0;
        j++;
        if(j==8)
            j=0;
    }
}
void LED_Display(void)
{
    if(i==5)
    {
        i=0;
        switch(j)
        {
        case 0:
            PORTC ^= (1<<0);        //控制相应的 LED 灯闪烁，其他 LED 灯熄灭
            PORTC |= (1<<1);
            PORTC |= (1<<2);
            PORTC |= (1<<3);
            PORTC |= (1<<4);
            PORTC |= (1<<5);
            PORTC |= (1<<6);
            PORTC |= (1<<7);
            break;
        case 1:
```

```
        PORTC ^= (1<<1);        //控制相应的 LED 灯闪烁，其他 LED 灯熄灭
        PORTC |= (1<<0);
        PORTC |= (1<<2);
        PORTC |= (1<<3);
        PORTC |= (1<<4);
        PORTC |= (1<<5);
        PORTC |= (1<<6);
        PORTC |= (1<<7);
        break;

    case 2:
        PORTC ^= (1<<2);        //控制相应的 LED 灯闪烁，其他 LED 灯熄灭
        PORTC |= (1<<0);
        PORTC |= (1<<1);
        PORTC |= (1<<3);
        PORTC |= (1<<4);
        PORTC |= (1<<5);
        PORTC |= (1<<6);
        PORTC |= (1<<7);
        break;
    case 3:
        PORTC ^= (1<<3);        //控制相应的 LED 灯闪烁，其他 LED 灯熄灭
        PORTC |= (1<<0);
        PORTC |= (1<<1);
        PORTC |= (1<<2);
        PORTC |= (1<<4);
        PORTC |= (1<<5);
        PORTC |= (1<<6);
        PORTC |= (1<<7);
        break;
    case 4:
        PORTC ^= (1<<4);        //控制相应的 LED 灯闪烁，其他 LED 灯熄灭
        PORTC |= (1<<0);
        PORTC |= (1<<1);
        PORTC |= (1<<2);
        PORTC |= (1<<3);
        PORTC |= (1<<5);
        PORTC |= (1<<6);
        PORTC |= (1<<7);
        break;
    case 5:
        PORTC ^= (1<<5);        //控制相应的 LED 灯闪烁，其他 LED 灯熄灭
        PORTC |= (1<<0);
        PORTC |= (1<<1);
        PORTC |= (1<<2);
        PORTC |= (1<<3);
        PORTC |= (1<<4);
        PORTC |= (1<<6);
        PORTC |= (1<<7);
        break;
    case 6:
        PORTC ^= (1<<6);        //控制相应的 LED 灯闪烁，其他 LED 灯熄灭
```

```
        PORTC |= (1<<0);
        PORTC |= (1<<1);
        PORTC |= (1<<2);
        PORTC |= (1<<3);
        PORTC |= (1<<4);
        PORTC |= (1<<5);
        PORTC |= (1<<7);
        break;
    case 7:
        PORTC ^= (1<<7);        //控制相应的 LED 灯闪烁，其他 LED 灯熄灭
        PORTC |= (1<<0);
        PORTC |= (1<<1);
        PORTC |= (1<<2);
        PORTC |= (1<<3);
        PORTC |= (1<<4);
        PORTC |= (1<<5);
        PORTC |= (1<<6);
        break;
    }
}
}
void main(void)
{
    CLI();
    Port_Init();
    Timer1_Init();
    SEI();
    while(1)
    {
        LED_Count();
        LED_Display();
    }
}
```

首先在 ICC AVR8 中创建项目，输入源代码并编译生成"TC1_LED_FLICKER.cof"文件，然后下载程序"TC1_LED_FLICKER.hex"到目标板进行调试。可以观察到 LED0 闪烁后，LED1 再闪烁，而后 LED2 闪烁，……，LED7 闪烁，然后 LED0 闪烁，如此循环。如果将 t 的值改大些，可以看到 LED 闪烁次数增多；如果将 i 的判断值改大些，LED 闪烁次数将减少。

7.8　简易电子门铃

在实际应用中，经常需要利用单片机产生音乐进行报警、提示、娱乐等，其原理是由 I/O 引脚输出不同频率的脉冲信号，再将信号放大驱动发声器件。利用 ATmega16 单片机的定时数/计数器 T/C2 设计一个简单门铃控制系统，要求按下 K1 键时，蜂鸣器发出"叮咚"的声音。

7.8.1　蜂鸣器介绍

发声器件主要有喇叭和蜂鸣器两类。一般驱动喇叭需要较大的功率，为了简化，简易电子门铃选择蜂鸣器作为发声器件。

按工作原理来分，蜂鸣器可分为有源和无源两类，即压电式和电磁式两种。

压电式蜂鸣器主要由多谐振荡器、压电蜂鸣片、共鸣箱及外壳等组成。多谐振荡器由晶体管或集成电路构成。当接通电源后，多谐振荡器启振，输出 1.5～2.5kHz 的音频信号，阻抗匹配器驱动压电式蜂鸣器发声。压电式蜂鸣器由锆钛酸铅或铌镁酸铅压电陶瓷材料制成，在陶瓷片的两面镀上银电极，经极化和老化处理后，再与黄铜片或不锈钢片粘在一起。压电式蜂鸣器只需要在蜂鸣器两端加上固定的电压差即可激励蜂鸣器发声，因此又称为有源蜂鸣器。

电磁式蜂鸣器由振荡器、电磁线圈、磁铁、振荡膜片及外壳等组成。接通电源后，振荡器产生的音频信号电流通过电磁线圈，使电磁线圈产生磁场。振荡膜片在电磁线圈和磁铁的相互作用下，周期性地振动发声。电磁式蜂鸣器必须在蜂鸣器两端加上相应频率的震荡信号方可发声，因此又称为无源蜂鸣器。

通常来说，蜂鸣器需要的驱动电流比较大，而单片机 I/O 端口输出能力有限，所以需要使用对应的功率元件(如三极管)来对其进行驱动。ATmega16 单片机学习板上的蜂鸣器驱动电路如图 7-6 所示。

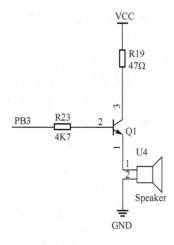

图 7-6 蜂鸣器驱动电路

7.8.2 硬件电路设计

简易电子门铃由 ATmega16 单片机、按键、发声器件构成。ATmega16 单片机是简易电子门铃的核心控制器件。发声器件——蜂鸣器根据 ATmega16 单片机的驱动发出对应的声音。

简易电子门铃硬件设计的重点是合理划分 ATmega16 单片机的 I/O 引脚，用于驱动不同的外围器件。如图 7-7 所示，ATmega16 单片机使用 PB3 引脚通过三极管驱动一个蜂鸣器，使用 PD3 引脚扩展了一个按键用于启动门铃。

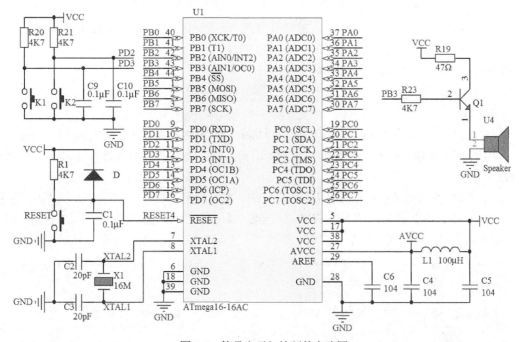

图 7-7 简易电子门铃硬件电路图

7.8.3 软件设计

单片机控制蜂鸣器发出声音，实质上就是单片机控制某端口输出一个脉冲宽度不同的高低电平而已。脉冲宽度不同的高、低电平的产生也就是延时一段时间后持续输出高电平或低电平。

设计要求按下按键 K1，蜂鸣器会发出"叮咚"的声音，可以使用定时器/计数器 2(T/C2)硬件延时来实现。按键 K1 与单片机的 PD3(INT1)端口连接，可将 K1 作为 INT1 的外部中断信号。可采用 INT1 中断和 T/C2 定时中断共同实现简易电子门铃，并且由 INT1 中断启动 T/C2定时中断。其程序流程图如图 7-8 所示。

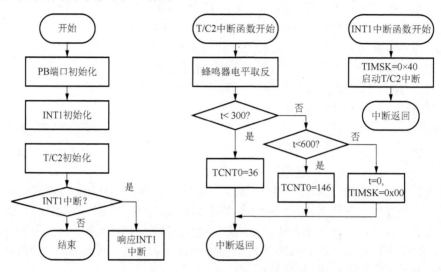

图 7-8　简易电子门铃程序流程图

通过 T/C2 产生"叮咚"的声音，需要设值两个不同的时间，即 7ms 和 14ms，因此可以使用 T/C2 的普通模式。假设采用的分频系数为 1024，系统时钟为 16MHz 外部晶振，根据如下延时时间计算公式可求得 T/C2 计数初值。

$$t = \frac{(255 - \text{TCNT2}) \times N}{f_{\text{clk}_{\text{I/O}}}}$$

计算求得，TCNT2=146 时，延时大约 6.976ms；TCNT2=36 时，延时大约 14.016ms。

采用中断方式进行延时，需要编写 T/C2 中断函数，在此函数中需要将 146 和 36 重装TCNT2。

由于 T/C2 的启动是在按下按键 K1 后进行的，需要编写 INT1 外中断函数。如果按键 K1被按下，则将 TOIE2 置为"1"，即 TIMSK=0x40，启动 T/C2 溢出中断，使 T/C2 开始计时。

简易电子门铃程序代码如下：

```
/*********************************************************************
作者：北京科技大学自动化学院索奥科技中心
功能：简易电子门铃(T/C2 普通模式实现)
硬件：ATmega16 单片机学习板，外部晶振 16MHz，蜂鸣器接 PB3，按键 K1 接 PD3
说明：T/C2 作为硬件延时
*********************************************************************/
#include "macros.h"
```

```
#include "iom16v.h"
unsigned char t=0;
/*------------------------------------------------------------------------
函数功能：延时 1ms
函数说明：16MHz 晶振，
    (3*cnt_j+2)*cnt_i*(1/16)=(3*66+2)*80*(1/16)=1000us=1ms
------------------------------------------------------------------------*/
void Delay_1_ms(void)
{
    unsigned int cnt_i,cnt_j;
    for(cnt_i=0;cnt_i<80;cnt_i++)
    {
        for(cnt_j=0;cnt_j<66;cnt_j++)
        {
        }
    }
}
/*------------------------------------------------------------------------
函数功能：延时若干 ms
输入参数：n_ms
------------------------------------------------------------------------*/
void Delay_n_ms(unsigned int n_ms)
{
    unsigned int cnt_i;
    for(cnt_i=0;cnt_i<n_ms;cnt_i++)
    {
        Delay_1_ms();
    }
}
#pragma interrupt_handler Int1_isr:iv_INT1
void Int1_isr(void)               //外部中断 1，即引脚 PD3 的电平触发的中断
{
    Delay_n_ms(10);
    if((PIND&0x08)==0)            //再次确认按键被按下，软件防抖动
        TIMSK = 0x40;            //允许 T/C2 溢出中断，启动 T/C2
}
/*------------------------------------------------------------------------
函数功能：定时器/计数器 2 溢出中断服务程序
------------------------------------------------------------------------*/
#pragma interrupt_handler Timer2_OVF_isr:iv_TIM2_OVF
void Timer2_OVF_isr(void)
{
    PORTB ^= (1<<3);            //蜂鸣器(PB3)电平取反
    t++;
    if(t<300)
        TCNT2 = 0x24;           //36，更新 TCNT2，延时 14s
    else if(t<600)
        TCNT2 = 0x92;           //146，更新 TCNT2，延时 7s
    else
    {
        t=0;
        TIMSK = 0x00;           //禁止 T/C2 溢出中断，暂停 T/C2 定时
```

```
    }
}
//端口初始化
void Port_Init(void)
{
    DDRB  = 0xFF;
    PORTB = 0xFF;
    DDRD  = 0xF7;                //PD3 设置为输入
    PORTD = 0xFF;
}
/*--------------------------------------------------------------------
函数功能：T/C2 初始化
函数描述：  T/C2 普通模式，使 PB3 为通用 I/O 端口(OC2 不与引脚相连)，1024 分频
------------------------------------------------------------------*/
void Timer2_Init(void)
{
  TCCR2 = 0x05;
  TCNT2 = 0x92;                  //146，延时 7ms
}
/*--------------------------------------------------------------------
函数功能：INT 初始化
------------------------------------------------------------------*/
void INT_Init(void)
{
  MCUCR = 0x00;                  //定义 INT1 为下降沿时产生中断
  GICR = 0x80;                   //允许 INT1 产生中断
}
void main(void)
{
    CLI();
    Port_Init();
    Timer2_Init();
    INT_Init();
    SEI();
    while(1)
    {
    }
}
```

7.8.4 下载调试

首先在 ICC AVR8 中创建项目，输入源代码并编译生成"简易电子门铃.cof"文件。将 ATmega16 单片机学习板上的 P7 短接，连接蜂鸣器到单片机的 PB3 端口。然后下载程序"简易电子门铃.hex"到目标板进行调试。可以观察到未按下按键 K1 时，蜂鸣器不发出任何声音；按下按键 K1 的瞬间，蜂鸣器发出清脆的"叮咚"声音。

【思考练习】

(1)简述 16 位定时器/计数器的基本工作原理。

(2)根据应用实例，使蜂鸣器产生不同的音乐。

(3) 利用 16 位定时器/计数器，实现 LED 灯的变频闪烁。

(4) 在学习板上编程实现使用 PWM 波形控制 LED 灯产生渐明渐暗的效果。

(5) 在学习板上利用单片机内部定时器/计数器编程实现能校准的电子时钟。

(6) 设计一个具有倒计时功能的时钟。要求：使用单片机内部的定时器而不是循环计时；倒计时时间在数码管上显示出来；计时结束后使用蜂鸣器报警。

(7) 利用 PWM 波形输出来控制直流电机的转速。

第 8 章　A/D 转换模块及其应用

【学习目标】

(1) 了解 A/D 转换的原理和转换过程。

(2) 掌握内置 A/D 转换模块的结构及应用步骤。

(3) 掌握内置 A/D 转换模块相关寄存器的配置。

(4) 掌握 A/D 转换来实现某些功能的应用。

8.1　A/D 转换基础知识

8.1.1　A/D 转换基本原理

A/D 转换(模数转换)，就是把模拟信号转换成数字信号。其中，A 代表 Analog(模拟量)，D 代表 Digital(数字量)。模拟量是在一定范围内连续变化的量，可以是电压、电流等电信号，也可以是压力、温度、湿度、位移、声音等非电信号；数字量则指时间和幅值均是离散的量。在 A/D 转换前，输入到 A/D 转换器的信号必须经各种传感器把各种物理量转换成电压信号。而在单片机中无论是模拟量还是数字量都必须以电信号的形式展现出来，模拟量以具体的电压大小来反映，数字量以更严格的逻辑上的高低电平(0 和 1)来反映。如何才能实现二者之间的转换呢？这就需要单片机内部设立专门的模块来实现了，这个模块就是常说的 ADC (Analog-to-Digital Converter)。A/D 转换一般需要采样、量化、编码 3 个步骤。

采样又称为抽样。在采样步骤中，采样设备将时间连续变化的模拟信号转换成时间不连续的模拟信号。该过程是通过模拟开关来实现的，这个开关每隔一定的时间间隔打开一次，连续的模拟信号通过这个开关后，就形成一系列的脉冲信号，称为采样信号。在理想采样信号中，只要满足采样定理，即采样频率只要不小于被采集信号最高频率的两倍($f_{sample} \geqslant 2f_{max}$)，则采样输出信号就可以无失真地复现原输入信号。实际应用中常取 $f_{sample} = (5\sim10)f_{max}$。由于后续的量化过程需要一定的时间，对于随时间变化的模拟输入信号，要求采样值在量化过程中保持不变，这样才能保证转换的正确性和转换精度，这个过程就是采样保持。实际上采样后的信号是阶梯型的连续函数。

量化又称为幅值量化。在量化步骤中，将采样获得的离散信号采用四舍五入法得到离散的量化值，幅度在正整数最大值和 0 之间取值。此时输入信号的幅值变化与实实在在的数值对应起来了，即完成了模拟信号到数字信号的转换。量化过程会引入误差，增加采样频率及提高幅值的数据精度可以减小误差。

在编码过程中，对量化得到的值进行二进制编码处理。对相同范围的模拟量，编码位数越多，量化误差越小。对于无正负区分的单极性信号，所有的二进制编码位均表示其数值大小；对于有正负极性的信号，则必须有一位符号位表示其极性。通常有 3 种表示方法，即符号数值法、补码和偏移二进制码。

模拟信号经过上述变换后，就变成了时间上离散、幅值上量化的数字信号。

8.1.2 单片机内部 A/D 转换的原理

从上面的介绍我们不难理解 A/D 转换是单片机内部完成的一个过程，那么单片机内部到底是如何将模拟的电压信号转换成与之对应的数字信号的呢？可以通过下面的例子来加深理解。

如果用 10 位二进制读数的电压表来测量一个 3V 的电压，而该电压表的最大量程为 5V，最小量程为 0V，那么我们是如何读数的呢？我们一般会看指针处于哪两个读数之间，最终找出最接近的数值读出来。单片机也是如此，只不过它没有人那么聪明，能够一下看 10 位数，只能一位一位地看，类似于一次一次地进行大小的比较。具体过程如下：首先，3V 介于 0～5V 之间，3V 与 2.5V 进行比较，它比 2.5V 大记作 "1"，那么这里得到 "1"；说明 3V 介于 2.5～5V，所以用 3V 和 3.75V 进行比较，3V 比 3.75V 小记作 "0"，那么这里得到 "0"；进而说明 3V 介于 2.5～3.75V，所以用 3V 与 3.125V 进行比较，它比 3.125V 小，所以记作 "0"，那么这里得到 "0"；说明 3V 介于 2.5～3.125V，所以用 3V 和 2.8125V 进行比较，它比 2.8125V 大记作 "1"，那么这里得到 "1"；说明 3V 介于 2.8125～3.125V，所以用 3V 和 2.96875V 进行比较，它比 2.96875V 大记作 "1"，那么这里得到 "1"；说明 3V 介于 2.96875～3.125V，所以用 3V 和 3.046875V 进行比较，它比 3.046875V 小记作 "0"，那么这里得到 "0"；说明 3V 介于 2.96875～3.046875V，所以用 3V 和 3.0078125V 进行比较，它比 3.0078125V 小记作 "0"，那么这里得到 "0"；说明 3V 介于 2.96875～3.0078125V，所以用 3V 和 2.98828125V 进行比较，它比 2.98828125V 大记作 "1"，那么这里得到 "1"；说明 3V 介于 2.98828125～3.0078125V，所以用 3V 和 2.998046875V 进行比较，它比 2.998046875V 大记作 "1"，那么这里得到 "1"；说明 3V 介于 2.998046875～3.0078125V，所以用 3V 和 3.0029296875V 进行比较，它比 3.0029296875V 小记作 "0"，那么这里得到 "0"；如此进行了 10 次比较之后，得到一个 10 位二进制数，将上述的比较结果顺次写下即 1001100110，这个 10 位二进制数就是单片机转换的结果，如此就完成了一次 A/D 转换。

特别要注意的是，在刚才的例子中有几项参数格外的重要，如果不确定下来，将无法顺利完成转换。首先是最大量程 5V 和最小量程 0V，它们直接决定了转换过程的比较对象和量程范围，如果不确定，将无法获得准确的比较数据和转换结果。在单片机中，最大量程 5V 被称为参考电压；最小量程 0V 被称为基准电压。此外，还有 10 位二进制。在比较的过程中，随着比较次数的增多，可以看到精度在不断地上升，但在实际应用中并不需要如此高的精度，且随着精度的上升对相应的技术要求也会更高，无疑会导致成本增加。

以上就是 ATmega16 单片机内部 A/D 转换的原理，这种 A/D 转换的方法叫做逐次逼近法。

8.2 内置 A/D 转换模块的结构及特点

8.2.1 A/D 转换模块的结构

ATmega16 单片机内部集成有一个 10 位的逐次逼近型 ADC。ADC 与一个 8 通道的模拟多路复用器连接，能对来自端口 PORTA 的 8 路单端模拟输入电压进行采样。单端输入电压以 0V（GND）为参考。ADC 模块还支持 16 路差分电压输入组合。两路差分输入（ADC1、ADC0

与 ADC3、ADC2)有可编程增益级，在 A/D 转换前给差分输入电压提供 1×、10× 或 200× 的放大级。如果差分输入电压的增益为 1× 或 10×，则可获得 8 位的 ADC 转换精度；如果差分输入电压的增益为 200×，则 ADC 的转换精度为 7 位。

　　ADC 模块由 AVCC 引脚单独提供电源。AVCC 与 VCC 之间的偏差不能超过 ± 0.3V。ADC 模块转换的参考电源可采用芯片内部标称值为 2.56V 的参考电源，或者采用 AVCC，也可采用外部参考电源。采用外部参考电源时，外部参考电源由 AREF 引脚接入。采用内部参考电源时，可以通过在 AREF 引脚外部并接一个电容进行解耦，以提高 ADC 的抗噪性能。

　　ADC 模块包括一个采样保持电路，以确保在转换过程中输入到 ADC 的电压保持恒定。ADC 模块结构框图如图 8-1 所示。

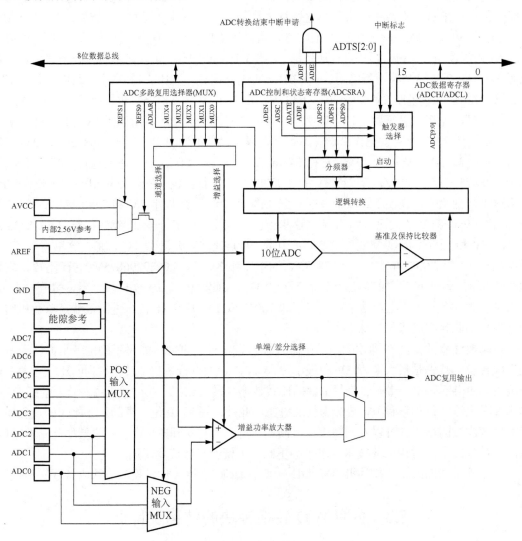

图 8-1　ADC 模块结构框图

　　ADC 模块通过逐次逼近的方法，将输入的模拟电压转换成一个 10 位的数字量。最小值代表 GND，最大值代表 AREF 引脚上的电压再减去 1LSB。通过写 ADMUX 寄存器的 REFSn 位的设置，可以将芯片内部参考电压源(2.56V)或 AVCC 连接到 AREF 引脚，作为 A/D 转换的参考电压。

模拟输入通道与差分增益的选择是通过 ADMUX 寄存器中的 MUX 位设定的。任何一个 ADC 的输入引脚,包括地(GND)及内部的恒定能隙参考电压源,都可以被用作 ADC 的单端输入信号。而 ADC 的某些输入引脚可作为差分增益放大器的正或负输入端。当选定了差分输入通道后,差分增益放大器先将两个输入通道上的电压差按选定增益系数放大,然后输入到 ADC 中。如果选定单端输入通道,则增益放大器无效。

通过设置 ADCSRA 寄存器的 ADC 使能位 ADEN 即可启动 ADC。在 ADEN 没有置"1"前,参考电压及输入通道选择无效。ADEN 清零后,ADC 将不消耗能量,因此建议在进入节能睡眠模式之前关闭 ADC。

ADC 转换结果为 10 位,存放于 ADC 数据寄存器(ADCH 及 ADCL)中。默认情况下转换结果为右对齐,但可通过设置 ADMUX 寄存器的 ADLAR 变为左对齐。如果转换结果左对齐,且最高只需 8 位的转换精度,那么只要读取 ADCH 寄存器中的数据作为转换结果就足够了;否则要先读 ADCL,再读 ADCH,以保证数据寄存器中的内容是同一次转换的结果。因为一旦 ADCL 寄存器被读取,就阻断了 ADC 对 ADC 数据寄存器的操作。这就意味着一旦指令读取了 ADCL,必须紧接着读取一次 ADCH,如果在读取 ADCL 和 ADCH 的过程中正好有一次 A/D 转换完成,ADC 数据寄存器的数据是不会更新的,该次转换结果将丢失。只有当 ADCH 被读取后,ADC 才能继续对 ADCL 和 ADCH 寄存器操作进行更新。

ADC 转换结束可以触发中断。即使转换发生在读取 ADCH 与读取 ADCL 之间而造成 ADC 无法访问数据寄存器,并因此丢失了转换数据,但仍会触发中断。

8.2.2　A/D 转换模块的特点

ATmega16 单片机内置的 ADC 模块可以把外部的模拟信号转换为数字信号,其具有以下特点。

(1)具有 10 位采样精度,提供 0.5LSB 的非线性度和 ±2LSB 的绝对精度。

(2)采样转换时间为 65~260μs,当使用最高分辨率时,采样率高达 15kSPS。

(3)8 路复用的单端输入通道和 7 路差分输入通道,并且有 2 路可选增益为 10× 与 200× 的差分输入通道。

(4)A/D 转换结果可以选择左对齐。

(5)ADC 输入电压范围 0~VCC,可选 2.56V ADC 参考电压。

(6)有连续转换或单次转换模式,并且支持自动触发中断源启动转换。

8.3　ADC 模块相关寄存器

ATmega16 单片机同样通过对寄存器的相关操作来控制 ADC 模块完成相应的动作,这些寄存器包括 ADC 多工选择寄存器 ADMUX、ADC 控制和状态寄存器 A(ADCSRA)、ADC 数据寄存器(ADCL 和 ADCH)、ADC 特殊 I/O 寄存器(SFIOR)。

8.3.1　ADC 多工选择寄存器 ADMUX

ADC 多工选择寄存器 ADMUX 主要用于对 ADC 模块的参考电压、转换结果对齐方式及增益倍数进行设置,其内部位结构如表 8-1 所示。

表 8-1　ADC 多工选择寄存器 ADMUX 的内部位结构

位	REFS1	REFS0	ADLAR	MUX4	MUX3	MUX2	MUX1	MUX0
读/写	R/W	R/W	R/W	R/W	R/W	R/W	R/W	R/W
初始值	0	0	0	0	0	0	0	0

(1)REFS1、REFS0：ADC 模块的参考电压选择位。在单片机内部进行逐次逼近时所涉及的最大量程问题，就是在此所说的参考电压。ADC 参考电压选择如表 8-2 所示。

表 8-2　ADC 参考电压选择

REFS1	REFS0	参考电压选择
0	0	AREF，内部 Vref 关闭
0	1	AVCC、AREF 引脚外加滤波电容
1	0	保留
1	1	2.56V 的片内基准电压源，AREF 引脚外加滤波电容

如果在 ADC 转换过程中改变了 REFS1、REFS0 位的值，只有等到当前转换结束之后，该改变才会起作用。如果在 AREF 引脚施加了外部参考电压，就不能使用内部参考电压。

(2)ADLAR：ADC 转换结果左对齐设置位，用于设置 ADC 转换结果在 ADC 数据存储器中的存放形式。当 ADLAR 设置为"1"时，ADC 转换结果为左对齐；否则，ADC 转换结果为右对齐。ADLAR 的改变将立即影响 ADC 数据寄存器的内容，不论是否正在进行转换。

(3)MUX4～MUX0：ADC 模块模拟输入通道与增益选择位，用于选择连接到 ADC 模块的模拟输入通道以及差分通道的增益，如表 8-3 所示。如果在转换过程中改变 MUX4～MUX0 的值，那么只有等到转换结束(ADCSRA 寄存器的 ADIF 位置位)后新的设置才有效。

表 8-3　输入通道与增益选择

MUX4～MUX0	单端输入	正差分输入	负差分输入	增益
00000	ADC0			
00001	ADC1			
00010	ADC2			
00011	ADC3		N/A	
00100	ADC4			
00101	ADC5			
00110	ADC6			
00111	ADC7			
01000		ADC0	ADC0	10×
01001		ADC1	ADC0	10×
01010		ADC0	ADC0	200×
01011		ADC1	ADC0	200×
01100		ADC2	ADC2	10×
01101		ADC3	ADC2	10×
01110[1]	N/A	ADC2	ADC2	200×
01111		ADC3	ADC2	200×
10000		ADC0	ADC1	1×
10001		ADC1	ADC1	1×
10010		ADC2	ADC1	1×
10011		ADC3	ADC1	1×
10100		ADC4	ADC1	1×

MUX4~MUX0	单端输入	正差分输入	负差分输入	增益
10101		ADC5	ADC1	1×
10110		ADC6	ADC1	1×
10111		ADC7	ADC1	200×
11000		ADC0	ADC2	1×
11001	N/A	ADC1	ADC2	1×
11010		ADC2	ADC2	1×
11011		ADC3	ADC2	1×
11100		ADC4	ADC2	1×
11101		ADC5	ADC2	1×
11110	1.22V (VBG)		N/A	
11111	0V (GND)			

8.3.2　ADC 控制和状态寄存器 A(ADCSRA)

ADC 控制和状态寄存器 A(ADCSRA)用于对 ADC 模块进行使能控制以及返回工作状态，其内部位结构如表 8-4 所示。

表 8-4　ADC 控制和状态寄存器 A(ADCSRA) 的内部位结构

位	ADEN	ADSC	ADATE	ADIF	ADIE	ADPS2	ADPS1	ADPS0
读/写	R/W	R/W	R/W	R/W	R/W	R/W	R/W	R/W
初始值	0	0	0	0	0	0	0	0

(1) ADEN：ADC 使能位。ADEN 位置位即启动 ADC 功能，否则 ADC 功能关闭。在转换过程中关闭 ADC 将立即中止正在进行的转换。这相当于总开关，只有将 ADEN 位置位，ADC 模块才会开始工作。但光有总开关还不够，总开关相当于我们家里的总电源，只有打开才会供电，但并不是全天都需要灯亮，所以每一个灯都会有开关。

(2) ADSC：ADC 开始转换控制位。在单次转换模式下，ADSC 设置为"1"时将启动一次 ADC 转换。在连续转换模式下，ADSC 设置为"1"时将启动首次转换。第一次转换将执行 ADC 初始化的工作。在转换进行过程中读取 ADSC 的返回值为"1"，直到转换结束。ADSC 清零不产生任何动作。ADSC 起到的就是灯的开关的作用，置"1"时，ADC 开始转换。

(3) ADATE：ADC 自动触发使能位。ADATE 配置为"1"时，将启动 ADC 自动触发功能，触发信号的上跳沿启动 ADC 转换。开启后可以实现外部中断触发 ADC 转换，就不需要程序里人为的操控了。其具体功能将结合特殊功能 I/O 寄存器 SFIOR 一起介绍。当然这里的中断也是有开关的，即为 Bit 3 – ADIE：ADC 中断使能。

(4) ADIF：ADC 中断标志位。在 ADC 转换结束，且数据寄存器被更新后，ADIF 将会自动置位。通过前面的介绍可知，ADC 转换过程相当于一个比较的过程，比完后需要存放结果，而这个过程是需要时间的。那么如何判断转换结束了呢？这时就需要看 ADIF 的状态，转换结束时该位会自动置 1，可以通过这一位的数值来判断转换是否结束。如果 ADIE 位及 SREG 中的全局中断使能位 I 也置位，ADC 转换结束中断服务程序即得以执行，同时 ADIF 位由硬件清零。此外，还可以通过向此标志位写"1"来清零。

(5) ADIE：中断使能位。当 ADIE 位及 SREG 的 I 位置位，ADC 转换结束中断即被使能，即打开这个功能。

(6) ADPS2～ADPS0：预分频器选择位，用于确定 XTAL 与 ADC 输入时钟之间的分频因子，如表 8-5 所示。由于在默认条件下，逐次逼近电路需要一个 50～200kHz 的输入时钟以获得最大精度，而我们的学习板中内部为 1MHz，所以需要将频率降低至 50～200kHz，这就是预分频；而所选择的分频因子，就是利用 1MHz 去除以这个分频因子，以此来减小频率。

表 8-5 ADC 模块预分频器选择

ADPS2	ADPS1	ADPS0	分频因子
0	0	0	2
0	0	1	2
0	1	0	4
0	1	1	8
1	0	0	16
1	0	1	32
1	1	0	64
1	1	1	128

8.3.3 ADC 数据寄存器（ADCL 和 ADCH）

ADC 数据寄存器（ADCL 和 ADCH）用于存放 ADC 的转换结果。ADC 转换结果为 10 位，由于 ATmega16 单片机内部寄存器均为 8 位寄存器，无法单独靠一个寄存器完成 10 位数据的记录，因此分别存放于 ADC 数据寄存器 ADCH 及 ADCL 中。如果采用差分通道，其结果将由 2 的补码形式表示。ADMUX 寄存器的 ADLAR 位会影响转换结果在数据寄存器中的表示方式，如果 ADLAR 位置"1"，那么 A/D 转换结果在 ADCH 及 ADCL 中以左对齐方式存储，即 ADCL 中的后 6 位空置，不记录数据；如果 ADLAR 位置"0"，那么 A/D 转换结果在 ADCH 及 ADCL 中以右对齐方式存储，即 ADCH 中的前 6 位空置，不记录数据。左对齐和右对齐方式下 ADCH 及 ADCL 内部位结构如表 8-6 和表 8-7 所示。

表 8-6 左对齐方式（ADLAR=1）下 ADCH 及 ADCL 内部位结构

ADCH 位	ADC9	ADC8	ADC7	ADC6	ADC5	ADC4	ADC3	ADC2
ADCL 位	ADC1	ADC0	—	—	—	—	—	—
读/写	R	R	R	R	R	R	R	R
读/写	R	R	R	R	R	R	R	R
初始值	0	0	0	0	0	0	0	0
初始值	0	0	0	0	0	0	0	0

表 8-7 右对齐方式（ADLAR=0）下 ADCH 及 ADCL 内部位结构

ADCH 位	—	—	—	—	—	—	ADC9	ADC8
ADCL 位	ADC7	ADC6	ADC5	ADC4	ADC3	ADC2	ADC1	ADC0
读/写	R	R	R	R	R	R	R	R
读/写	R	R	R	R	R	R	R	R
初始值	0	0	0	0	0	0	0	0
初始值	0	0	0	0	0	0	0	0

读取 ADCL 寄存器后，ADC 的数据寄存器要等到 ADCH 寄存器内数据也被读出，才能进行数据更新。如果要求转换结果左对齐，且最高只需 8 位的转换精度，那么只需读取 ADCH；否则要先读 ADCL，再读 ADCH，以保证数据寄存器中的内容是同一次转换的结果。例如，

实际转换结果为 1111111101，现在只需 8 位精度。左对齐方式下 ADCH 中的数据为 11111111，
ADCL 中的数据为 01，只读 ADCH 得到 11111111。此时数据与真实数据相差 4 倍，左移 2 位
补 0 即可得到近似数据 1111111100。

　　一旦读出 ADCL，ADC 对数据寄存器的寻址就被阻止了。也就是说，读取 ADCL 之后，
即使在读 ADCH 之前又有一次 ADC 转换结束，数据寄存器的数据也不会更新，从而保证了
转换结果不丢失。ADCH 被读出后，ADC 即可再次访问 ADCH 及 ADCL 寄存器。ADC 转换
结束可以触发中断。即使由于转换发生在读取 ADCH 与读取 ADCL 之间而造成 ADC 无法访
问数据寄存器，并因此丢失了转换数据，中断仍将触发。向 ADC 启动转换位 ADSC 写 "1"
可以启动单次转换。在转换过程中此位保持为高，直到转换结束，然后被硬件清零。如果在
转换过程中选择了另一个通道，那么 ADC 会在改变通道前完成这一次转换。

8.3.4　ADC 特殊功能 I/O 寄存器 SFIOR

　　ADC 特殊功能 I/O 寄存器 SFIOR 用于设置 ADC 模块工作触发源，其内部位结构如表 8-8
所示。其中只有 3 位影响 ADC 模块的工作，用于提高 A/D 转换速度。

表 8-8　ADC 特殊功能 I/O 寄存器 SFIOR 内部位结构

位	ADTS2	ADTS1	ADTS0	—	ACME	PUD	PSR2	PSR10
读/写	R/W	R/W	R/W	R	R/W	R/W	R/W	R/W
初始值	0	0	0	0	0	0	0	0

　　ADTS2～ADTS0：ADC 自动触发源选择位。若 ADCSRA 寄存器的 ADATE 位置位，ADTS
的值将确定触发 A/D 转换的触发源；否则，ADTS 的设置没有意义。被选中的中断标志位在
其上升沿触发 ADC 转换。从一个中断标志位清零的触发源切换到中断标志位置位的触发源会
使触发信号产生一个上升沿。如果此时 ADCSRA 寄存器的 ADEN 为 "1"，ADC 转换即被启
动。切换到连续运行模式时，即使 ADC 中断标志位已经置位，也不会产生触发事件。ADC
的自动触发源如表 8-9 所示。

表 8-9　ADC 模块自动触发源选择

ADTS2	ADTS1	ADTS0	触发源
0	0	0	连续转换模式
0	0	1	模拟比较器
0	1	0	外部中断请求 0
0	1	1	定时器/计数器 0 比较匹配
1	0	0	定时器/计数器 0 溢出
1	0	1	定时器/计数器比较匹配 B
1	1	0	定时器/计数器 1 溢出
1	1	1	定时器/计数器 1 捕捉事件

8.4　ADC 模块的使用

8.4.1　启动一次转换

　　向 ATmega16 单片机的 ADC 控制和状态寄存器 A（ADCSRA）中的启动转换位 ADSC 写入

"1",即可启动单次转换。在转换过程中此位应该保持为高,直到 A/D 转换结束,然后被硬件清零。如果在转换过程中通过修改 ADMUX 寄存器来切换另一个通道,那么 ADC 会在改变通道前完成这一次转换。

ADC 模块启动采样可以有不同的触发源,也就是说可以用不同的事件来触发一次 A/D 转换。当 ADC 控制和状态寄存器 A(ADCSRA)的 ADC 自动触发使能位 ADATE 被使能时,ADC 特殊功能 I/O 寄存器 SFIOR 的 ADC 自动触发源选择位 ADTS 选择的触发源将自动触发转换。当所选的触发信号产生上跳沿时,ADC 预分频器复位并开始转换。这提供了一种在固定时间间隔下启动转换的方法。转换结束后即使触发信号仍然存在,也不会启动一次新的转换。如果在转换过程中触发信号中又产生了一个上跳沿,这个上跳沿将被忽略。即使特定的中断被禁止或全局中断使能位为"0",中断标志位仍将置位。这样可以在不产生中断的情况下触发一次转换。但是为了在下次中断事件发生时触发新的转换,必须将中断标志位清零。

如果使用 ADC 的中断标志位作为触发源,可以在正在进行的转换结束后立即开始下一次 A/D 转换。这样 ADC 就进入连续转换模式,持续地进行采样并对 ADC 数据寄存器进行更新。在这种模式下,后续的 A/D 转换不依赖于 ADC 中断标志位 ADIF 是否置位。

如果使能了自动触发,置位 ADCSRA 寄存器的 ADSC 位将启动单次转换。ADSC 标志位还可用来检测转换是否在进行之中。不论转换是如何启动的,在转换进行过程中 ADSC 位将一直为"1"。

8.4.2 ADC 转换时序

ATmega16 单片机采用逐次逼近 A/D 转换原理,ADC 模块的逐次逼近电路需要一个 $50\sim200kHz$ 的输入时钟以获得最大精度。如果所需的转换精度低于 10 位,那么输入时钟频率可以高于 200kHz,以达到更高的采样率。

ADC 模块中有一个带预分频器的时钟源,如图 8-2 所示。预分频器可以将任何超过 100kHz 的系统工作时钟分频来产生需要的 ADC 时钟。预分频器的分频系数通过 ADC 控制和状态寄存器 A(ADCSRA)的 ADPS 位进行设置。ADCSRA 寄存器的 ADEN 位置位将使能 ADC,预分频器开始计数,直到 ADEN 位被清零。

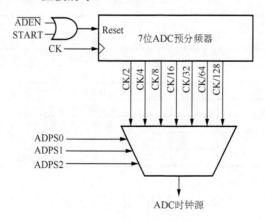

图 8-2 带预分频器的 ADC 时钟源

当 ADC 控制和状态寄存器 A(ADCSRA)的 ADSC 位置位后,单端转换在下一个 ADC 时钟周期的上升沿开始启动。ADC 模块完成一次转换的时间如表 8-10 所示,正常转换需要 13

个 ADC 时钟周期。因为要对 ADC 模块的模拟电路部分进行初始化，ADC 使能后的第一次转换需要 25 个 ADC 时钟周期。

表 8-10　ADC 模块的转换时间

条件	采样&保持时间	转换时间
第一次转换	14.5 个 ADC 时钟	25 个 ADC 时钟
单端正常转换	1.5 个 ADC 时钟	13 个 ADC 时钟
自动触发的转换	2 个 ADC 时钟	13.5 个 ADC 时钟
正常转换/差分	1.5/2.5 个 ADC 时钟	13/14 个 ADC 时钟

在普通的 A/D 转换过程中，采样保持在转换启动之后的 1.5 个 ADC 时钟开始；而第一次 A/D 转换的采样保持则发生在转换启动之后的 13.5 个 ADC 时钟。转换结束后，A/D 转换结果被送入 ADC 数据寄存器，且 ADIF 标志位置位。ADSC 位同时清零（单次转换模式）。之后软件可以再次置位 ADSC 标志位，从而在 ADC 的第一个上升沿启动一次新的转换。使能自动触发时，触发事件发生将复位预分频器。这保证了触发事件和转换启动之间的延时是固定的。在此自动触发模式下，采样保持在触发信号上升沿之后的 2 个 ADC 时钟发生。为了实现同步逻辑，还需要额外的 3 个 CPU 时钟周期。如果采用差分模式，每次转换需要 25 个 ADC 时钟周期。这是由于每次转换结束后 ADC 必须禁用后再重新使能。在连续转换模式下，上一次转换一结束立即开始下一次转换。此时，ADSC 位一直保持为“1”。

8.4.3　ADC 输入通道和参考电源选择

ATmega16 单片机中 ADMUX 寄存器的 MUX4～MUX0 和 REFS1、REFS0 位实际上构成了一个缓冲器，该缓冲器与 MCU 的一个可以随机读取的临时寄存器相通。采用这种结构，可以保证在 A/D 转换启动之前，通道和参考电源的选择可随时进行，但一旦启动 A/D 转换，通道和参考电源将被锁定，就不允许再进行选择了，从而保证 ADC 有充足的采样时间，确保 A/D 转换的正常进行。在转换完成（ADCSRA 寄存器的 ADIF 位置位）之前的最后一个时钟周期，通道和参考电源的选择又可以重新开始。

转换的开始时刻为 ADSC 置位后的下一个时钟的上升沿。因此，建议在置位 ADSC 之后的一个 ADC 时钟周期里，不要操作 ADMUX 以选择新的通道或参考电源。当改变差分输入通道时，一旦选定了差分输入通道，增益放大器就要用 125μs 的时间来稳定该值。因此在选择了新的差分输入通道后的 125μs 内部要启动 A/D 转换，或者将这段时间内的转换结果丢弃。改变 ADC 参考电源后的第一次转换也要遵循以上处理过程。

选择模拟通道时建议遵循以下原则。

(1) 当 ADC 工作于单次转换模式时，总是在启动转换之前选定通道。在 ADSC 置位后的一个 ADC 时钟周期就可以选择新的模拟输入通道了，但是最简单的办法是等待转换结束后再改变通道。

(2) 当 ADC 工作于连续转换模式时，总是在第一次转换开始之前选定通道。在 ADSC 置位后的一个 ADC 时钟周期就可以选择新的模拟输入通道了，但是最简单的办法是等待转换结束后再改变通道。然而，此时新一次转换已经自动开始了，下一次的转换结果反映的是以前选定的模拟输入通道，之后的转换才是针对新通道的。

(3) 当 ADC 切换到差分增益通道，由于自动偏移抵消电路需要沉积时间，第一次转换结果准确率很低。用户最好舍弃第一次转换结果。

ADC 模块的参考电压(V_{REF})决定了 ADC 转换的范围。若单端通道的输入电压超过 V_{REF}，其转换结果将无限接近于 0x3FF。ADC 模块的 V_{REF} 可以来自 AVCC、内部 2.56V 基准或外接于 AREF 引脚的电压。

AVCC 引脚通过一个无源开关与 ADC 相连，片内的 2.56V 参考电压由内部能隙基准源（VBG）通过内部放大器产生。无论使用何种参考电源，外部 AREF 都直接与 ADC 模块相连，因此可以通过在 AREF 与地之间外加电容来提高参考电压的抗噪性。V_{REF} 可通过高输入内阻的电压表在 AREF 引脚测得。由于 V_{REF} 的阻抗很高，因此只能连接容性负载。

如果在 AREF 引脚外加一个固定电压源，用户则不能选择其他的参考电源，因为这会导致片内基准源与外部参考源的短路。如果 AREF 引脚没有连接任何外部参考源，用户可以选择 AVCC 或 2.56V 作为基准电压源。注意：参考源改变后的第一次 A/D 转换结果可能不准确，建议舍弃这一次的转换结果。如果使用差分通道，所选参考电压不应接近 AVCC。

8.4.4 A/D 转换结果

A/D 转换结束（ADIF=1）后，转换结果存放在 ADC 数据寄存器（ADCL、ADCH）中。对于单端输入的 A/D 转换，其转换结果为

$$ADC = \frac{V_{IN} \times 1024}{V_{REF}}$$

其中，V_{IN} 为待转换的输入引脚的电压，V_{REF} 为选定的参考电源电压。

如果转换结果为 0x000，表示输入引脚的电压为模拟地；如果转换结果为 0x3FF，表示输入引脚的电压为所选参考电源电压减去 1LSB。

对于差分转换，则转换结果为

$$ADC = \frac{(V_{POS} - V_{NEG}) \times GAIN \times 512}{V_{REF}}$$

其中，V_{POS} 为输入引脚的正电压，V_{NEG} 为输入引脚的负电压，GAIN 为使用的增益因子，V_{REF} 为选定的参考电源电压。

使用差分通道的转换结果用 2 的补码形式表示，数值范围为 0x200～0x1FF。若需要对转换结果执行快速极性检测，应该读取转换结果的 MSB 位（ADCH 寄存器中的 ADC9 位）。如果该位为"1"，表示转换结果为负；如果该位为"0"，表示转换结果为正。

8.5 简易数字电压表

在单片机应用系统中常常需要获得一些物理量，而这些物理量不能直接由单片机系统测得，此时需要将这些物理量转换为能测量的电信号。最常见的电信号有电压和电流，例如测温时常常将温度信号通过 PT 电阻转换为一定的电阻值，再通过一定分压电路将电阻值转换为电压值，单片机测得当前电压值，通过相应的公式反算出当前温度值。电压测量在单片机应用系统开发中非常常见。

用 ATmega16 单片机作为主控芯片设计一个简易数字电压表，要求利用单片机内部的 ADC 模块进行转换，转换后的结果换算成测量的电压值在 4 位共阴数码管显示。测量输入电压 0～5V，保留 2～3 位小数。

8.5.1　硬件电路设计

数字电压表的功能是将连续的模拟电压信号经过 A/D 转换器转换成二进制数值，再由单片机转换成十进制数值来显示。根据设计要求选用 ATmega16 单片机和 4 位数码管来实现。该系统主要由 ATmega16 单片机、模拟电压和多位数码管显示电路组成，如图 8-3 所示。其中，ATmega16 单片机起着连接硬件电路、程序运行及存储数据的作用。ATmega16 单片机通过内部 ADC 将模拟电压转换后的结果存到 RAM，单片机调出转换显示程序，将转换后的二进制数据再转换为十进制数并送数码管，显示相应电压。

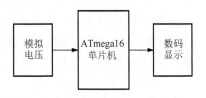

图 8-3　简易数字电压表系统框图

简易数字电压表硬件电路设计的重点是设计合理的分压电路，在此使用电位器产生电阻分压电路。电位器的动片连接在 ATmega16 单片机的模拟信号采集端口 PA0，改变电位器动片的位置，就可以改变 PA0（ADC0）与地之间的电阻值。根据串联电路分压原理，PA0 的电压就会发生变化，从而产生变化的模拟电压供单片机采集。由于单片机的 ADC 输入接口与 PA 口是功能复用的，使用内部 ADC 模块后，一般剩余的其他 PA 引脚也不再作为 I/O 端口使用。使用 AVCC 上接电压源 VCC 作为参考电压。考虑到实验操作中的意外干扰信号，AREF 端通过一个 0.1μF 的电容器连接到参考电压 AVCC。4 位数码管显示电路段选信号接 PD 口，位选信号 PB0～PB3。简易数字电压表总体硬件电路原理图如图 8-4 所示。

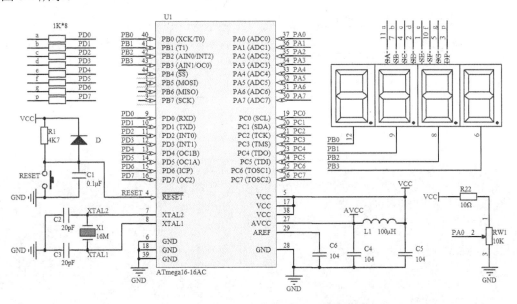

图 8-4　简易数字电压表硬件电路原理图

8.5.2　软件设计

通常情况下，ADC 的逐次比较转换电路要达到最大精度，需要 50～200kHz 的采样时钟。系统采用外接 16MHz 晶振，远大于 ADC 的采样时钟频率，因此需要将此频率变成 ADC 所需的采样时钟频率。ADC 模块中的预分频器可对大于 100kHz 的系统时钟进行分频，以获得合适的 ADC 时钟。预分频器的分频系数由 ADCSRA 寄存器中的 ADPS2～ADPS0 位设置。设置

ADPS2～ADPS0=111，即分频系数为 128，ADC 的采样时钟频率为 16MHz/128=125kHz，满足 ADC 模块采样时钟要求。

单端输入 A/D 转换正常转换需要 13～14 个 ADC 时钟，即启动下次转换时，必须保证上次转换时间至少为 14/125kHz=0.112ms，因此可以在程序中编写大于 0.112ms 的延时程序。比如可以采用 T/C0 定时中断，每 2ms 中断一次，作为 ADC 自动触发转换的触发源信号。

在 A/D 转换完成中断服务程序中，需要将转换的结果换算成电压值。由于转换的结果为无符号整数型，在换算时为了保证计算不会溢出，最好先将该数值的类型强制为长整型，再乘以 5000，最后除以 1024，即可得到换算后的电压数据。

综上所述，该程序主要由 T/C0 比较匹配中断函数、A/D 转换完成中断函数、LED 显示驱动函数等部分组成。其程序流程图如图 8-5 所示。

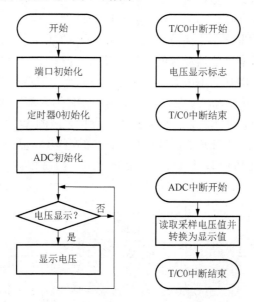

图 8-5　简易数字电压表程序流程图

程序代码如下：

```
/***************************************************************
作者：北京科技大学自动化学院索奥科技中心
功能：简易数字电压表(T/C0 中断)
硬件：ATmega16 单片机学习板，外部晶振 16MHz，PA0
***************************************************************/
#include "iom16v.h"
#include "macros.h"
unsigned char LED[10] = {0x3f,0x06,0x5b,0x4f,0x66,0x6d,0x7d,0x07,0x7f,0x6f};
unsigned char adc_ready;
unsigned int adc_vol;
/*-------------------------------------------------------------
函数功能：延时 1ms
函数说明：16MHz 晶振，
    (3*cnt_j+2)*cnt_i*(1/16)=(3*66+2)*80*(1/16)=1000us=1ms
-------------------------------------------------------------*/
void Delay_1_ms(void)
{
```

```
    unsigned int cnt_i,cnt_j;
    for(cnt_i=0;cnt_i<80;cnt_i++)
    {
        for(cnt_j=0;cnt_j<66;cnt_j++)
        {
        }
    }
}
/*------------------------------------------------------------------
函数功能：延时若干 ms
输入参数：n_ms
------------------------------------------------------------------*/
void Delay_n_ms(unsigned int n_ms)
{
    unsigned int cnt_i;
    for(cnt_i=0;cnt_i<n_ms;cnt_i++)
    {
        Delay_1_ms();
    }
}
/*------------------------------------------------------------------
函数功能：定时器/计数器 0 比较匹配中断服务程序
------------------------------------------------------------------*/
#pragma interrupt_handler Timer0_COMP_isr:iv_TIM0_COMP
void Timer0_COMP_isr(void)
{
    adc_ready=0x01;
}
/*------------------------------------------------------------------
函数功能：A/D 转换完成中断服务程序
------------------------------------------------------------------*/
#pragma interrupt_handler ADC_INT_isr:iv_ADC
void ADC_INT_isr(void)
{
    unsigned int adc_data;
    adc_data=(unsigned int)ADCL;              //读取低 8 位
    adc_data|=((unsigned int)(ADCH&0x03))<<8; //读取高 2 位
    adc_data = (unsigned long)adc_data*5000/1024;
}
                                              //端口初始化
void Port_Init(void)
{
    DDRA  = 0x00;                             //模拟量由 PA0 输入
    PORTA = 0x00;
    DDRB  = 0x0F;                             //PB 端口低 4 位输出，数码管的位选
    PORTB = 0xFF;
    DDRD  = 0xFF;                             //PD 端口输出，数码管段选
    PORTD = 0x00;                             //共阴数码管，全灭
}
/*------------------------------------------------------------------
函数功能：T/C0 初始化
------------------------------------------------------------------*/
```

```
void Timer0_Init(void)
{
    TCCR0 = 0x0B;                    //内部时钟，64 分频，CTC 模式
    TCNT0 = 0x00;
    OCR0=0xF9;                       //2ms
    TIMSK = 0x02;                    //允许 T/C0 比较中断
}
/*---------------------------------------------------------------
函数功能：ADC 初始化
----------------------------------------------------------------*/
void ADC_Init(void)
{
    ADMUX=0x40;                      //参考电压选择 AVCC，AD0 单端输入
    SFIOR&=0x1F;
    SFIOR|=0x60;                     //选择 T/C0 比较匹配中断为 ADC 触发源
    ADCSRA=0xAE;                     //ADC 允许，自动触发转换，A/D 转换中断允许，128 分频
}
void Voltage_Display(unsigned int voltage)
{
    unsigned char i,vol_char;
    for(i=0;i<4;i++)
    {
        PORTB = ~(1<<i);       //第 i 位显示
        switch(i)
        {
        case 0:
            vol_char =voltage/1000;
            vol_char =LED[vol_char];
            vol_char +=0x80;  //显示小数点
            break;
        case 1:
            vol_char =(voltage/100)%10;
            vol_char =LED[vol_char];
            break;
        case 2:
            vol_char =(voltage/10)%10;
            vol_char =LED[vol_char];
            break;
        case 3:
            vol_char =voltage%10;
            vol_char =LED[vol_char];
            break;
        }
        PORTD=vol_char;
        Delay_n_ms(2);                //延时
    }
}
void main(void)
{
    CLI();
    Port_Init();
    Timer0_Init();
```

```
    ADC_Init();
    SEI();
    while(1)
    {
        if(adc_ready==1)
        {
            Voltage_Display(adc_vol);
            adc_ready=0;
        }
    }
}
```

8.5.3　系统调试

首先在 ICC AVR8 中创建项目，输入源代码并编译生成"简易数字电压表.cof"文件。将 ATmega16 单片机学习板上的 P7 短接，连接蜂鸣器到单片机的 PB3 端口。然后下载程序"简易数字电压表.hex"到目标板进行调试。手动调节电位器，可以看到 4 位共阴极数码管显示的电压值也会有所变化。多次滑动可调电阻，可以看出 LED 数码管显示的电压值即为实际所测得电压值。

可用电池进行测试，新的电池电压在 1.5V 左右。注意须将电池的地接在单片机 GND 上，不要短路。

【思考练习】

(1) ADC 的转换精度与哪些因素有关？如何提高 ADC 的转换精度？

(2) ATmega16 单片机 ADC 的参考电压和转换结果的精度有何关系？

(3) 如何选择 ATmega16 单片机 ADC 的时钟频率？

(4) 正确使用 ATmega16 单片机 ADC 模块在硬件和软件设计方面需要考虑哪些因素？

(5) 采用 LCD1602 液晶显示模块实现简易数字电压表。

第9章　异步通信模块及其应用

【学习目标】

(1)了解单片机串行通信原理以及 RS-232C、USB(Universal Serial Bus,通过串行总线)总线标准。

(2)会使用 USB 接口建立单片机与计算机之间的相互通信。

(3)了解 ATmega16 单片机异步传输接口 USART。

(4)掌握 ATmega16 单片机 USART 相关寄存器配置以及波特率的计算。

(5)掌握 ATmega16 单片机 USART 通信应用系统设计。

9.1　单片机串行通信原理

单片机系统设计中,经常要使用单片机串行口与外部设备进行通信,实现数据交互,如单片机与单片机通信、单片机与 PC 通信等。按照数据格式可分为异步通信和同步通信两种方式。按照硬件通信协议可分为 RS-232、RS-485、CAN、USB 等。USB 是近些年发展起来的新型接口标准,主要应用于高速数据传输领域。

9.1.1　串行通信

串行通信是指单片机将数据以位为单位进行传输。按照串行数据的时钟控制方式,可将串行通信分为异步串行通信(Asynchronous Communication)和同步串行通信(Synchronous Communication)两种方式。

1. 异步串行通信

采用异步串行通信方式时,数据以字符(或字节)为单位组成字符帧(Character Frame)后进行传输,这些字符帧在发送端逐帧地发送,在接收端通过数据线逐帧地接收字符或字节。在发送端和接收端,可以由各自的时钟控制数据的发送和接收,这两个时钟彼此独立,互不同步。字符帧和波特率是异步串行通信的两个重要指标。

字符帧也称为数据帧,它具有一定的格式,如图 9-1 所示。字符帧由起始位、数据位、奇偶校验位、停止位等 4 部分组成。起始位位于字符帧的开头,只占 1 位,始终为逻辑低电平,发送器通过发送起始位表示一个字符传送的开始。起始位之后紧跟着的是数据位,在数据位中规定,低位在前(左),高位在后(右)。由于字符编码方式不同,用户根据需要,数据位可取 5 位、6 位、7 位或 8 位。若传送的数据为 ASCII 字符,则数据位常取 7 位。在数据位之后是奇偶校验位,只占 1 位,用于检查传输字符的正确性,有奇校验、偶校验或无校验 3 种检验方式。奇偶校验位之后是停止位,位于字符帧的末尾,表示一个字符传送结束,为逻辑高电平。通常停止位可取 1 位、1.5 位或 2 位。

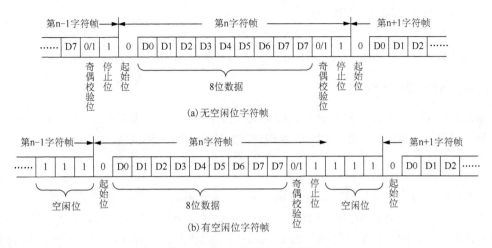

图9-1　串行异步通信字符帧格式

从起始位开始到停止位为止的全部内容称为一帧，帧是一个字符的完整通信格式。在串行通信中，发送端逐帧发送信息，接收端逐帧接收信息。两相邻字符帧之间可以无空闲位，如图9-1(a)所示；也可以有空闲位，如图9-1(b)所示。两相邻字符帧之间是否有空闲位由用户根据需要而定。

数据传输速率称为波特率，即每秒传送二进制代码的位数，单位为 bit/s。波特率是串行通信中的一个重要性能指标，用于表示数据传送的速度。波特率越高，数据传送的速度越快。波特率越高，信道频带越宽，因此波特率也是衡量通道频宽的重要指标。

2. 同步串行通信

同步串行通信是一种连续传送数据的通信方式，一次通信可传送若干个字符信息。同步串行通信的字符帧与异步串行通信的字符帧不同，它通常含有若干个数据字符，如图9-2所示。

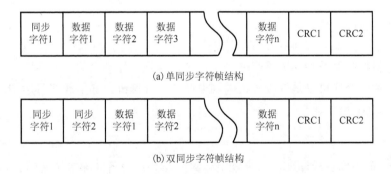

图9-2　同步串行通信字符帧格式

同步串行通信的字符帧由同步字符、数据字符、校验字符CRC 3部分组成。同步字符位于字符帧的开头，用于确认数据字符的开始(接收端不断地对传输线采样，并把采样的字符和双方约定的同步字符进行比较，比较成功后才把后面接收到的字符存储起来)。校验字符位于字符帧的末尾，用于对接收到的字符进行正确性的校验。数据字符长度由所需传送的数据块长度决定。如图9-2(a)所示为单同步字符帧格式，如图9-2(b)所示为双同步字符帧格式。

在同步串行通信中，同步字符既可采用统一的标准格式，也可由用户约定。通常单同步字符帧中的同步字符采用的是 ASCII 码中规定的 SYN(即 16H)，双同步字符帧中的同步字符采用的是国际通用标准代码 EB90H。

同步串行通信的数据传送速率较高，通常可达 56kbit/s 或更高；但是同步串行通信要求发送时钟和接收时钟必须保持严格同步，且发送时钟频率和接收时钟频率一致。

9.1.2　常用硬件通信协议

单片机应用系统常用的硬件通信协议有 RS-232C、RS-485、CAN（Controlled Area Network，控制器局域网）、USB 等，分别有对应的硬件芯片完成对应的协议转换工作。

1. RS-232C

EIA RS-232C 是由 EIA（Electronic Industry Association，美国工业电子工业协会）在 1969 年颁布的一种串行物理接口标准。RS 是 Recommended Standard 的缩写，即推荐标准。RS-232C 总线标准设有 25 条信号线，精简版 RS-232C 总线标准有 9 条信号线，包括一个主通道和一个辅助通道，是一种全双工通信协议，支持同时发送和接收数据。在 ATmega16 单片机应用系统中，RS-232C 常用于单片机与 PC 机、短距离的单片机与单片机或其他处理器之间的数据传输。常见的 RS-232 接口芯片有 MAX232、MAX3232 等。

2. RS-485

RS-485 也是由 EIA 制定的一种串行物理接口标准，主要用于多机和长距离通信。RS-485 采用平衡发送和差分接收，具有抑制共模干扰的能力。在通信距离几十米到几千米时，广泛采用 RS-485 串行总线标准。RS-485 总线标准多采用两线制接线方式，这种接线方式为总线式拓扑结构，在同一总线上最多可以挂接 32 个节点。RS-485 是一种半双工通信协议，在同一时间只能发送或接收数据。常见的 RS-485 接口芯片有 MAX485 等。RS-485 的全双工版本是 RS-422，采用四线制物理连接方式。常见的 RS-422 接口芯片有 MAX491 等。

3. CAN

CAN 是由以研发和生产汽车电子产品著称的德国 Bosch 公司研制的，是国际上应用最广泛的现场总线之一。高可靠性和良好的错误检测能力，使其得到业界的高度重视，被广泛应用于汽车计算机控制系统和环境温度恶劣、电磁辐射强、振动大的工业环境。CAN 总线是一种多主总线，通信介质可以是双绞线、同轴电缆或光导纤维，通信速率可达 1Mbit/s。常见的 CAN 芯片有 SJA1000 等。

4. USB

USB 是一个外部总线标准，用于规范计算机与外部设备的连接和通信。1994 年年底由 Intel、Compaq、IBM、Microsoft 等多家公司联合提出，自 1996 年推出后，已成功替代串口和并口，成为当今个人计算机（Personal Computer，PC）和大量智能设备的必配接口之一。USB 接口支持设备的即插即用和热插拔功能，可连接多达 127 种外设，如鼠标、调制解调器和键盘等。

USB 1.0/1.1 最大传输速率 12Mbit/s；USB 2.0 最大传输速率 480Mbit/s，向下兼容 USB 1.0/1.1；USB 3.0 最大传输速率 5Gbit/s，向下兼容 USB 1.0/1.1/2.0。USB 只有 4 条线，两条电源、两条信号。

9.2　USART 模块概述

9.2.1　USART 模块特点

ATmega16 单片机内部集成了一个全双工通用同步/异步串行数据收发(USART)模块，其主要特点如下。

(1)全双工操作(相互独立的接收数据和发送数据)。

(2)同步操作时，可主机时钟同步，也可从机时钟同步。

(3)独立的高精度波特率发生器，不占用定时器/计数器。

(4)支持 5、6、7、8 和 9 位数据位，1 或 2 位停止位的串行数据帧结构。

(5)由硬件支持的奇偶校验位发生和检验。

(6)数据溢出检测。

(7)帧错误检测。

(8)包括错误起始位的检测噪声滤波器和数字低通滤波器。

(9)3 个完全独立的中断：TX 发送完成、TX 发送数据寄存器空、RX 接收完成。

(10)支持多机通信模式。

(11)支持倍速异步通信模式。

9.2.2　USART 模块的组成

ATmega16 单片机内部集成了一个全双工通用同步/异步串行数据收发(USART)模块。USART 模块是一个高度灵活的串行通信设备，它由时钟发生器、数据发送器和数据接收器 3 部分组成，控制寄存器由 3 个单元共享。

时钟发生器为发送器和接收器产生基础时钟，由同步逻辑电路(在同步从机模式下由外部时钟输入驱动)和波特率发生器组成。发送时钟引脚 XCK 仅用于同步模式。发送器包含一个单独的写入缓冲器(发送 UDR)、一个串行移位寄存器、校验位发生器和用于处理不同帧结构的控制逻辑电路。使用写入缓冲器，可以保持连续发送多帧数据而不会在数据帧之间引入延迟。接收器是 USART 模块中最复杂的部分，具有时钟和数据恢复单元。数据恢复单元用于异步数据的接收。除了恢复单元，接收器还包括校验位校验器、控制逻辑、移位寄存器和两级接收缓冲器(接收 UDR)。接收器支持与发送器相同的帧结构，同时支持帧错误、数据溢出和校验错误的检测。

9.2.3　时钟发生器

时钟发生器用于为发送器和接收器提供基本时钟。USART 支持 4 种模式的时钟，即异步正常模式、异步倍速模式、同步主机模式以及同步从机模式。USART 控制位 UMSEL 和状态寄存器 C(UCSRC)用于选择异步模式和同步模式。倍速模式(只适用于异步模式)受控于 UCSRA 寄存器的 U2X 位。使用同步模式(UMSEL = 1)时，XCK 的数据方向寄存器(DDR_XCK)决定时钟源是由内部产生(主机模式)还是由外部产生(从机模式)。XCK 引脚仅在同步模式下有效。

1. 片内时钟产生(波特率发生器)

波特率发生器产生的时钟被用于异步模式与同步主机模式。USART 的波特率寄存器 UBRR 和降序计数器相连接,一起构成可编程的预分频器或波特率发生器。降序计数器对系统时钟计数,当其计数到 0 或 UBRRL 寄存器被写时,会自动装入 UBRR 寄存器的值。当计数到 0 时产生一个时钟,该时钟作为波特率发生器的输出时钟,其频率为 $f_{osc}/(UBRR+1)$。发送器对波特率发生器的输出时钟进行 2、8 或 16 的分频,具体情况取决于工作模式。波特率发生器的输出被直接用于接收器与数据恢复单元。数据恢复单元使用了一个有 2、8 或 16 个状态的状态器,具体状态数由 UMSEL、U2X 与 DDR_XCK 位设定的工作模式决定。表 9-1 给出了计算波特率(位/秒)以及每一种使用内部时钟源工作模式的 UBRR 值的公式,其中 UBRR 为波特率寄存器 UBRRH、UBRRL 中的值(0~4095)。

表 9-1　波特率计算公式

使用模式	波特率(bit/s)计算公式	UBRR 值的计算公式
异步正常模式(U2X=0)	$BAUD = \dfrac{f_{osc}}{16 \times (UBRR+1)}$	$UBRR = \dfrac{f_{osc}}{16 \times BAUD} - 1$
异步倍速模式(U2X=1)	$BAUD = \dfrac{f_{osc}}{8 \times (UBRR+1)}$	$UBRR = \dfrac{f_{osc}}{8 \times BAUD} - 1$
同步主机模式	$BAUD = \dfrac{f_{osc}}{2 \times (UBRR+1)}$	$UBRR = \dfrac{f_{osc}}{2 \times BAUD} - 1$

2. 倍速工作模式

通过设置 UCSRA 寄存器的 U2X 位,可以使传输速率加倍。该位只对异步模式有效。当工作在同步模式时,设置该位为“0”。通过对该位的设置,把波特率分频器的分频值从 16 降到 8,使异步通信的传输速率加倍。此时接收器只使用一半的采样数对数据进行采样及时钟恢复,因此在该模式下需要更精确的系统时钟与更精确的波特率设置。发送器则没有这个要求。

3. 外部时钟

在同步从机模式下,数据的发送与接收是由外部时钟驱动的。输入到 XCK 引脚的外部时钟由同步寄存器进行采样,用以提高稳定性。同步寄存器的输出通过一个边沿检测器,然后应用于发送器与接收器。这一过程引入了 2 个 CPU 时钟周期的延时,因此外部 XCK 的最大时钟频率由下式限制

$$f_{xck} < \frac{f_{osc}}{4}$$

4. 同步时钟操作

使用同步模式(UMSEL = 1)时,XCK 引脚用于时钟输入(从机模式)或时钟输出(主机模式)。时钟的边沿、数据的采样与数据的变化之间的关系是,在改变数据输出端 TxD 的 XCK 时钟的相反边沿对数据输入端 RxD 进行采样。

UCRSC 寄存器的 UCPOL 位用于确定使用 XCK 时钟的哪个边沿对数据进行采样和改变输出数据。如图 9-3 所示,当 UCPOL=0 时,在 XCK 的上升沿改变输出数据,在 XCK 的下降沿进行数据采样;当 UCPOL=1 时,在 XCK 的下降沿改变输出数据,在 XCK 的上升沿进行数据采样。

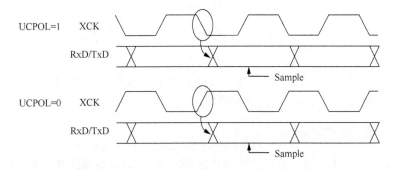

图 9-3 同步模式下的 XCK 时序

9.2.4 帧格式及校验位的计算

串行数据帧由数据位、同步位(起始位与停止位)以及用于纠错的奇偶校验位构成。USART 接受以下 30 种组合的数据帧格式:1 个起始位;5、6、7、8 或 9 个数据位;无校验位、奇校验或偶校验位;1 或 2 个停止位。

数据帧从起始位开始;紧接着是数据的最低位(最多可以有 9 个数据位),以数据的最高位结束;如果使能了校验位,校验位将紧接着数据位;最后是停止位。当一个完整的数据帧传输后,可以立即传输下一个新的数据帧,或使传输线处于空闲状态。如图 9-4 所示为可能的数据帧结构组合,括号中的位是可选的。其中,St 为起始位,总是为低电平;"[n]"为数据位 (0~8);P 为校验位,可以为奇校验或偶校验;Sp 为停止位,总是为高电平;IDLE 通信线上没有数据传输(RxD 或 TxD),线路空闲时必须为高电平。

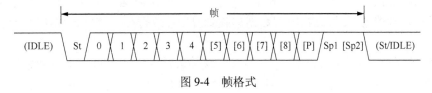

图 9-4 帧格式

数据帧的结构由 UCSRB 和 UCSRC 寄存器中的 UCSZ2~UCSZ0、UPM1~UPM0 以及 USBS 位设定。接收与发送使用相同的设置。设置的任何改变都可能破坏正在进行的数据传送与接收。

USART 的字长位 UCSZ2~UCSZ0 确定了数据帧的数据位数;校验位 UPM1、UPM0 用于使能与决定校验的类型;USBS 位用于设置帧有 1 位或 2 位停止位。接收器忽略第 2 个停止位,因此帧错误(FE)只在第 1 个停止位为"0"时被检测到。

校验位的计算是对数据的各个位进行异或运算。如果选择了奇校验,则异或结果还需要取反。校验位与数据位的关系如下:

$$P_{\text{even}} = d_{n-1} \oplus \cdots \oplus d_0 \oplus 0$$
$$P_{\text{odd}} = d_{n-1} \oplus \cdots \oplus d_0 \oplus 1$$

其中,P_{even} 为偶校验结果,P_{odd} 为奇校验结果,d_n 为第 n 个数据位。

校验位处于最后一个数据位与第一个停止位之间。

9.3　USART 模块相关寄存器

ATmega16 单片机内部有一个独立的 USART 模块。与其他模块类似，仍然是通过对相关寄存器的操作来完成对 USART 的控制和使用。

9.3.1　USART 数据寄存器 UDR

ATmega16 单片机 USART 模块的发送数据缓冲寄存器（简称发送缓冲器）和接收数据缓冲寄存器（简称接收缓冲器）使用同一 I/O 地址，统称为 USART 数据寄存器 UDR。将数据写入 UDR 时，实际操作的是发送数据缓冲寄存器（TXB）；读 UDR 时，返回的是接收数据缓冲寄存器（RXB）的内容。USART 数据寄存器 UDR 的内部位结构如表 9-2 所示。

表 9-2　USART 数据寄存器 UDR 的内部位结构

位	UDR 读	RXB7	RXB6	RXB5	RXB4	RXB3	RXB2	RXB1	RXB0
	UDR 写	TXB7	TXB6	TXB5	TXB4	TXB3	TXB2	TXB1	TXB0
读/写		R/W	R/W	R/W	R/W	R/W	R/W	R/W	R/W
初始值		0	0	0	0	0	0	0	0

如果发送的数据帧不足 8 位，即在 5、6、7 位字长模式下，UDR 寄存器中未使用的高位在发送时将被忽略，而接收时则将它们设置为“0”。

只有当 UCSRA 寄存器的 UDRE 标志位置位后才可以对发送缓冲器进行写操作。如果 UDRE 位没有被置位，那么写入 UDR 的数据会被 USART 发送器忽略。当数据写入发送缓冲器后，若移位寄存器为空，发送器将把数据加载到发送移位寄存器。然后数据串行地从 TXD 引脚输出。

接收缓冲器包含一个两级 FIFO。一旦接收缓冲器被寻址，FIFO 就会改变它的状态。因此建议不要对这一存储单元使用读-修改-写指令（SBI 和 CBI），使用位查询指令（SBIC 和 SBIS）时也要小心，因为这也有可能改变 FIFO 的状态。

9.3.2　USART 控制和状态寄存器 A（UCSRA）

USART 控制和状态寄存器 A（UCSRA）主要用于存放各种状态并对其进行部分控制，其内部位结构如表 9-3 所示。

表 9-3　USART 控制和状态寄存器 A（UCSRA）的内部位结构

位	RXC	TXC	UDRE	FE	DOR	UPE	U2X	MPCM
读/写	R	R/W	R	R	R	R	R/W	R/W
初始值	0	0	1	0	0	0	0	0

（1）RXC：USART 接收结束标志位。接收缓冲器中有未读出的数据时 RXC 位置位，否则清零。接收器禁止时，接收缓冲器被刷新，导致 RXC 位清零。该标志位可用来产生接收结束中断（参见 RXCIE 位的描述）。

（2）TXC：USART 发送结束标志位。发送移位缓冲器中的数据被送出，且当发送缓冲器（UDR）为空时 TXC 位置位。执行发送结束中断时，TXC 标志位自动清零。此外，也可以通过写"1"来清零。TXC 标志位可用来产生发送结束中断(参见 TXCIE 位的描述)。

(3)UDRE：USART 数据寄存器空标志位，用于表示发送缓冲器(UDR)是否准备好接收新数据。UDRE 为"1"说明缓冲器为空，已准备好进行数据接收。UDRE 标志位可用来产生数据寄存器空中断(参见 UDRIE 位的描述)。复位后 UDRE 位置位，表明发送器已经就绪。

(4)FE：帧错误标志位。如果接收缓冲器接收到的下一个字符有帧错误，即接收缓冲器中的下一个字符的第 1 个停止位为"0"，那么 FE 位置位。该位一直有效，直到接收缓冲器(UDR)被读取。当接收到的停止位为 1 时，FE 标志位为"0"。对 UCSRA 进行写入时，这一位要写"0"。

(5)DOR：数据溢出标志位。数据溢出时 DOR 位置位。当接收缓冲器满(包含了 2 个数据)，接收移位寄存器又有数据，若此时检测到一个新的起始位，数据溢出就产生了。该位一直有效，直到接收缓冲器(UDR)被读取。对 UCSRA 进行写入时，这一位要写"0"。

(6)UPE：奇偶校验错误标志位。当奇偶校验使能(UPM1=1)，且接收缓冲器中所接收到的下一个字符有奇偶校验错误时，UPE 位置位。该位一直有效，直到接收缓冲器(UDR)被读取。对 UCSRA 进行写入时，这一位要写"0"。

(7)U2X：倍速发送设置位。这一位仅对异步操作有影响，使用同步操作时将此位清零。此位置"1"可将波特率分频因子从 16 降到 8，从而有效地将异步通信模式的传输速率加倍。

(8)MPCM：多处理器通信模式设置位。设置此位将启动多处理器通信模式。MPCM 位置位后，USART 接收器接收到的那些不包含地址信息的输入帧都将被忽略。发送器不受 MPCM 设置的影响。

9.3.3　USART 控制和状态寄存器 B(UCSRB)

USART 控制和状态寄存器 B(UCSRB)主要用于设置 USART，其内部位结构如表 9-4 所示。

表 9-4　USART 控制和状态寄存器 B(UCSRB)的内部位结构

位	RXCIE	TXCIE	UDRIE	RXEN	TXEN	UCSZ2	RXB8	TXB8
读/写	R/W	R/W	R/W	R/W	R/W	R/W	R/W	R/W
初始值	0	0	0	0	0	0	0	0

(1)RXCIE：接收结束中断使能设置位。该位置位后使能 RXC 中断。当 RXCIE 位为"1"，SREG 寄存器的全局中断使能位 I 置位，UCSRA 寄存器的 RXC 位亦为"1"时，可以产生 USART 接收结束中断。

(2)TXCIE：发送结束中断使能设置位。该位置位后使能 TXC 中断。当 TXCIE 位为"1"，SREG 寄存器的全局中断使能位 I 置位，UCSRA 寄存器的 TXC 位亦为"1"时，可以产生 USART 发送结束中断。

(3)UDRIE：USART 数据寄存器空中断使能设置位。该位置位后使能 UDRE 中断。当 UDRIE 为"1"，SREG 寄存器的全局中断使能位 I 置位，UCSRA 寄存器的 UDRE 亦为"1"时，可以产生 USART 数据寄存器空中断。

(4)RXEN：接收使能设置位。该位置位后将启动 USART 接收器。RxD 引脚的通用端口功能被 USART 功能所取代。禁止接收器将刷新接收缓冲器，并使 FE、DOR 及 UPE 标志位无效。

（5）TXEN：发送使能位。该位置位后将启动 USART 发送器。TxD 引脚的通用端口功能被 USART 功能所取代。TXEN 位清零后，只有等到所有的数据发送完成后（即发送移位寄存器与发送缓冲器中没有要传送的数据），发送器才能真正禁止。发送器禁止后，TxD 引脚恢复其通用 I/O 功能。

（6）UCSZ2：字符长度设置位。UCSZ2 与 UCSRC 寄存器的 UCSZ1、UCSZ0 结合在一起可以设置数据帧所包含的数据位数（字符长度）。

（7）RXB8：接收数据位 8 设置位。对 9 位串行帧进行操作时，RXB8 是第 9 个数据位。读取 UDR 包含的低位数据之前，首先要读取 RXB8。

（8）TXB8：发送数据位 8 设置位。对 9 位串行帧进行操作时，TXB8 是第 9 个数据位。写 UDR 之前，首先要对它进行写操作。

9.3.4 USART 控制和状态寄存器 C（UCSRC）

USART 控制和状态寄存器 C（UCSRC）主要用于对 USART 进行相关设置，其内部位结构如表 9-5 所示。UCSRC 寄存器与 UBRRH 寄存器共用相同的 I/O 地址。

表 9-5 USART 控制和状态寄存器 C（UCSRC）的内部位结构

位	URSEL	UMSEL	UPM1	UPM0	USBS	UCSZ1	UCSZ0	UCPOL
读/写	R/W	R/W	R/W	R/W	R/W	R/W	R/W	R/W
初始值	1	0	0	0	0	1	1	0

（1）URSEL：寄存器选择位。通过该位选择访问 UCSRC 寄存器或 UBRRH 寄存器。当读 UCSRC 时，该位为 "1"；当写 UCSRC 时，该位必须为 "1"。

（2）UMSEL：USART 工作模式选择位。通过这一位来选择同步或异步工作模式，UMSEL 位置 "1"，选择同步模式；UMSEL 位置 "0"，选择异步模式。

（3）UPM1、UPM0：奇偶校验模式设置位，用于设置奇偶校验的模式并使能奇偶校验，具体设置如表 9-6 所示。如果使能了奇偶校验，那么在发送数据时发送器会自动产生并发送奇偶校验位，对每一个接收到的数据，接收器会产生一奇偶值，并与 UPM0 所设置的值进行比较，如果不匹配， UCSRA 中的 UPE 位将置位。

表 9-6 UPM 设置

UPM1	UPM0	奇偶模式
0	0	禁止
0	1	保留
1	0	偶校验
1	1	奇校验

（4）USBS：停止位设置位。通过这一位可以设置停止位的位数。接收器忽略这一位的设置。USBS 位置 "0"，1 位停止位；USBS 位置 "1"，2 位停止位。

（5）UCSZ1、UCSZ0：字符长度设置位。UCSZ1、UCSZ0 与 UCSRB 寄存器的 UCSZ2 结合在一起可以设置数据帧包含的数据位数（字符长度），如表 9-7 所示。

表 9-7 USART 的数据帧字符长度设置

UCSZ2	UCSZ1	UCSZ0	字符长度
0	0	0	5 位
0	0	1	6 位
0	1	0	7 位
0	1	1	8 位
1	0	0	保留
1	0	1	保留
1	1	0	保留
1	1	1	9 位

(6) UCPOL：时钟极性设置位。这一位仅用于同步工作模式，采用异步模式时，将这一位清零。UCPOL 位的设置决定了输出数据的改变和输入数据采样，以及同步时钟 XCK 之间的关系。UCPOL 位置 "0"，发送数据(TxD 引脚的输出)在 XCK 上升沿改变，接收数据(RxD 引脚的输入)在 XCK 下降沿采样；UCPOL 位置 "1"，发送数据(TxD 引脚的输出)在 XCK 下降沿改变，接收数据(RxD 引脚的输入)在 XCK 上升沿采样。

9.3.5 USART 波特率寄存器(UBRRL 和 UBRRLH)

USART 波特率寄存器(UBRRL 和 UBRRH)用于设置 USART 的通信波特率，其内部位结构如表 9-8 所示。UCSRC 寄存器与 UBRRH 寄存器共用相同的 I/O 地址。

表 9-8 USART 波特率寄存器(UBRRL 和 UBRRH)内部位结构

位	UBRRH	URSEL	—	—	—	UBRR11	UBRR10	UBRR9	UBRR8
	UBRRL	UBRR7	UBRR6	UBRR5	UBRR4	UBRR3	UBRR2	UBRR1	UBRR0
读/写	UBRRH	R/W	R/W	R/W	R/W	R/W	R/W	R/W	R/W
	UBRRL								
初值	UBRRH	0	0	0	0	0	0	0	0
	UBRRL	0	0	0	0	0	0	0	0

(1) URSEL：寄存器选择位。通过该位选择访问 UCSRC 寄存器或 UBRRH 寄存器。当读 UBRRH 时，该位为 "0"；当写 UBRRH 时，URSEL 为 "0"。

(2) UBRR11～UBRR0：USART 波特率寄存器。这个 12 位的寄存器包含了 USART 的波特率信息。其中 UBRRH 包含了 USART 波特率高 4 位，UBRRL 包含了低 8 位。波特率的改变将造成正在进行的数据传输受到破坏。写 UBRRL 将立即更新波特率分频器。

9.4 USART 模块的使用

9.4.1 USART 的初始化

进行通信之前，首先要对 USART 进行初始化。USART 的初始化过程通常包括设置波特率、设置数据帧、使能接收或发送，以及根据需要对相关的中断寄存器进行设置和清除。

USART 的初始化设置应该在没有数据传输的情况下进行，因为对相关寄存器的操作会导致数据传输的异常。通常可以使用 TXC 标志位来判断一个数据帧的发送是否完成，使用 RXC 标志位来检验接收寄存器中是否还有数据未读出，所以在每次将数据写入数据寄存器 UDR 之前必须将 TXC 标志位清零。

在 ATmega16 单片机中使用 USART 进行数据通信时，必须先设定好通信的波特率。对标准晶振及谐振器频率来说，异步模式下常用的波特率可通过表 9-9 中 UBRR 的设置来产生。表中的粗体数据表示由此产生的波特率与目标波特率的偏差不超过 0.5%。更高的误差也是可以接受的，但发送器的抗噪性会降低，特别是需要传输大量数据时。误差可以通过如下公式计算：

$$误差(\%) = \left(\frac{BaudRate_{ClosesetMatch}}{BaudRate} - 1 \right) \times 100\%$$

表 9-9　ATmega16 单片机的常用波特率设置参数

波特率 (bps)	$f_{osc}=1.0000\text{MHz}$				$f_{osc}=1.8432\text{MHz}$				$f_{osc}=2.0000\text{MHz}$			
	U2X=0		U2X=1		U2X=0		U2X=1		U2X=0		U2X=1	
	误差	UBRR	误差	UBRR	误差	UBRR	误差	UBRR	UBRR	误差	UBRR	误差
2400	25	0.2%	51	0.2%	47	0.0%	95	0.0%	51	0.2%	103	0.2%
4800	12	0.2%	25	0.2%	23	0.0%	47	0.0%	25	0.2%	51	0.2%
9600	6	−7.0%	12	0.2%	11	0.0%	23	0.0%	12	0.2%	25	0.2%
14.4k	3	8.5%	8	−3.5%	7	0.0%	15	0.0%	8	−3.5%	16	2.1%
19.2k	2	8.5%	6	−7.0%	5	0.0%	11	0.0%	6	−7.0%	12	0.2%
28.8k	1	8.5%	3	8.5%	3	0.0%	7	0.0%	3	8.5%	8	−3.5%
38.4k	1	−18.6%	2	8.5%	2	0.0%	5	0.0%	2	8.5%	6	−7.0%
57.6k	0	8.5%	1	8.5%	1	0.0%	3	0.0%	1	8.5%	3	8.5%
76.8k	—	—	1	−18.6%	1	−25.0%	2	0.0%	1	−18.6%	2	8.5%
115.2k	—	—	0	8.5%	0	0.0%	1	0.0%	0	8.5%	1	8.5%
230.4k	—	—	—	—	—	—	0	0.0%	—	—	—	—
250k	—	—	—	—	—	—	—	—	—	—	0	0.0%
最大[1]	62.5kbit/s		125kbit/s		115.2kbit/s		230.4kbit/s		125kbit/s		250kbit/s	

来看一个 USART 初始化例程。该例程采用了轮询(中断被禁用)的异步操作，而且帧结构是固定的。波特率作为函数参数给出。当写入 UCSRC 寄存器时，由于 UBRRH 与 UCSRC 共用 I/O 地址，URSEL 位(MSB)必须置位。

```
void USART_Init( unsigned int baud )
{
    //设置波特率
    UBRRH = (unsigned char)(baud>>8);
    UBRRL = (unsigned char)baud;
    // 接收器与发送器使能
    UCSRB = (1<<RXEN)|(1<<TXEN);
    //设置帧格式：8 个数据位，2 个停止位
    UCSRC = (1<<URSEL)|(1<<USBS)|(3<<UCSZ0);
}
```

9.4.2　数据发送

置位 UCSRB 寄存器的发送使能位 TXEN，将使能 USART 的数据发送。使能后 TxD 引脚的通用 I/O 功能即被 USART 功能所取代，成为发送器的串行输出引脚。发送数据之前要设置好波特率、工作模式与帧结构。如果使用同步发送模式，施加于 XCK 引脚上的时钟信号即为

数据发送的时钟。

1. 发送5~8个数据位的帧

将需要发送的数据加载到发送缓存器将启动数据发送。加载过程就是 CPU 对 UDR 寄存器的写操作。当移位寄存器可以发送新一帧数据时，缓冲的数据将转移到移位寄存器。当移位寄存器处于空闲状态(没有正在进行的数据传输)，或前一帧数据的最后一个停止位传送结束，它将加载新的数据。一旦移位寄存器加载了新的数据，就会按照设定的波特率完成数据的发送。

以下程序给出一个对 UDRE 标志位采用轮询方式发送数据的例子。当发送的数据少于 8 位时，写入 UDR 相应位置的高几位将被忽略。当然，执行本段代码之前首先要初始化 USART。

```
void USART_Transmit( unsigned char data )
{
while ( !( UCSRA & (1<<UDRE)) );      /* 等待发送缓冲器为空 */
UDR = data;                          /* 将数据放入缓冲器，发送数据 */
}
```

这个程序只是在载入要发送的数据前，通过检测 UDRE 标志位等待发送缓冲器为空。如果使用了数据寄存器空中断，则数据写入缓冲器的操作在中断程序中进行。

2. 发送9个数据位的帧

如果发送9位数据的数据帧(UCSZ = 7)，应先将数据的第9位写入UCSRB寄存器的TXB8位，然后再将低 8 位数据写入数据寄存器 UDR。以下程序给出发送9个数据位的数据帧例子。

```
void USART_Transmit( unsigned int data )
{
    while ( !( UCSRA & (1<<UDRE))) ;   /* 等待发送缓冲器为空 */
    UCSRB &= ~(1<<TXB8);               /* 将第9位复制到TXB8 */
    if ( data & 0x0100 )
        UCSRB |= (1<<TXB8);
    UDR = data;                        /* 将数据放入缓冲器，发送数据 */
}
```

第9位数据在多机通信中用于表示地址帧，在同步通信中可以用于协议处理。

3. 传送标志位与中断

USART 发送器有 USART 数据寄存器空标志位 UDRE 及 USART 发送结束标志位 TXC 两个标志位，这两个标志位都可以产生中断。

数据寄存器空标志位 UDRE 表示发送缓冲器是否可以接收一个新的数据。该位在发送缓冲器空时被置"1"；当发送缓冲器包含需要发送的数据时清零。为了与将来的器件兼容，写 UCSRA 寄存器时该位要写"0"。

当 UCSRB 寄存器中的数据寄存器空中断使能位 UDRIE 为"1"时，只要 UDRE 位被置位(且全局中断使能)，就将产生 USART 数据寄存器空中断请求。对 UDR 寄存器执行写操作将清零 UDRE 位。当采用中断方式传输数据时，在数据寄存器空中断服务程序中必须写一个新的数据到 UDR 以清零 UDRE 位；或者是禁止数据寄存器空中断；否则一旦该中断程序结束，一个新的中断将再次产生。

当整个数据帧移出发送移位寄存器，同时发送缓冲器中又没有新的数据时，发送结束标志位 TXC 置位。TXC 在传送结束中断执行时自动清零，也可在该位写"1" 来清零。TXC 标志位对于采用如 RS-485 标准的半双工通信接口十分有用。在这些应用里，一旦传送完毕，应用程序必须释放通信总线并进入接收状态。

当 UCSRB 寄存器的发送结束中断使能位 TXCIE 与全局中断使能位均被置为"1"时，随着 TXC 标志位的置位，USART 发送结束中断将被执行。一旦进入中断服务程序，TXC 标志位即被自动清零，中断处理程序不必执行 TXC 清零操作。奇偶校验产生电路为串行数据帧生成相应的校验位。校验位使能(UPM1 = 1)时，发送控制逻辑电路会在数据的最后一位与第 1 个停止位之间插入奇偶校验位。

4. 禁止发送器

发送使能位 TXEN 清零后，只有等到所有的数据发送完成后(即发送移位寄存器与发送缓冲器中没有要传送的数据)，发送器才能真正禁止。发送器禁止后，TxD 引脚恢复其通用 I/O 功能。

9.4.3 数据接收

置位 UCSRB 寄存器的接收使能位 RXEN，即可启动 USART 接收器。接收器使能后，RxD 的普通引脚功能被 USART 功能所取代，成为接收器的串行输入口。接收数据之前要设置好波特率、操作模式及帧格式。如果使用同步操作，XCK 引脚上的时钟信号被用为传输时钟。

1. 接收 5～8 个数据位的数据帧

以 5～8 个数据位的方式接收数据帧时，一旦接收器检测到一个有效的起始位，便开始接收数据。起始位后的每一位数据都将以设定的波特率或 XCK 时钟进行接收，直到收到一帧数据的第 1 个停止位。接收到的数据被送入接收移位寄存器。第 2 个停止位会被接收器忽略。接收到第 1 个停止位后，接收移位寄存器就包含了一个完整的数据帧。这时移位寄存器中的内容将被转移到接收缓冲器中。通过读取 UDR 就可以获得接收缓冲器的内容。以下程序给出一个对 RXC 标志位采用轮询方式接收数据的例子。当数据帧少于 8 位时，从 UDR 读取的相应的高几位为 0。

```
unsigned char USART_Receive( void )
{
    while ( !(UCSRA & (1<<RXC)) ) ;  /* 等待接收数据*/
    return UDR;                      /* 从缓冲器中获取并返回数据*/
}
```

在读缓冲器并返回之前，函数通过检查 RXC 标志位来等待数据送入接收缓冲器。

2. 接收 9 个数据位的数据帧

如果设定了 9 个数据位的数据帧(UCSZ=7)，在从 UDR 读取低 8 位之前必须首先读取 UCSRB 寄存器的 RXB8 位以获得第 9 位数据。这一规则同样适用于状态标志位 FE、DOR 及 UPE。状态通过读取 UCSRA 获得，数据通过 UDR 获得。读取 UDR 存储单元会改变接收缓冲器 FIFO 的状态，进而改变同样存储在 FIFO 中的 TXB8、 FE、DOR 及 UPE 位。以下程序展示了一个简单的 USART 接收函数，说明如何处理 9 位数据及状态位。

```
unsigned int USART_Receive( void )
{
    unsigned char status, resh, resl;
    while ( !(UCSRA & (1<<RXC)) ) ; /* 等待接收数据*/
                                /* 从缓冲器中获得状态、第 9 位及数据*/

    status = UCSRA;
    resh = UCSRB;
    resl = UDR;
    if ( status & (1<<FE)|(1<<DOR)|(1<<PE) )
        return -1;                  /* 如果出错，返回-1 */
    resh = (resh >> 1) & 0x01;      /* 过滤第 9 位数据，然后返回*/
    return ((resh << 8) | resl);
}
```

上述例子在进行任何计算之前，将所有 I/O 寄存器的内容读到寄存器文件中。这种方法优化了对接收缓冲器的利用。它尽可能早地释放了缓冲器以接收新的数据。接收结束标志及中断 USART 接收器有一个标志用来指明接收器的状态。接收结束标志(RXC)用来说明接收缓冲器中是否有未读出的数据。当接收缓冲器中有未读出的数据时，此位为 1，当接收缓冲器空时为"0"(即不包含未读出的数据)。如果接收器被禁止(RXEN = 0)，接收缓冲器会被刷新，从而使 RXC 清零。置位 UCSRB 的接收结束中断使能位(RXCIE)后，只要 RXC 标志置位(且全局中断使能)就会产生 USART 接收结束中断。使用中断方式进行数据接收时，数据接收结束中断服务程序程序必须从 UDR 读取数据以清 RXC 标志，否则只要中断处理程序一结束，一个新的中断就会产生。

3. 接收器错误标志

USART 接收器有 3 个错误标志：帧错误(FE)、数据溢出(DOR)及奇偶校验错(UPE)。它们都位于 UCSRA 寄存器。错误标志与数据帧一起保存在接收缓冲器中。由于读取 UDR 会改变缓冲器，UCSRA 的内容必须在读接收缓冲器(UDR)之前读入。错误标志的另一个同一性是它们都不能通过软件写操作来修改。但是为了保证与将来产品的兼容性，执行写操作的必须对这些错误标志位写"0"。所有的错误标志都不能产生中断。

帧错误标志(FE)表明了存储在接收缓冲器中的下一个可读帧的第 1 个停止位的状态。停止位正确(为"1")，则 FE 标志位为"0"，否则 FE 标志位为"1"。这个标志位可用来检测同步丢失、传输中断，也可用于协议处理。UCSRC 中 USBS 位的设置不影响 FE 标志位，因为除了第 1 位，接收器忽略所有其他的停止位。为了与以后的器件相兼容，写 UCSRA 时这一位必须置"0"。

数据溢出标志(DOR)表明由于接收缓冲器满造成了数据丢失。当接收缓冲器满(包含了 2 个数据)，接收移位寄存器又有数据，若此时检测到一个新的起始位，数据溢出就产生了。DOR 标志位置位，即表明在最近一次读取 UDR 和下一次读取 UDR 之间丢失了一个或更多的数据帧。为了与以后的器件相兼容，写 UCSRA 时这一位必须置"0"。当数据帧成功地从移位寄存器转入接收缓冲器后，DOR 标志位被清零。

奇偶校验错标志(UPE)指出，接收缓冲器中的下一帧数据在接收时有奇偶错误。如果不使能奇偶校验，那么 UPE 位应清零。为了与以后的器件相兼容，写 UCSRA 时这一位必须置"0"。

4. 奇偶校验器

奇偶校验模式位 UPM1 置位将启动奇偶校验器。校验的模式（偶校验还是奇校验）由 UPM0 确定。奇偶校验使能后，校验器将计算输入数据的奇偶并把结果与数据帧的奇偶位进行比较。校验结果将与数据和停止位一起存储在接收缓冲器中。这样就可以通过读取奇偶校验错误标志位 UPE 来检查接收的帧中是否有奇偶错误。如果下一个从接收缓冲器中读出的数据有奇偶错误，并且奇偶校验使能（UPM1 = 1），则 UPE 置位。直到接收缓冲器（UDR）被读取，这一位一直有效。

5. 禁止接收器

与禁止发送器不同，禁止接收器即刻生效，正在接收的数据将丢失。禁止接收器（RXEN 位清零）后，接收器将不再占用 RxD 引脚；接收缓冲器 FIFO 也会被刷新，缓冲器中的数据将丢失。

6. 刷新接收缓冲器

禁止接收器时缓冲器 FIFO 将会被刷新，缓冲器中的数据被清空，导致未读出的数据丢失。如果由于出错而必须在正常操作下刷新缓冲器，则需要一直读取 UDR 直到 RXC 标志位清零。下面的代码展示了如何刷新接收缓冲器。

```
void USART_Flush( void )
{
    unsigned char dummy;
    while ( UCSRA & (1<<RXC) ) dummy = UDR;
}
```

9.4.4 异步数据接收

USART 模块提供了时钟恢复单元和数据恢复单元，用来处理异步数据接收。时钟恢复逻辑用于同步从 RxD 引脚输入的异步串行数据和内部的波特率时钟。数据恢复逻辑用于采集数据，并通过一低通滤波器过滤所输入的每一位数据，从而提高接收器的抗干扰性能。异步接收的工作范围依赖于内部波特率时钟的精度、帧输入的速率及一帧所包含的位数。恢复异步时钟时，时钟恢复逻辑将输入的串行数据帧与内部时钟同步起来。

1. 起始位的采样过程

普通工作模式下采样率是波特率的 16 倍，倍速工作模式下则为波特率的 8 倍。采用倍速模式（U2X = 1）时同步变化时间更长。RxD 线空闲（即没有任何通信活动）时，采样值为 "0"。当时钟恢复电路检测到 RxD 线上一个由高（空闲）到低（开始）的电平跳变时，起始位检测序列即被启动。用采样 1 表示第 1 个 0 采样，然后时钟恢复逻辑用采样 8、9、10（普通模式）或采样 4、5、6（倍速模式）来判断是否接收到一个正确的起始位。如果这 3 个采样中的两个或更多个是逻辑高电平（多数表决），起始位会被视为毛刺噪声而被拒绝接受，接收器等待下一个由高到低的电平转换。如果检测到一个有效的起始位，时钟恢复逻辑即被同步并开始接收数据。每一个起始位都会引发同样的同步过程。

2. 恢复异步数据

接收时钟与起始位同步之后，数据恢复工作可开始了。数据恢复单元使用一个状态机来接收每一个数据位。这个状态机在普通模式下具有 16 个状态，在倍速模式下具有 8 个状态。

9.5 基于 USB 的 PC 机与单片机通信设计

RS232 接口作为标准外设，被广泛应用于单片机和嵌入式系统；而 USB 凭借其易插拔、速度快、即插即用和独立供电等特点，已成为当前计算机与外设之间、外设与外设之间普遍采用的连接标准，得到了更广泛的应用。本节以 ATmega16 单片机为主控芯片，设计实现基于 USB 的 PC 机与单片机的通信。PC 机发送以"*"开头、以回车换行结束的字符串，单片机接收到后在字符串前面添加"You word is"，然后返回给 PC 机。

配置 UART1 工作于异步模式，设置波特率为 9600、数据位为 8、停止位为 1，无奇偶校验，采用中断的方式发送和接收数据。

9.5.1 USB 简介

USB 是一种通用的串行总线技术，它通过 PCI 总线和 PC 的内部系统数据线连接，实现数据的传送。USB 具有即插即用功能，支持热插拔，两个通信设备之间线缆长度可达 5m。USB 通信线有 4 条，其中 2 条为电源线和地线（V_{bus} 与 GND）；另外 2 条是以差分形式传递信息的信号线（D+和 D-），用于实现主机系统与 USB 设备之间的数据通信。含有 USB 接口的主机与含有 USB 接口的设备之间的通信数据流如图 9-5 所示。

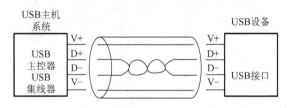

图 9-5 USB 通信数据流

USB 总线技术是基于分组交换方式的总线通信。它首先把数据分成若干块，然后在每块数据前添加上同步信号、包标识，后面再添加上 CRC 校验码，形成 USB 数据包。USB 通信总线使用差分输出驱动器来控制数据信号在 USB 电缆上的传送，即通过控制 D+和 D-线从空闲状态到相反的逻辑电平，实现原端口的数据包发送。数据包发送完后，信号线 D+和 D-上的输出驱动器均处于高阻状态。

9.5.2 硬件电路设计

为了解决嵌入式系统与个人计算机 USB 接口之间的通信问题，硬件厂商提供了各种解决方案。RS232-USB 接口转换器（如 Prolific 公司的 PL2303、Silicon Labs 公司的 CP2102）在其内部完成 RS232 到 USB 接口协议的转换，开发人员完全不用更改或只需更改很少的 PC 端应用程序即可完成与 USB 接口的通信任务。利用 RS232-USB 接口转换器完成通信任务，既具有即插即用的优点，又避免了繁琐的 USB 协议和 USB 驱动，开发方便。这里使用 RS232-USB

接口转换器 PL2303 实现单片机与个人计算机之间的通信接口设计。

PL2303 是 Prolific 公司生产的一种高度集成的 RS232-USB 接口转换器，为 RS232 全双工异步串行通信装置与 USB 功能接口的便利化连接提供了很好的解决方案。该器件内置 USB 功能控制器、USB 收发器、振荡器和带有全部调制解调器控制信号的 UART，只需外接几只电容就可以实现 USB 信号与 RS232 信号的转换。该器件作为 USB/RS232 双向转换器，一方面从主机接收 USB 数据并将其转换为 RS232 信息流格式发送给外设；另一方面从 RS232 外设接收数据并将其转换为 USB 数据格式传送回主机。这些工作全部由该器件自动完成，开发者无需考虑固件设计。

PL2303 的高兼容驱动可在大多数操作系统上模拟成传统 COM 端口，并允许基于 COM 端口应用方便地转换成 USB 接口应用；通信波特率高达 6Mb/s；在工作模式和休眠模式下功耗都较低……有了这些优点，也使得 PL2303 成为嵌入式系统手持设备的理想选择。该器件具有以下特征：完全兼容 USB1.1 协议；可调节的 3～5 V 输出电压，满足 3V、3.3V 和 5V 不同应用需求；支持完整的 RS232 接口，可编程设置的波特率：75b/s～6 Mb/s，并为外部串行接口提供电源；512B（字节）可调的双向数据缓存；支持默认的 ROM 和外部 E^2PROM 存储设备配置信息，具有 I^2C 总线接口，支持从外部 Modem 信号远程唤醒；支持 Windows 98、Windows 2000。

ATmega16 单片机内置的串行通信模块可方便地与 PL2303 连接。采用两线连接串口方式，如图 9-6 所示。

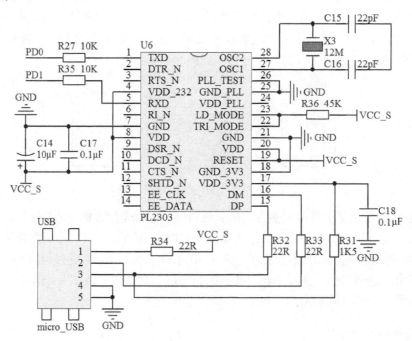

图 9-6　PL2303 的 USB 转串口电路

ATmega16 单片机的 PD0（RXD）、PD1（TXD）与 PL2303 的 P1（TXD）、P5（RXD）连接。单片机从串口发送出去的数据信息通过 PL2303 芯片转换为 USB 数据流，再通过 USB 口的连接器传送给主机设备。PL2303 的电源接 0.1μF 的去耦电容，复位引脚上拉到电源端。PL2303 需要一个 12MHz 的外部晶振为自己提供时钟，外部并联两个 22pF 的匹配起振电容。为了防止高速信号在接口附近产生反射现象，在 B 型 USB 接口引脚 D-和 D+上分别接上一个阻值为 22Ω 左右的终端匹配电阻。P5 接口可以用跳线帽来连接单片机串口和从 USB 口取电给单片机电路。

9.5.3　软件设计

该系统程序包括 PC 应用程序、USB 设备驱动程序，以及单片机通信程序等 3 部分。这三者相互配合，实现可靠、快速的数据传输。

- PC 应用程序：用户按照传统的串行接口控制方式来使用该模拟的"COM 口"。串口通信参数应与单片机所设置参数一致。当设备插入不同的 USB 接口时，虚拟的"COM 口"不同，计算机将其视为一个新设备，需重新安装设备驱动程序。PC 机应用程序可以采用任意一款串口助手，本项目选用"友善串口调试助手"。
- USB 设备驱动程序：当单片机与 PC 机通过 USB 通信线连接起来后，PC 机将这个 USB 接口看成是一个 COM 口（RS232 全双工异步串行通信接口）。此时，PC 机要安装 PL2303 的驱动程序，这个驱动程序就是将该 USB 口模拟成一个 COM 口。Prolific 公司免费提供 PL2303 的驱动程序，可以从其官方网站下载。驱动安装完后，PC 机上将出现一个 Prolific USB-to-Serial Comm Port 并自动增加一个 COM 口，如 COM3、COM4 等。此端口号是计算机系统自动分派的，不是每台计算机都一样。在没有必要的情况下，不要去修改它，使用时只需记住这个端口号就可以了。
- 单片机通信程序：主要包括通信设置、数据接收和发送等。通信设置首先完成单片机对串口的初始化，即对波特率、数据位、校验位、有无奇偶校验等通信协议的设计及单片机串行通信功能控制器的设置。本例分别设置串口参数波特率为 9600，数据位为 8，停止位为 1，无奇偶校验位，打开串口接收中断。

1.　USART 模块程序设计

USART 模块程序设计主要是建立起单片机与计算机的串行通信，步骤如下。

(1)通过设置 UCSRC 寄存器的 UMSEL 位选定单片机的异步串行通信模式。

(2)通过设置 UCSRC 与 UCSRB 寄存器的 UCSZ2～UCSZ0 位选定单片机的一帧数据位数。

(3)通过设置 UCSRC 寄存器的其他位选定停止位、奇偶校验位等。

(4)设置 UBRR 寄存器，选定单片机通信波特率。

(5)通过设置 UCSRB 寄存器配置发送、接收、中断使能。

(6)通过查询或判断 UCSRA 寄存器的标志位进入发送、接收或中断服务程序。

本程序通过查询发送、中断接收的模式进行通信。串口发送函数的作用是将字符串指针传入函数中，改变指针将字符串发送出去。串口接收函数完成从串口数据寄存器读取接收到的数据，并按一定的规则将其暂存起来供其他程序使用。接收程序采用中断方式实现包头、包尾检验，并把接收到的数据保存在数据缓冲区中。具体程序代码如下：

```
#include "usart.h"
u8 receive_now;              //是否处于正在接收数据包的状态
u8 num_now;                  //计数
u8 receive_flag = 0;         //是否接收到一个完整的数据包标志
u8 rec;                      //数据中间变量
```

```
u8 buf[N];                           //中断接收到的数据
#pragma interrupt_handler uart0_rx_isr:iv_USART0_RXC
/*************************************************************************
函数名称：中断接收服务程序
函数功能：如果通信协议字符头与尾正确，根据中间数据设置标志位
*************************************************************************/
void uart0_rx_isr(void)
{
    rec = UDR ;
    if(rec == '*')              //检测是否是包头
    {
        receive_now = 1;
        num_now   = 0 ;
        receive_flag = 0;
        return ;
    }
    if(rec == '\n')             //检测是否是包尾
    {
        receive_now = 0;
        receive_flag = 1;        //用于告知系统已经接收到一个完整的数据包
        return ;
    }
    if(receive_now ==1)         //是否处于接收数据包状态
    {
        buf[num_now++] = rec;
    }
}
/*************************************************************************
函数名称：串口初始化函数
函数功能：异步，8 位数据传送，1 位停止位，无奇偶校验位
        中断接收使能、接收使能、发送使能
函数输入：baud，波特率   4800->25  9600->12(选择倍速模式)
函数输出：无
*************************************************************************/
void USART_Init(u16 baud)
{
    //端口初始化 PD0->Rx  PD1->Tx
    UCSRB &= ~ (USART_UCSZ2);
    UCSRC |= (UCSRC_URSEL | USART_UCSZ1 | USART_UCSZ0); //8 位字符长度
    UCSRC &= ~(USART_UMSEL | USART_UPM | USART_USBS);
    //异步工作模式，无奇偶校验位，1 位停止位
    //波特率配置
    UCSRA |= USART_U2X;              //倍速发送
    UBRRH &= ~ (UBRRH_URSEL);     //对 UBRRH 进行写操作
    UBRRH = (u8)(baud >> 8);
    UBRRL = (u8)baud;
    UCSRB |= (USART_RXCIE | USART_RXEN | USART_TXEN); //使能发送、接收中断
}
/*************************************************************************
函数名称：通过查询接收字节函数
函数功能：查询 UCSRA 的 RXC 位是否为 1，读取接收的数据
函数输入：无
```

函数输出：接收的字节数据

```
*****************************************************************/
u8 USART_Rx(void)
{
    u8 buf;
    while((UCSRA&USART_FLAG_RXC) == 0);          //等待接收结束
        while((UCSRA&USART_FLAG_RXC) == 0)
        buf = UDR;                               //读取接收到的数据
        return buf;
}
/*****************************************************************
函数名称：通过查询发送字节函数
函数功能：查询 UCSRA 的 UDRE 位是否为 1，发送数据
函数输入：字符型数据
函数输出：无
*****************************************************************/
void USART_Tx(u8 buf)
{
    UCSRA |= USART_FLAG_UDRE;                    //缓冲器为空，准备好发送数据
    UDR = buf;                                   //将数据写入发送寄存器
    while((USART_FLAG_TXC) == 0);               //等待发送完成
    while((UCSRA&USART_FLAG_TXC) == 0)
}
/*****************************************************************
函数名称：串口发送字符串函数
函数输入：字符串数据
函数输出：无
*****************************************************************/
void USART_send(u8 *s)
{
    while(*s != '\0')
    {
        USART_Tx(*s);
        s++;
        delay(2);
    }
    USART_Tx('\n');
    delay(2);
}
/*****************************************************************
函数名称：延时函数
函数输入：延时毫秒数
函数输出：无
*****************************************************************/
void delay (int a)
{
    int i,j;
    for (i=0;i<a;i++)
        for(j=0;j<125;j++)
            NOP();
}
```

2. 主函数设计

系统主函数用来统筹协调系统工作，通过调用各功能模块来完成相应任务。主函数具体程序代码如下：

```c
#include ".\usart\usart.h"
/*************************************************************
函数功能：系统主程序，PC 机发送一串字符串，以'*'开头、回车(换行符)结尾，
单片机接收并返回
*************************************************************/
void main(void)
{
    CLI();
    USART_Init(12);
    SEI();
    while(1)
    {
        if(receive_flag == 1 )
        {
            USART_send("Your word is");
            USART_send(buf);
            receive_flag = 0;
        }
    }
}
```

9.5.4 系统调试

首先，在 ICC AVR8 中创建项目，输入源代码并编译生成"基于 USB 的 PC 机与单片机通信设计.cof"文件。然后将程序"基于 USB 的 PC 机与单片机通信设计.hex"下载到目标板进行调试。

(1)在 PC 机上分别安装"友善串口调试助手"和 PL2303 的驱动程序，然后通过 USB 通信线连接 ATmega16 单片机学习板和 PC 机，如图 9-7 所示。

(2)打开"交差串口调试助手"，在其工作界面中选择串口号，设置"波特率"为 9600、"数据位"为 8、"停止位"为 1，如图 9-8 所示。

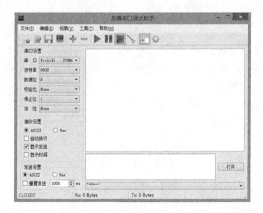

图 9-7　连接 ATmega16 单片机学习板和 PC 机　　　图 9-8　在"交差串口调试助手"工作界面中设置串口

(3)在串口的发送区输入"*hello"并回车换行，如图 9-9 所示。

(4)单击"打开"按钮，即可在接收区看到发送的数据，如图 9-10 所示。

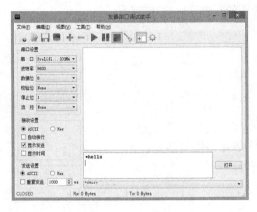

图 9-9　输入发送字符

图 9-10　显示调试结果

【思考练习】

(1)说明 ATmega16 单片机 USART 的使用方法。

(2)利用 USB 通信的方式，实现通过 PC 机控制多功能流水灯。

(3)两个单片机之间的通信如何设置？

第 10 章　TWI 总线模块及其应用

【学习目标】

(1)理解半双工模式的概念。

(2)理解单片机硬件 TWI 总线协议。

(3)掌握 ATmega16 单片机内部 TWI 总线与外部元器件的连接。

(4)掌握单片机对 TWI 串行总线的控制与编程。

(5)会利用单片机任意引脚模拟 I^2C 协议。

10.1　TWI 总线概述

ATmega16 单片机中内嵌有一个 TWI(Two-wire Serial Interface)总线接口，它实际上就是 I^2C(Inter-Integrated Circuit)总线接口的继承和发展，完全兼容 I^2C 总线。I^2C 总线是由 Philips 公司开发的一种用于内部集成芯片控制的简单的双向两线串行总线，广泛应用于电视机系统等领域。利用 I^2C 总线可实现多主机系统所需的仲裁和高低速设备同步等功能，是一种高性能的串行总线。TWI 总线在 I^2C 总线的基础上定义了自己的功能模块和寄存器，引入了状态寄存器，使得 TWI 总线在操作和使用上比 I^2C 总线更为灵活。

10.1.1　I^2C 总线概述

1. I^2C 总线的物理接口

I^2C 总线仅使用两条信号线：串行数据信号线(SDA)，用于数据传送；串行时钟信号线(SCL)，用于指示什么时候数据线上是有效的数据。由于采用漏极开路工艺，实现"线与"功能，总线上要接上拉电阻。无数据传送时，SDA、SCL 保持高电平。

I^2C 的串行 8 位双向数据传输速率标准模式下可达 100kbit/s，快速模式下可达 400kbit/s，高速模式下可达 1Mbit/s。

I^2C 总线是一个真正多主总线，连接到同一总线上的能控制总线的器件数量只受最大电容 400pF 的限制。总线模式包括主发送模式、主接收模式、从发送模式、从接收模式。通过地址主机可以对从机寻址，且设备间只是简单的主从关系。I^2C 总线的典型连接如图 10-1 所示。

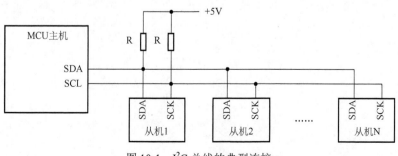

图 10-1　I^2C 总线的典型连接

　　每个连接在 I^{2}C 总线的设备地址都是唯一的，必须保证任何两个设备之间的地址都不相同。设备的地址由系统设计者决定，通常是 I^{2}C 驱动程序的一部分。在标准的 I^{2}C 定义中，设备的地址是 7 位的(扩展的 I^{2}C 设备允许 10 位地址)。地址 0000000 一般用于发送通用呼叫或总线广播，总线广播可以同时给所有设备发出信号；地址 11110xx 为 10 位保留地址。地址传送包括 7 位地址和表示数据传输方向的一个位，"0"代表主设备写到从设备，"1"代表主设备读从设备。

　　I^{2}C 总线具有冲突监测和竞争功能。I^{2}C 总线的线与功能将所有的主机时钟进行了与操作生成组合时钟，组合时钟高电平时间等于所有主机中最短的一个，低电平时间则等于所有主机中最长的一个。所有的主机都监听 SCL，可以有效计算本身高/低电平与组合 SCL 信号高/低电平的时间差异，从而确保当多个主机同时发送数据时不会造成数据冲突。

　　2. I^{2}C 总线的数据传输规范

　　I^{2}C 总线主从机之间的一次数据传送称为一帧，由启动信号 START、地址码、若干数据字节、应答位以及停止信号 STOP 等组成。只有 START 和 STOP 状态的空信息是非法的。

　　I^{2}C 总线 SDA 线上的数据必须在时钟的高电平周期保持稳定，数据线的高或低电平状态只有在 SCL 线的时钟信号是低电平时才能改变，即上升沿装载数据(采样)。传输的二进制数据流按照由高位到低位的顺序发送，即 MSB。

　　通信启动时，主机发送一个启动信号 START(即当 SCL 线上是高电平时，SDA 线上产生一个下降沿)，总线处于忙状态。接着发送从器件的地址(7 位地址或 10 位地址)和读/写方向位.7 位地址直接和后面的读/写方向位构成一个字节,而 10 位地址格式为 START－1－1－1－1－0－A9－A8－R/W－A7－A6－A5－A4－A3－A2－A1－A0－ACK，分两字节发送。总线上处于从机地位的器件确认接收到的地址与自身地址匹配，发送应答信号位 ACK(即接收器将 SDA 拉低，并使得 SDA 在第 9 个时钟脉冲的高电平期间保持稳定的低电平)。若该从机忙或有其他原因无法响应主机,则应该在 ACK 周期保持 SDA 为高电平,然后主机可以发出 STOP 状态或 REPEATED START 状态重新开始发送。至此完成主/从器件之间的交接握手过程。

　　握手成功后，主/从器件将进入数据帧传输。I^{2}C 通信是面向字节传输的，但每次传输的字节数是不受限制的。接收器接收一个字节数据就要发回一个应答位，确定数据是否发送成功。应答信号结束后，SDA 返回高电平，进入下一个传送周期，从器件的内部子地址自动加 1。如果接收器在接收下一个字节之前需要时间对当前数据进行处理，那么在接收器完成当前数据接收后，将保持 SCL 为低电平，通知对方进入等待状态，直到接收器准备好接收下一字节数据时，释放时钟线 SCL，主器件才可以继续发送数据。

　　一旦数据通信结束，由主机发送一个停止信号 STOP(即当 SCL 线上是高电平时，SDA 线上产生一个上升沿)，终止 I^{2}C 通信，总线再次处于空闲状态。

　　完整的 I^{2}C 总线数据传送如图 10-2 所示。

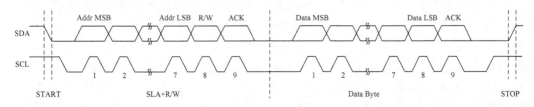

图 10-2　I^{2}C 总线数据传送

（1）主机向从机发送 n 个数据：数据传送方向在整个传送过程中不变。其数据传送格式分有无子地址两种情况。

① 无子地址情况下的数据传送格式如图 10-3 所示。

起始位	从机地址+0	ACK	数据1	ACK	数据2	ACK	…	数据n	ACK/NACK	停止位

图 10-3　无子地址情况下的数据传送格式(1)

② 有子地址情况下的数据传送格式如图 10-4 所示。

起始位	从机地址+0	ACK	子地址	ACK	数据1	ACK	…	数据n	ACK/NACK	停止位

图 10-4　有子地址情况下的数据传送格式(1)

提示： 图 10-3、图 10-4 中的阴影部分表示数据由主机向从机传送，无阴影部分表示数据由从机向主机传送。

（2）主机由从机处读取 n 个数据：在整个传输过程中除寻址字节外，都是从机发送、主机接收。其数据传送格式也分有无子地址两种情况。

① 无子地址情况下的数据传送格式如图 10-5 所示。

起始位	从机地址+1	ACK	数据1	ACK	数据2	ACK	…	数据n	NACK	停止位

图 10-5　无子地址情况下的数据传送格式(2)

② 有子地址情况下的数据传送格式如图 10-6 所示。

起始位	从机地址+0	ACK	子地址	ACK	重新起始位	从机地址+1	ACK	数据1	ACK	…	数据n	NACK	停止位

图 10-6　有子地址情况下的数据传送格式(2)

提示： 图 10-5、图 10-6 中的阴影部分表示数据由主机向从机传送，无阴影部分表示数据由从机向主机传送。

显然，在有子地址情况下，主机既向从机发送数据，也接收数据。当需要改变传输方向时，起始信号和从机地址都被重复产生一次。两次读、写方向正好相反。

由以上数据传送格式可见，无论哪种方式，起始信号、终止信号和地址均由主机发送，数据字节的传送方向由寻址字节中方向位规定，每个字节的传送都必须有应答信号位(ACK 或 NACK)相随。

10.1.2　TWI 总线连接及特点

TWI 总线模块也仅使用串行数据(SDA)和串行时钟(SCL)两条信号线，用于数据传送。TWI 总线的典型连接如图 10-7 所示，各种设备均并联在这条总线上，外部硬件只需两个上拉电阻，每条线上一个。就像电话机一样只有拨通各自的号码才能工作，所以总线上每个设备都有唯一的地址。在信息的传输过程中，TWI 总线上并接的每一个设备既是主控器(或被控器)，又是发送器(或接收器)，这取决于它所要完成的功能。设备发出的控制信号分为地址码和控制量两部分，地址码用来选址，即接通需要控制的设备，确定控制的种类；控制量决定该调整的类别(如对比度、亮度等)及需要调整的量。这样，各设备虽然挂在同一条总线上，却彼此独立，互不相关。

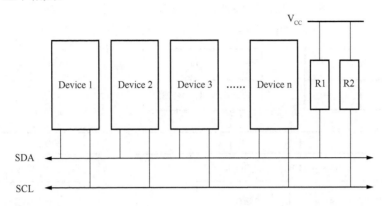

图 10-7　TWI 总线连接

ATmega16 单片机的 TWI 总线模块具有如下特点：

(1) 支持主机和从机操作。

(2) 器件可以工作于发送器模式或接收器模式。

(3) 7 位地址空间允许有 128 个从机。

(4) 支持多主机仲裁。

(5) 具有高达 400kHz 的数据传输速率。

(6) 斜率受控的输出驱动器。

(7) 可以抑制总线尖峰的噪声抑制器。

(8) 具有完全可编程的从机地址以及公共地址。

(9) 睡眠时地址匹配可以唤醒 AVR 单片机。

10.1.3　TWI 模块的组成

如图 10-8 所示，ATmega16 单片机的 TWI 模块由 SCL 引脚、SDA 引脚、总线接口单元、比特率发生器、地址匹配单元和控制单元组成。

1. SCL 和 SDA 引脚

SCL 与 SDA 是 ATmega16 的 TWI 接口引脚。引脚的输出驱动器包含一个波形斜率限制器以满足 TWI 规范。引脚的输入部分包括尖峰抑制单元以去除小于 50ns 的毛刺。当相应的端口设置为 SCL 与 SDA 引脚时，可以使能 I/O 口内部的上拉电阻，这样可省掉外部的上拉电阻。

2. 总线接口单元

总线接口单元包括数据与地址移位寄存器 TWDR、START/STOP 控制器和总线仲裁判定硬件电路。TWDR 寄存器用于存放发送或接收的数据或地址。除了 8 位的 TWDR，总线接口单元还有一个寄存器，包含了用于发送或接收应答的(N)ACK。这个(N)ACK 寄存器不能由程序直接访问。当接收数据时，它可以通过 TWI 控制寄存器 TWCR 来置位或清零；在发送数据时，(N)ACK 值由 TWCR 的设置决定。

START/STOP 控制器负责产生和检测 TWI 总线上的 START、REPEATED START 与 STOP状态。即使 MCU 处于休眠状态时，START/STOP 控制器仍然能够检测 TWI 总线上的 START/STOP 条件，当检测到自己被 TWI 总线上的主机寻址时，将 MCU 从休眠状态唤醒。

如果 TWI 以主机模式启动了数据传输，仲裁检测电路将持续监听总线，以确定是否可以通过仲裁获得总线控制权。如果总线仲裁单元检测到自己在总线仲裁中丢失了总线控制权，则通知 TWI 控制单元执行正确的动作，并产生合适的状态码。

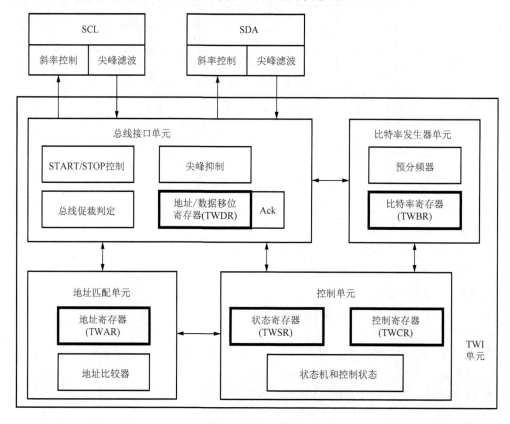

图 10-8　TWI 模块

3. 比特率发生器单元

TWI 工作于主机模式时，比特率发生器控制时钟信号 SCL 的周期，具体值由 TWI 状态寄存器 TWSR 的预分频系数以及比特率寄存器 TWBR 的值设定。当 TWI 工作在从机模式时，不需要对比特率或预分频进行设定，但从机的 CPU 时钟频率必须大于 TWI 时钟线 SCL 频率的 16 倍。值得注意的是，从机可能会延长 SCL 低电平的时间，从而降低 TWI 总线的平均时钟周期。

注意： TWI 工作在主机模式时，TWBR 值应该不小于 10，否则主机会在 SDA 与 SCL 产生错误输出作为提示信号。问题出现在 TWI 工作于主机模式下，向从机发送 Start + SLA + R/W 的时候（不需要真的有从机与总线连接）。

4. 地址匹配单元

地址匹配单元将检测从总线上接收到的地址是否与 TWAR 寄存器中的 7 位地址相匹配。如果 TWAR 寄存器的 TWI 广播应答识别使能位 TWGCE 为"1"，从总线接收到的地址也会与广播地址进行比较。一旦地址匹配成功，控制单元将得到通知以进行正确的响应。TWI 可以响应，也可以不响应主机的寻址，这取决于 TWCR 寄存器的设置。即使 MCU 处于休眠状态时，地址匹配单元仍可继续工作。一旦主机寻址到这个器件，就可以将 MCU 从休眠状态唤醒。

5. 控制单元

控制单元监听 TWI 总线,并根据 TWI 控制寄存器 TWCR 的设置做出相应的响应。当 TWI 总线上产生需要应用程序干预处理的事件时,TWI 中断标志位 TWINT 置位。在下一个时钟周期,TWI 状态寄存器 TWSR 被表示这个事件的状态码字所更新。在其他时间里,TWSR 的内容为一个表示无事件发生的特殊状态字。一旦 TWINT 标志位置 "1",时钟线 SCL 即被拉低,暂停 TWI 总线上的数据传输,让用户程序处理事件。

在下列状况出现时,TWINT 标志位置位。

(1)在 TWI 传送完 START/ REPEATED START 信号之后。

(2)在 TWI 传送完 SLA+R/W 数据之后。

(3)在 TWI 传送完地址字节之后。

(4)在 TWI 总线仲裁失败之后。

(5)在 TWI 被主机寻址之后(广播方式或从机地址匹配)。

(6)在 TWI 接收到 1B(字节)的数据之后。

(7)作为从机工作时,TWI 接收到 STOP 或 REPEATED START 信号之后。

(8)由于非法的 START 或 STOP 信号造成总线错误时。

10.1.4　TWI 数据传输和帧格式

TWI 总线上传输的数据是通过在串行时钟线(SCL)高电平期间对应的串行数据线(SDA)上的电平来判别的,因此在 SCL 高电平期间,SDA 电压必须保持稳定。当 SCL 为高电平期间,如果 SDA 为高电平,这位数据就是 "1",反之则是 "0"。只有在 SCL 为低电平期间,SDA 才可以更新下一位的数据。显然,SCL 的频率决定了数据传送的速度。TWI 以字节为单位传输数据。

除了传送的数据以外,在每一帧数据传送之前,还会有一个 START 信号,以通知从机准备接收数据。在数据传送结束之后,也会有一个 STOP 信号,以通知从机数据传输结束。START 信号和 STOP 信号必须成对出现。如图 10-9 所示,START 与 STOP 信号是在 SCL 线为高电平期间,通过改变 SDA 的电平来实现的。在 SCL 为高电平期间,若 SDA 由高电平向低电平跳变,则表示这是一个 START 信号,开始传送数据;若 SDA 由低电平向高电平跳变,则表示这是一个 STOP 信号,结束传送数据。为了形成 START 或 STOP 信号,必须在判别该信号的 SCL 电平拉高之前做好电平准备。例如,要形成一个 STOP 信号,必须在 SCL 为低电平期间把 SDA 上的电平拉低,以便在之后的 SCL 高电平期间把 SDA 的电平拉高。在 START 与 STOP 信号之间,若再次出现 START 信号,则表示该信号是一个 REPEATED START 信号,主要用于主机在不放弃总线控制的情况下启动新的传送。

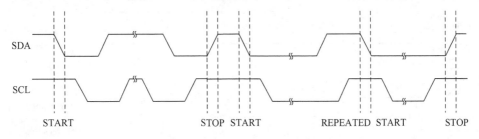

图 10-9　START 与 STOP 状态

通过上述讨论，说明了 TWI 总线的数据位传送与时钟脉冲是同步的。除了启动与停止状态之外，当时钟线为高电平时，数据线上的电压(不论是高还是低)必须保持稳定，否则有可能被识别成停止信号或重新开始的信号。

在 START 信号之后紧接着的就是地址包，如图 10-10 所示。所有在 TWI 总线上传送的地址包均为 9 位，包括 7 位地址位、1 位 READ/WRITE 控制位(即方向位，表明是主机写从机还是从机写主机)与 1 位应答位。如果 READ/WRITE 为"1"，则执行读操作(从机写主机)；否则执行写操作(主机写从机)。从机被寻址后，必须在第 9 个 SCL(ACK)周期通过拉低 SDA 电平做出应答。若该从机忙或有其他原因无法响应主机，则应该在 ACK 周期保持 SDA 为高电平，然后主机可以发出 STOP 信号或 REPEATED START 信号重新开始发送。发送地址包时，先发送高位，后发送低位。地址字节的 MSB 首先被发送。从机地址由设计者自由分配，但需要保留地址 0000000 作为广播地址。当发送广播呼叫时，所有的从机应在 ACK 周期通过拉低 SDA 做出应答。当主机需要发送相同的信息给多个从机时可以使用广播功能。当 Write 位在广播呼叫之后发送，所有的从机在 ACK 周期通过拉低 SDA 做出响应。所有的从机接收到后面紧跟着的数据包。

注意：在整体访问中发送 Read 位没有意义，因为如果几个从机发送不同的数据会带来总线冲突。

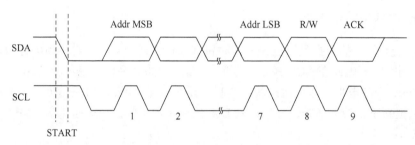

图 10-10　地址包格式

地址包发送后就要发送数据包。如图 10-11 所示，所有在 TWI 总线上传送的数据包为 9 位长，包括 8 位数据位及 1 位应答位。在数据传送中，主机产生时钟及 START 与 STOP 状态，而接收器响应接收。应答信号(ACK)是由从机在第 9 个 SCL 周期通过拉低 SDA 实现的。如果接收器在第 9 个 SCL 周期使 SDA 为高电平，则是发出 NACK 信号。接收器完成了数据接收，或者由于某些原因无法接收更多的数据时，接收器应该在收到最后的字节后发出 NACK 信号通知发送器。数据包的 MSB 首先被发送。

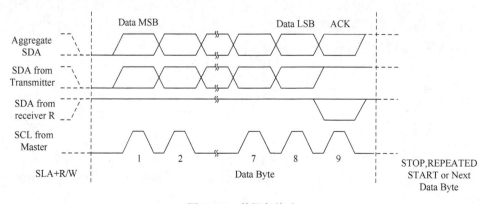

图 10-11　数据包格式

一个完整的数据传送过程主要由 START 信号、地址包、至少一个数据包及 STOP 信号组成，如图 10-12 所示。当 SCL 保持高电平同时 SDA 变为低电平时，数据传送开始。这个 START 信号之后，时钟信号 SCL 变为低电平来启动数据传送。在每一个数据位，时钟位在确保数据位正确时变为高电平。在每一个 8 位数据的结尾发送一个确认信号，不管他是地址还是数据。只有 START 与 STOP 状态的空信息是非法的。可以利用 SCL 的线与功能来实现主机与从机的握手。从机可通过拉低 SCL 来延长 SCL 低电平的时间。当主机设定的时钟速度相对于从机太快，或从机需要额外的时间来处理数据时，这一特性是非常有用的。从机延长 SCL 低电平的时间不会影响 SCL 高电平的时间，因为 SCL 高电平时间是由主机决定的。由上述可知，通过改变 SCL 的占空比可降低 TWI 数据传送速度。地址包与 STOP 信号之间传送的字节数由应用程序的协议决定。

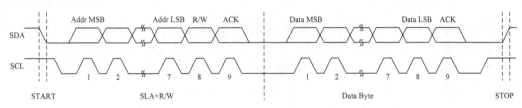

图 10-12　典型的数据传送

10.1.5　多主机总线仲裁和同步

从图 10-7 可以看到，所有设备都连接在两条总线上。TWI 协议允许总线上有多个主机，但要保证即使有多个主机同时开始发送数据，也只能允许一个主机完成传送。不同的主机可能使用不同的 SCL 频率，为保证传送的一致性，需要按一定的规则确定总线时序，同步主机时钟。这个选择和确定总线时序的过程被称为仲裁。

TWI 总线的线与功能可以有效地解决总线仲裁与同步问题。将所有的主机时钟进行与操作，会生成组合的时钟，其高电平时间等于所有主机中最短的一个，低电平时间则等于所有主机中最长的一个。所有的主机都监听 SCL，使其可以有效地计算本身高/低电平与组合 SCL 信号高/低电平的时间差异。输出数据之后，所有的主机都持续监听 SDA 来实现仲裁。如果从 SDA 读回的数值与主机输出的数值不匹配，该主机即失去仲裁。注意，只有当一个主机输出高电平的 SDA，而其他主机输出为低电平，该主机才会失去仲裁，并立即转为从机模式，检测是否被胜出的主机寻址。失去仲裁的主机必须将 SDA 置高，但在当前的数据，或地址包结束之前还可以产生时钟信号。仲裁将会持续到系统只有一个主机。如果几个主机对相同的从机寻址，仲裁将会持续到数据包。

10.2　TWI 总线模块相关寄存器

10.2.1　TWI 比特率寄存器 TWBR(TWI Bit Rate Register)

TWI 总线模块的比特率寄存器 TWBR 中存放的是比特率发生器的分频因子，具体位结构如表 10-1 所示。比特率发生器是一个分频器，在主机模式下产生 SCL 时钟频率。SCL 频率可由下式计算：

$$f_{SCL} = \frac{f_{CPU}}{16 + 2 \times TWBR \times 4^{TWPS}}$$

其中，f_{CPU} 为单片机晶振频率，TWBR 为 TWI 比特率寄存器的值，TWPS 为 TWI 状态寄存器中预分频的值。

表 10-1　TWI 比特率寄存器 TWBR 内部位结构

位	TWBR7	TWBR6	TWBR5	TWBR4	TWBR3	TWBR2	TWBR1	TWBR0
读/写	R/W	R/W	R/W	R/W	R/W	R/W	R/W	R/W
初始值	0	0	0	0	0	0	0	0

10.2.2　TWI 控制寄存器 TWCR

TWI 总线模块的控制寄存器 TWCR 用来控制 TWI 操作使能 TWI，通过施加 START 到总线上来启动主机访问、产生接收器应答、产生 STOP 状态，以及在写入数据到 TWDR 寄存器时控制总线的暂停等。这个寄存器还可以给出在 TWDR 无法访问期间，试图将数据写入到 TWDR 而引起的写入冲突信息。TWCR 内部位结构如表 10-2 所示。

表 10-2　TWI 控制寄存器 TWCR 内部位结构

位	TWINT	TWEA	TWSTA	TWSTO	TWWC	TWEN	—	TWIE
读/写	R/W	R/W	R/W	R/W	R	R/W	R	R/W
初始值	0	0	0	0	0	0	0	0

(1) TWINT：TWI 中断标志位。当 TWI 完成当前工作，希望应用程序介入时 TWINT 位置位。若 SREG 的 I 标志位以及 TWCR 寄存器的 TWIE 标志位也置位，则 MCU 执行 TWI 中断例程。当 TWINT 位置位时，SCL 信号的低电平被延长。TWINT 标志位的清零必须通过软件写 "1" 来完成，执行中断时硬件不会自动将其改写为 "0"。要注意的是，只要这一位被清零，TWI 便立即开始工作。因此，在清零 TWINT 位之前一定要先完成对地址寄存器 TWAR、状态寄存器 TWSR，以及数据寄存器 TWDR 的访问。

(2) TWEA：使能 TWI 应答位，用于控制应答脉冲的产生。若 TWEA 位置位，出现如下条件时接口发出 ACK 脉冲：①器件的从机地址与主机发出的地址相符合；②TWAR 的 TWGCE 位置位时接收到广播呼叫；③在主机/从机接收模式下接收到 1B(字节) 的数据。将 TWEA 位清零可以使器件暂时脱离总线，而在置位后器件重新恢复地址识别。

(3) TWSTA：TWI START 状态标志位。当 CPU 希望自己成为总线上的主机时需要置位 TWSTA。TWI 硬件检测总线是否可用。若总线空闲，接口就在总线上产生 START 状态。若总线忙，接口就一直等待，直到检测到一个 STOP 状态，然后产生 START 以声明自己希望成为主机。发送 START 之后，软件必须清零 TWSTA 位。

(4) TWSTO：TWI STOP 状态标志位。在主机模式下，如果置位 TWSTO 位，TWI 接口将在总线上产生 STOP 状态，然后 TWSTO 位自动清零。在从机模式下，置位 TWSTO 可以使接口从错误状态恢复到未被寻址的状态。此时总线上不会有 STOP 状态产生，但 TWI 返回一个定义好的未被寻址的从机模式且释放 SCL 与 SDA 为高阻态。

(5) TWWC：TWI 写碰撞标志位。当 TWINT 位为低时写数据寄存器 TWDR 将置位 TWWC。当 TWINT 位为高时，每一次对 TWDR 的写访问都将更新此标志位。

(6) TWEN：TWI 使能位，用于使能 TWI 操作与激活 TWI 接口。当 TWEN 位被写为 "1"

时，TWI 引脚将 I/O 引脚切换到 SCL 与 SDA 引脚，使能波形斜率限制器与尖峰滤波器。如果该位被清零，TWI 总线模块将被关闭，所有 TWI 传输将被终止。

(7) TWIE：使能 TWI 中断位。当 SREG 的 I 位以及 TWIE 位置位时，只要 TWINT 位为"1"，TWI 中断就被激活。

10.2.3　TWI 状态寄存器 TWSR

TWI 总线模块的状态寄存器 TWSR 的内部位结构如表 10-3 所示。

表 10-3　TWI 状态寄存器 TWSR 内部位结构

位	TWS7	TWS6	TWS5	TWS4	TWS3	—	TWPS1	TWPS0
读/写	R	R	R	R	R	R	R/W	R/W
初始值	0	0	0	0	0	0	0	0

(1) TWS7～TWS3：TWI 状态位。这 5 位用来反映 TWI 逻辑和总线的状态(不同的状态码将会在后面的部分描述)。值得注意的是，从 TWSR 读出的值包括 5 位状态值与 2 位预分频值。设计者检测状态位时应屏蔽预分频位为"0"。此时状态检测独立于预分频器设置。

(2) TWPS1～TWPS0：TWI 预分频位。这两位可读/写，用于控制比特率预分频因子，如表 10-4 所示。

表 10-4　TWI 比特率预分频因子

TWPS1	TWPS0	预分频器的值(预分频因子)
0	0	1
0	1	4
1	0	16
1	1	64

10.2.4　TWI 数据寄存器 TWDR

根据状态的不同，TWDR 中的内容为要发送的下一个字节，或是接收到的数据。在发送模式下，TWDR 包含了要发送的字节；在接收模式下，TWDR 包含了接收到的数据。当 TWI 接口没有进行移位工作(TWINT 位置位)时，这个寄存器是可写的。在第一次中断发生之前，用户不能初始化数据寄存器。只要 TWINT 位置位，TWDR 的数据就是稳定的。在数据移出时，总线上的数据同时移入寄存器。TWDR 总是包含了总线上出现的最后一个字节，除非 MCU 是从掉电或省电模式被 TWI 中断唤醒。此时 TWDR 的内容没有定义。总线仲裁失败时，主机将切换为从机，但总线上出现的数据不会丢失。ACK 的处理由 TWI 逻辑自动管理，CPU 不能直接访问 ACK。TWI 数据寄存器 TWDR 内部位结构如表 10-5 所示。

表 10-5　TWI 数据寄存器 TWDR 内部位结构

位	TWD7	TWD6	TWD5	TWD4	TWD3	TWD2	TWD1	TWD0
读/写	R/W	R/W	R/W	R/W	R/W	R/W	R/W	R/W
初始值	1	1	1	1	1	1	1	1

10.2.5　TWI(从机)地址寄存器 TWAR

TWI 总线模块的从机地址寄存器 TWAR 内部位结构如表 10-6 所示。

表 10-6　TWI 从机地址寄存器 TWAR 内部位结构

位	TWA6	TWA5	TWA4	TWA3	TWA2	TWA1	TWA0	TWGCE
读/写	R/W	R/W	R/W	R/W	R/W	R/W	R/W	R/W
初始值	1	1	1	1	1	1	1	0

(1)TWA6～TWA0：从机地址。工作于从机模式时，TWI 将根据这个地址进行响应。主机模式下不需要此地址。在多主机系统中，TWAR 需要进行设置以便其他主机访问自己。

(2)TWGCE：用于识别广播地址(0x00)。该位置位后，MCU 可以识别 TWI 总线广播。器件内有一个地址比较器，一旦接收到的地址和本机地址一致，芯片就请求中断。

10.3　TWI 总线模块工作时序及传输模式

10.3.1　TWI 总线工作时序

AVR 的 TWI 总线是面向字节和基于中断的。所有的总线事件，如接收到一个字节或发送了一个 START 信号等，都会产生一个 TWI 中断。由于 TWI 接口是基于中断的，因此 TWI 接口在字节发送和接收过程中，不需要应用程序的干预。TWCR 寄存器的 TWI 中断允许位 TWIE 和 SREG 寄存器的全局中断允许位一起决定了应用程序是否响应 TWINT 标志位产生的中断请求。如果 TWIE 位被清零，应用程序只能采用轮询 TWINT 标志位的方法来检测 TWI 总线状态。当 TWINT 标志位置"1"时，表示 TWI 接口完成了当前的操作，等待应用程序的响应。在这种情况下，TWI 状态寄存器 TWSR 包含了表明当前 TWI 总线状态的值。应用程序可以读取 TWCR 的状态码，判别此时的状态是否正确，并通过设置 TWCR 与 TWDR 寄存器，决定在下一个 TWI 总线周期 TWI 接口应该如何工作。

典型的主机字节发送的工作时序如图 10-13 所示。

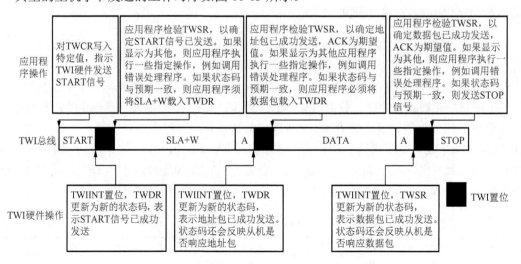

图 10-13　典型的 TWI 主机字节发送时序

(1)TWI 传输的第一步是发送 START 信号。通过对 TWCR 写入特定值，指示 TWI 硬件发送 START 信号。在写入值时 TWINT 位要置位，这一点非常重要。给 TWINT 写"1"清除此标志。TWCR 寄存器的 TWINT 位置位期间，TWI 不会启动任何操作。一旦 TWINT 位被清零，TWI 即由 START 信号启动数据传送。

（2）START 信号被发送后，TWCR 寄存器的 TWINT 标志位置位。TWCR 更新为新的状态码，表示 START 信号已成功发送。

（3）应用程序应检验 TWSR，确定 START 信号已成功发送。如果 TWSR 显示为其他，应用程序可以执行一些指定操作，比如调用错误处理程序。如果状态码与预期一致，应用程序必须将 SLA+W 载入 TWDR。TWDR 载入 SLA+W 后，TWCR 必须写入特定值指示 TWI 硬件发送 SLA+W 信号。在写入值时，TWINT 位要置位。TWCR 寄存器中的 TWINT 位置位期间，TWI 不会启动任何操作。一旦 TWINT 位被清零，TWI 即启动地址包的传输。

（4）地址包发送后，TWCR 寄存器的 TWINT 标志位置位。TWDR 更新为新的状态码，表示地址包已成功发送。此外，状态码还会反映从机是否响应地址包。

（5）应用程序应检验 TWSR，确定地址包已成功发送、ACK 为期望值。如果 TWSR 显示为其他，应用程序可以执行一些指定操作，比如调用错误处理程序。如果状态码与预期一致，应用程序必须将数据包载入 TWDR。随后 TWCR 必须写入特定值指示 TWI 硬件发送 TWDR 中的数据包。在写入值时，TWINT 位要置位。TWCR 寄存器中的 TWINT 位置位期间，TWI 不会启动任何操作。一旦 TWINT 位被清零，TWI 即启动数据包的传输。

（6）数据包发送后，TWCR 寄存器的 TWINT 标志位置位。TWSR 更新为新的状态码，表示数据包已成功发送。此外，状态码还会反映从机是否响应数据包。

（7）应用程序应检验 TWSR，确定数据包已成功发送、ACK 为期望值。如果 TWSR 显示为其他，应用程序可以执行一些指定操作，比如调用错误处理程序。如果状态码与预期一致，TWCR 必须写入特定值指示 TWI 硬件发送 STOP 信号。在写入值时，TWINT 位必须置位。TWCR 寄存器中的 TWINT 位置位期间，TWI 不会启动任何操作。一旦 TWINT 位被清零，TWI 即启动 STOP 信号的传送。TWINT 位在 STOP 状态发送后不会置位。

10.3.2　TWI 总线数据传输模式

TWI 可以工作在 4 种不同的模式下：主机发送（MT）模式、主机接收（MR）模式、从机发送（ST）模式以及从机接收（SR）模式。由应用程序决定采用何种模式，同一应用程序可以将几种模式组合起来使用。例如，TWI 可用 MT 模式向 TWI 的 E^2PROM 写入数据，用 MR 模式从 E^2PROM 读取数据。如果系统中有其他主机存在，则它们可能给 TWI 发送数据，此时可以采用 SR 模式。

1. 主机发送（MT）模式

在主机发送模式下，主机可以向从机发送数据。为进入主机模式，必须发送 START 信号。紧接着的地址包格式决定了是进入 MT 模式还是 MR 模式：如果发送 SLA+W，则进入 MT 模式；如果发送 SLA+R，则进入 MR 模式。

通过在 TWCR 寄存器中写入如图 10-14 所示特定数值，指示 TWI 硬件发送 START 信号。

TWCR	TWINT	TWEA	TWSTA	TWSTO	TWWC	TWEN	–	TWIE
值	1	X	1	0	X	1	0	X

图 10-14　在 TWCR 寄存器中写入数值（1）

TWEN 位必须置位以使能两线接口，TWSTA 位必须置"1"来发出 START 信号且 TWINT

位必须置"1"对 TWINT 标志位清零。TWI 逻辑开始检测串行总线,一旦总线空闲就发送 START。接着中断标志位 TWINT 置位,TWSR 的状态码为 0x08。具体如表 10-7 所示。

表 10-7　主机发送(MT)模式状态码

状态码 (TWSR)预分频位为"0"	2 线串行总线和 2 线串行硬件的状态	应用软件的响应					2 线串行硬件下一步应采取的动作
		读/写 TWDR	对 TWCR 的操作				
			STA	STO	TWINT	TWEA	
$08	START 已发送	加载 SLA+W	0	0	1	×	将发送 SLA+W 将接收到 ACK 或 NOT ACK
$10	重复 START 已发送	加载 SLA+W	0	0	1	×	将发送 SLA+W,将接收到 ACK 或 NOT ACK
		或加载 SLA+R	0	0	1	×	将发送 SLA+R,切换到主机接收模式
$18	SLA+W 已发送 接收到 ACK	加载数据(字节)	0	0	1	×	将发送数据,接收 ACK 或 NOT ACK
		或不操作 TWDR	1	0	1	×	将发送重复 START
		或不操作 TWDR	0	1	1	×	将发送 STOP,TWSTO 将复位
		或不操作 TWDR	1	1	1	×	将发送 STOP,然后发送 START,TWSTO 将复位
$20	SLA+W 已发送 接收到 NOT ACK	加载数据(字节)	0	0	1	×	将发送数据,接收 ACK 或 NOT ACK
		或不操作 TWDR	1	0	1	×	将发送重复 START
		或不操作 TWDR	0	1	1	×	将发送 STOP,TWSTO 将复位
		或不操作 TWDR	1	1	1	×	将发送 STOP,然后发送 START,TWSTO 将复位
$28	数据已发送 接收到 ACK	加载数据(字节)	0	0	1	×	将发送数据,接收 ACK 或 NOT ACK
		或不操作 TWDR	1	0	1	×	将发送重复 START
		或不操作 TWDR	0	1	1	×	将发送 STOP,TWSTO 将复位
		或不操作 TWDR	1	1	1	×	将发送 STOP,然后发送 START,TWSTO 将复位
$30	数据已发送 接收到 NOT ACK	加载数据(字节)	0	0	1	×	将发送数据,接收 ACK 或 NOT ACK
		或不操作 TWDR	1	0	1	×	将发送重复 START
		或不操作 TWDR	0	1	1	×	将发送 STOP,TWSTO 将复位
		或不操作 TWDR	1	1	1	×	将发送 STOP,然后发送 START,TWSTO 将复位
$38	SLA+W 或数据的仲裁失败	不操作 TWDR	0	0	1	×	2 线串行总线将被释放,并进入未寻址从机模式总线空闲后将发送 START
		或不操作 TWDR	1	0	1	×	

为进入主机发送(MT)模式,必须在 TWCR 寄存器中写入如图 10-15 所示数值,发送 SLA+W。完成此操作后软件清零 TWINT 标志位,TWI 传输继续进行。

TWCR	TWINT	TWEA	TWSTA	TWSTO	TWWC	TWEN	–	TWIE
值	1	X	0	0	X	1	0	X

图 10-15　在 TWCR 寄存器中写入数值(2)

当 SLA+W 发送完毕并接收到确认信号,主机的 TWINT 标志位再次置位。此时主机的 TWSR 状态码可能是 0x18、0x20 或 0x38,对各状态的正确响应列于表 10-7 中。SLA+W 发送成功后可以开始发送数据包,通过在 TWCR 寄存器中写入如图 10-16 所示数值来实现。TWDR 只有在 TWINT 为高时方可写入;否则,访问将被忽略,寄存器 TWCR 的写碰撞位 TWWC 置位。TWDR 更新后,TWINT 位应清零来继续传送。在 TWCR 寄存器中写入如图 10-16 所示数值完成继续传送。

TWCR	TWINT	TWEA	TWSTA	TWSTO	TWWC	TWEN	–	TWIE
值	1	X	0	0	X	1	0	X

图 10-16　在 TWCR 寄存器中写入数值(3)

上述发送数据包的过程会一直重复下去，直到最后的字节发送完且发送器产生 STOP 或 REPEATED START 信号。STOP 信号通过在 TWCR 中写入如图 10-17 所示数值来实现。

TWCR	TWINT	TWEA	TWSTA	TWSTO	TWWC	TWEN	–	TWIE
值	1	X	0	1	X	1	0	X

图 10-17　在 TWCR 寄存器中写入数值(4)

REPEATED START 信号通过在 TWCR 中写入如图 10-18 所示数值来实现。

TWCR	TWINT	TWEA	TWSTA	TWSTO	TWWC	TWEN	–	TWIE
值	1	X	1	0	X	1	0	X

图 10-18　在 TWCR 寄存器中写入数值(5)

在 REPEATED START(状态 0x10)后，两线接口可以再次访问相同的从机，或不发送 STOP 信号来访问新的从机。REPEATED START 使得主机可以在不丢失总线控制的条件下在从机、主机发送器及主机接收器模式间进行切换。

2. 主机接收(MR)模式

在主机接收模式下，主机可以从从机接收数据。

首先，通过在 TWCR 寄存器中写入如图 10-19 所示数值，发出 START 信号，进入主机模式。TWEN 必须置位以使能两线接口，TWSTA 位必须置"1"来发出 START 信号且 TWINT 位必须置"1"来对 TWINT 标志位清零。TWI 逻辑开始检测串行总线，一旦总线空闲就发送 START。接着中断标志位 TWINT 置位，TWSR 的状态码为 0x08，具体如表 10-8 所示。

TWCR	TWINT	TWEA	TWSTA	TWSTO	TWWC	TWEN	–	TWIE
值	1	X	1	0	X	1	0	X

图 10-19　在 TWCR 寄存器中写入数值(6)

然后，通过在 TWCR 寄存器中写入如图 10-20 所示数值，发送 SLA+R 进入主机接收(MR)模式。当 SLA+R 发送完毕并接收到确认信号，主机的 TWINT 标志位再次置位。此时主机的 TWSR 状态码可能是 0x38、0x40 或 0x48。对各状态码的正确响应如表 10-8 所示。完成此操作后软件清零 TWINT 标志位，TWI 传输继续进行。

TWCR	TWINT	TWEA	TWSTA	TWSTO	TWWC	TWEN	–	TWIE
值	1	X	0	0	X	1	0	X

图 10-20　在 TWCR 寄存器中写入数值(7)

TWDR 只有在 TWINT 为高时才能读收到的数据。这一过程会一直重复下去，直到最后的字节接收结束。接收完成后，MR 应在接收到最后的字节后发送 NACK 信号。发送器产生 STOP 或 REPEATED START 信号结束传送。STOP 信号通过在 TWCR 中写入如图 10-21 所示数值来实现：

TWCR	TWINT	TWEA	TWSTA	TWSTO	TWWC	TWEN	–	TWIE
值	1	X	0	1	X	1	0	X

图 10-21　在 TWCR 寄存器中写入数值(8)

REPEATED START 信号通过在 TWCR 中写入如图 10-22 所示数值来实现。

TWCR	TWINT	TWEA	TWSTA	TWSTO	TWWC	TWEN	–	TWIE
值	1	X	1	0	X	1	0	X

图 10-22　在 TWCR 寄存器中写入数值(9)

在 REPEATED START(状态 0x10)后,两线接口可以再次访问相同的从机,或不发送 STOP 信号来访问新的从机。REPEATED START 使得主机可以在不丢失总线控制的条件下在从机、主机发送器及主机接收器模式间进行切换。

表 10-8　主机接收(MR)模式状态码

状态码 (TWSR)预分频位为"0"	2 线串行总线和 2 线串行硬件的状态	应用软件的响应					2 线串行硬件下一步应采取的动作
		读/写 TWDR	对 TWCR 的操作				
			STA	STO	TWINT	TWEA	
$08	START 已发送	加载 SLA+R	0	0	1	×	将发送 SLA+R 将接收到 ACK 或 NOT ACK
$10	重复 START 已发送	加载 SLA+R	0	0	1	×	将发送 SLA+R,将接收到 ACK 或 NOT ACK
		或加载 SLA+W	0	0	1	×	将发送 SLA+W,逻辑切换到主机发送模式
$38	SLA+R 或 NOT ACK 的仲裁失败	不操作 TWDR	0	0	1	×	2 线串行总线将被释放,并进入未寻址从机模式总线空闲后将发送 START
		或不操作 TWDR	1	0	1	×	
$40	SLA+R 已发送 接收到 ACK	不操作 TWDR	0	0	1	0	接收数据,返回 NOT ACK
		或不操作 TWDR	0	0	1	1	接收数据,返回 ACK
$48	SLA+R 已发送 接收到 NOT ACK	不操作 TWDR	1	0	1	×	将发送重复 START
		或不操作 TWDR	0	1	1	×	将发送 STOP,TWSTO 将复位
		或不操作 TWDR	1	1	1	×	将发送 STOP,然后发送 START,TWSTO 将复位
$50	接收到数据 ACK 已返回	读数据	0	0	1	0	接收数据,返回 NOT ACK
		或读数据	0	0	1	1	接收数据,返回 ACK
$58	接收到数据 NOT ACK 已返回	读数据	1	0	1	×	将发送重复 START
		或读数据	0	1	1	×	将发送 STOP,TWSTO 将复位
		或读数据	1	1	1	×	将发送 STOP,然后发送 START,TWSTO 将复位

3. 从机接收(SR)模式

在从机接收模式下,从机接收主机发送的数据。

为启动从机接收模式,按图 10-23 所示对 TWAR 与 TWCR 进行设置。

TWAR	TWA6	TWA5	TWA4	TWA3	TWA2	TWA1	TWA0	TWGCE
值	器件本身从机地址							

TWCR	TWINT	TWEA	TWSTA	TWSTO	TWWC	TWEN	–	TWIE
值	0	1	0	0	0	1	0	X

图 10-23　TWAR 与 TWCR 设置

　　TWAR 的前 7 位是主机寻址时从机响应的 TWI 接口地址。若 TWGCE 位(即 LSB 位)置位，则 TWI 接口响应广播地址 0x00；否则忽略广播地址。

　　TWCR 中的 TWEN 位必须置位以使能 TWI 接口；TWEA 位也要置位以使主机寻址到自己(从机地址或广播)时返回确认信息 ACK；TWSTA 位和 TWSTO 位必须清零。

　　初始化 TWAR 和 TWCR 之后，TWI 接口即开始等待，直到自己的从机地址(或广播地址，如果 TWAR 的 TWGCE 置位的话)出现在主机寻址地址当中，并且数据方向位为"0"(写)。然后 TWINT 标志位置位，TWSR 则包含了相应的状态码。对各状态码的正确响应列于表 10-9。当 TWI 接口处于主机模式(状态 0x68 或 0x78)并发生仲裁失败时，CPU 将进入从机接收模式。

表 10-9　从机接收(SR)模式状态码

状态码 (TWSR)预分频位为"0"	2 线串行总线和 2 线串行硬件的状态	应用软件的响应					2 线串行硬件下一步应采取的动作
		读/写 TWDR	对 TWCR 的操作				
			STA	STO	TWINT	TWEA	
$60	自己的 SLA+W 已经被接收 ACK 已返回	不操作 TWDR 或	×	0	1	0	接收数据，返回 NOT ACK
		不操作 TWDR	×	0	1	1	接收数据，返回 ACK
$68	SLA+R/W 作为主机的仲裁失败；自己的 SLA+W 已经被接收 ACK 已返回	不操作 TWDR 或	×	0	1	0	接收数据，返回 NOT ACK
		不操作 TWDR	×	0	1	1	接收数据，返回 ACK
$70	接收到广播地址 ACK 已返回	不操作 TWDR 或	×	0	1	0	接收数据，返回 NOT ACK
		不操作 TWDR	×	0	1	1	接收数据，返回 ACK
$78	SLA+R/W 作为主机的仲裁失败；接收到广播地址 ACK 已返回	不操作 TWDR 或	×	0	1	0	接收数据，返回 NOT ACK
		不操作 TWDR	×	0	1	1	接收数据，返回 ACK
$80	以前以自己的 SLA+W 被寻址；数据已经被接收 ACK 已返回	不操作 TWDR 或	×	0	1	0	接收数据，返回 NOT ACK
		不操作 TWDR	×	0	1	1	接收数据，返回 ACK
$88	以前以自己的 SLA+W 被寻址；数据已经被接收 NOT ACK 已返回	读数据或	0	0	1	0	切换到未寻址从机模式；不再识别自己的 SLA 或 GCA
		读数据或	0	0	1	1	切换到未寻址从机模式；能够识别自己的 SLA；若 TWGCE="1"，GCA 也可以识别
		读数据或	1	0	1	0	切换到未寻址从机模式；不再识别自己的 SLA 或 GCA；总线空闲时发送 START
		读数据	1	0	1	1	切换到未寻址从机模式；能够识别自己的 SLA；若 TWGCE="1"，GCA 也可以识别；总线空闲时发送 START
$90	以前以广播方式被寻址；数据已经被接收 ACK 已返回	读数据或	×	0	1	0	接收数据，返回 NOT ACK
		读数据	×	0	1	1	接收数据，返回 ACK

续表

状态码 (TWSR)预 分频位为"0"	2线串行总线和2线 串行硬件的状态	应用软件的响应					2线串行硬件下一步应采取的动作
		读/写 TWDR	对 TWCR 的操作				
			STA	STO	TWINT	TWEA	
$98	以前以广播方式被 寻址；数据已经被接 收 NOT ACK 已返回	读数据或 读数据或 r 读数据或 读数据	0	0	1	0	切换到未寻址从机模式；不再识别自 己的 SLA 或 GCA
			0	0	1	1	切换到未寻址从机模式；能够识别自 己的 SLA；若 TWGCE= "1"，GCA 也可以识别
			1	0	1	0	切换到未寻址从机模式；不再识别自 己的 SLA 或 GCA；总线空闲时发送 START
			1	0	1	1	切换到未寻址从机模式；能够识别自 己的 SLA；若 TWGCE= "1"，GCA 也可以识别；总线空闲时发送 START
$A0	在以从机工作时接 收到 STOP 或重复 START	无操作	0	0	1	0	切换到未寻址从机模式；不再识别自 己的 SLA 或 GCA
			0	0	1	1	切换到未寻址从机模式；能够识别自 己的 SLA；若 TWGCE= "1"，GCA 也可以识别
			1	0	1	0	切换到未寻址从机模式；不再识别自 己的 SLA 或 GCA；总线空闲时发送 START
			1	0	1	1	切换到未寻址从机模式；能够识别自 己的 SLA；若 TWGCE= "1"，GCA 也可以识别；总线空闲时发送 START

如果在传输过程中 TWEA 复位，TWI 接口在接收到下一个字节后将向 SDA 返回"无应答"。TWEA 复位时 TWI 接口不再响应自己的从机地址，但是会继续监视总线。一旦 TWEA 位置位，就可以恢复地址识别和响应。也就是说，可以利用 TWEA 位暂时将 TWI 接口从总线中隔离出来。

在除空闲模式外的其他休眠模式时，TWI 接口的时钟被关闭。若使能了从机接收模式，接口将利用总线时钟继续响应广播地址/从机地址。地址匹配将唤醒 CPU。在唤醒期间，TWI 接口将保持 SCL 为低电平，直至 TWCINT 标志位清零。当 AVR 时钟恢复正常运行后，TWI 可以接收更多的数据。显然，如果 AVR 设置为长启动时间，时钟线 SCL 可能会长时间保持低电平，阻塞其他数据的传送。当 MCU 从这些休眠模式唤醒时，和正常工作模式不同的是，数据寄存器 TWDR 的数据并不反映总线上出现的最后一个字节。

4. 从机发送(ST)模式

在从机发送模式下，从机可以向主机发送数据。

为启动从机发送模式，按图 10-24 所示对 TWAR 与 TWCR 进行设置。

TWAR	TWA6	TWA5	TWA4	TWA3	TWA2	TWA1	TWA0	TWGCE
值	器件本身从机地址							

TWCR	TWINT	TWEA	TWSTA	TWSTO	TWWC	TWEN	–	TWIE
值	0	1	0	0	0	1	0	X

图 10-24　设置 TWAR 与 TWCR

TWI 地址寄存器 TWAR 中的前 7 位是主机寻址时从机响应的 TWI 接口地址。若 TWGCE 位(即 LSB 位)置位，则 TWI 接口响应广播地址 0x00；否则忽略广播地址。

TWI 控制寄存器 TWCR 中的 TWEN 位必须置位以使能 TWI 接口；TWEA 位也要置位以便主机寻址到自己(从机地址或广播)时返回确认信息 ACK；TWSTA 位和 TWSTO 必须清零。

初始化 TWI 地址寄存器 TWAR 和 TWI 控制寄存器 TWCR 之后，TWI 接口即开始等待，直到自己的从机地址(或广播地址，如果 TWAR 的 TWGCE 位置位的话)出现在主机寻址地址当中，并且数据方向位为"1"(读)。然后 TWI 中断标志位置位，TWSR 则包含了相应的状态码。对各状态码的正确响应列于表 10-10。当 TWI 接口处于主机模式(状态 0xB0)并发生仲裁失败时，CPU 将进入从机发送模式。

表 10-10　从机发送(ST)模式状态码

状态码 (TWSR)预分频位为"0"	2线串行总线和2线串行硬件的状态	应用软件的响应					2线串行硬件下一步应采取的动作
		读/写 TWDR	对 TWCR 的操作				
			STA	STO	TWINT	TWEA	
$A8	自己的 SLA+R 已经被接收 ACK 已返回	加载 1 字节的数据或	×	0	1	0	发送 1 字节的数据，接收 NOT ACK
		加载 1 字节的数据	×	0	1	1	发送数据，接收 ACK
$B0	SLA+R/W 作为主机的仲裁失败；自己的 SLA+R 已经被接收 ACK 已返回	加载 1 字节的数据或	×	0	1	0	发送 1 字节的数据，接收 NOT ACK
		加载 1 字节的数据	×	0	1	1	发送数据，接收 ACK
$B8	TWDR 中数据已经发送 接收到 ACK	加载 1 字节的数据或	×	0	1	0	发送 1 字节的数据，接收 NOT ACK
		加载 1 字节的数据	×	0	1	1	发送数据，接收 ACK
$C0	TWDR 中数据已经发送 接收到 NOT ACK	不操作 TWDR 或	0	0	1	0	切换到未寻址从机模式；不再识别自己的 SLA 或 GCA
		不操作 TWDR 或	0	0	1	1	切换到未寻址从机模式；能够识别自己的 SLA；若 TWGCE="1"，GCA 也可以识别
		不操作 TWDR 或	1	0	1	0	切换到未寻址从机模式；不再识别自己的 SLA 或 GCA；总线空闲时发送 START
		不操作 TWDR	1	0	1	1	切换到未寻址从机模式；能够识别自己的 SLA；若 TWGCE="1"，GCA 也可以识别；总线空闲时发送 START
$C8	TWDR 的 1 字节数据已经发送(TWAE="0")；接收到 ACK	不操作 TWDR 或	0	0	1	0	切换到未寻址从机模式；不再识别自己的 SLA 或 GCA
		不操作 TWDR 或	0	0	1	1	切换到未寻址从机模式；能够识别自己的 SLA；若 TWGCE="1"，GCA 也可以识别
		不操作 TWDR 或	1	0	1	0	切换到未寻址从机模式；不再识别自己的 SLA 或 GCA；总线空闲时发送 START
		不操作 TWDR	1	0	1	1	切换到未寻址从机模式；能够识别自己的 SLA；若 TWGCE="1"，GCA 也可以识别；总线空闲时发送 START

如果在传输过程中 TWEA 复位，TWI 接口在发送完数据之后将进入状态 0xC0 或 0xC8。接口也切换到未寻址从机模式，忽略任何后续总线传输。从而主机接收到的数据全为"1"。如果主机需要附加数据位（通过发送 ACK），即使从机已经传送结束，也进入状态 0xC8。

TWEA 复位时 TWI 接口不再响应自己的从机地址，但是会继续监视总线。一旦 TWEA 置位，就可以恢复地址识别和响应。也就是说，可以利用 TWEA 暂时将 TWI 接口从总线中隔离出来。

在除空闲模式外的其他休眠模式时，TWI 接口的时钟被关闭。若使能了从机接收模式，接口将利用总线时钟继续响应广播地址/从机地址。地址匹配将唤醒 CPU。在唤醒期间，TWI 接口将保持 SCL 为低电平，直至 TWCINT 标志位清零。当 AVR 时钟恢复正常运行后，可以发送更多的数据。显然，如果 AVR 设置为长启动时间，时钟线 SCL 可能会长时间保持低电平，阻塞其他数据的传送。当 MCU 从这些休眠模式唤醒时，和正常工作模式不同的是，数据寄存器 TWDR 的数据并不反映总线上出现的最后一个字节。

在某些情况下，为完成期望的工作，必须将几种 TWI 模式组合起来。例如，从串行 E^2PROM 读取数据。典型的这种传输包括以下步骤：①传输必须启动。②必须告诉 E^2PROM 读取的位置。③必须完成读操作。④传送必须结束。数据可从主机传到从机，反之亦可。

首先主机必须告诉读从机读取实际的位置，因此需要使用 MT 模式；然后数据必须由从机读出，需要使用 MR 模式，但传送方向必须改变。在上述步骤中，主机必须保持对总线的控制，且以上各步骤应该自动进行。传送方向改变是通过在发送地址字节与接收数据之间发送 REPEATED START 信号来实现的。在发送 REPEATED START 信号后，主机继续保持总线的控制权。传输流程如图 10-25 所示。

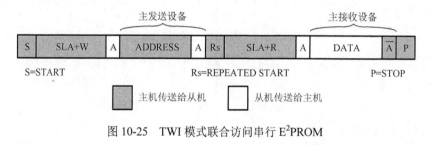

图 10-25　TWI 模式联合访问串行 E^2PROM

10.4　TWI 总线读取 AT24C02

下面将结合实例介绍 ATmega16 单片机使用 TWI 总线对存储器 AT24C02 进行操作的方法，以及对 AT24C02 存储器进行编程的软、硬件设计。

10.4.1　AT24C02 介绍

AT24C02 是由美国 Atmel 公司生产的一种低功耗 CMOS 型 E^2PROM，内含 256×8 位存储空间，具有工作电压宽（2.5V～5.5V）、擦写次数多（大于 10000 次）、写入速度快（小于 10ms）、抗干扰能力强、数据不易丢失、体积小等特点。AT24C02 有一个 16B（字节）页写缓冲器，通过 I^2C 总线接口进行数据读写的串行操作；还有一个专门的写保护功能。

AT24C02 支持 I^2C 总线数据传送协议。I^2C 总线协议规定：任何将数据传送到总线的器件均作为发送器，任何从总线接收数据的器件为接收器。数据传送是由产生串行时钟和所有起始停止信号的主器件控制的，主器件和从器件都可以作为发送器或接收器，但由主器件控制传送数据(发送或接收)的模式。通过器件地址输入端 A0、A1、A2 可以实现将最多 8 个 AT24C02 器件连接到总线上。

AT24C02 的引脚及其功能如表 10-11 所示。

表 10-11　AT24C02 的引脚功能

引脚名称	功能	引脚图
A0、A1、A2	器件地址选择	
SDA	串行数据/地址	
SCL	串行时钟	A0　1　8　VCC
WP	写保护	A1　2　7　WP
VCC	工作电压	A2　3　6　SCL
VSS	地	GND　4　5　SDA

(1) A0、A1、A2：器件地址选择输入端，用于多个器件级联时设置器件地址。当这些引脚悬空时默认值为 0。使用 AT24C02 最大可级联 8 个器件，如果只有一个 AT24C02 被总线寻址，这 3 个地址输入引脚 A0、A1、A2 可悬空或连接到 VSS。

(2) SDA：双向串行数据/地址引脚，用于器件所有数据的发送或接收。SDA 是一个开漏输出引脚，可与其他开漏输出或集电极开路输出进行线或。

(3) SCL：串行时钟输入引脚，用于产生器件所有数据发送或接收的时钟。

(4) WP：写保护。如果 WP 引脚连接到 VCC，所有的内容都被写保护，只能读。当 WP 引脚连接到 VSS 或悬空，允许器件进行正常的读/写操作。

10.4.2　硬件电路设计

本项目中只有一片 AT24C02，因此将其 A0、A1、A2 三个地址引脚接地，设定器件硬件地址为"0"，WP 写保护引脚接地，SCL、SDA 与 ATmega16 单片机的 TWI 对应连接，SCL、SDA 分别接了 10kΩ 的上拉电阻。硬件电路图如图 10-26 所示。

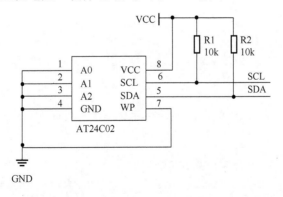

图 10-26　AT24C02 与 ATmega16 单片机硬件电路图

10.4.3　软件设计

将 ATmega16 单片机配置为 TWI 的主机模式，往 AT24C02 中写 10B(字节)的数据，然后读取写入的数据。根据 TWI 模块的寄存器和 TWI 模块的工作过程编写 TWI 驱动程序。在下面的程序中，只给出各个功能模块的解释，完整的程序代码读者可参考配书光盘中的相关内容。

1. TWI 状态定义

```
#define    START          0x08
#define    RE_START       0x10
#define    MT_SLA_ACK     0x18
#define    MT_SLA_NOACK   0x20
#define    MT_DATA_ACK    0x28
#define    MT_DATA_NOACK  0x30
```

2. 常用 TWI 操作（主模式写和读）

```
//启动 I²C
#define    Start()  ( TWCR = (1 << TWINT) | (1 << TWSTA) | (1 << TWEN))
//停止 I²C
#define    Stop()   ( TWCR = (1 << TWINT) | (1 << TWSTO) | (1 << TWEN))
//等待中断发生
#define    Wait()   { while (!(TWCR & (1 << TWINT)));}
//观察返回状态
#define    TestAck()  ( TWSR & 0xf8)
//做出 ACK 应答
#define    SetAck    ( TWCR |= (1 << TWEA))
//做出 Not Ack 应答
#define    SetNoAck  ( TWCR &= ~(1 << TWEA))
//启动 I²C
#define    Twi()    ( TWCR = (1 << TWINT) | (1 << TWEN))
//写数据到 TWDR
#define    Write8Bit(x)   { TWDR = (x); TWCR = (1 << TWINT) | ( 1<< TWEN);}
```

3. TWI 总线初始化

```
void twi_init(void)  //TWI 设置
{
    TWBR = 0x20;
    TWSR = 0;
    TWCR = 0x44;
}
```

4. 写入数据

通过 TWI 总线向 AT24C02 的内部地址空间写一字节数据，写成功，返回"0"；写失败，返回"1"。

```
unsigned char I2C_Write(unsigned char Wdata,unsigned char RegAddress)
{
    Start();                        //I²C 启动
    Wait();                         //等待 TWINT 清零，开始传输操作
    if (TestAck() != START )
    {
        return 1;
    }
    Write8Bit(WD_DEVICE_ADDR);   //写 I²C 从器件地址和写方式
    Wait();
```

```
    if (TestAck() != MT_SLA_ACK)
    {
        return 1;
    }
    Write8Bit(RegAddress);           //写器件相应寄存器地址
    Wait();
    if (TestAck() != MT_DATA_ACK)
    {
        return 1;
    }
    Write8Bit(Wdata);                //写数据到器件相应寄存器
    Wait();
    if (TestAck() != MT_DATA_ACK)
    {
        return 1;
    }
    Stop();                          //I²C 停止
    delay_ms(100);                   //延时
    return 0;
}
```

5. 通过 TWI 总线从从机的内部地址空间读取数据

通过 TWI 总线从 AT24C02 的内部地址空间读取数据，读成功，返回 "0"；读失败，返回 "1"。

```
unsigned char I2C_Read(unsigned char RegAddress)
{
    unsigned char temp;
    Start();                         //I²C 启动
    Wait();                          //等待 TWINT 清零，开始传输操作
    if (TestAck() != START)
    {
        return 1;
    }
    Write8Bit(WD_DEVICE_ADDR);      //写 I²C 从器件地址和写方式
    Wait();                          //等待 TWINT 清零，开始传输操作
    if (TestAck() != MT_SLA_ACK)
    {
        return 1;
    }
    Write8Bit(RegAddress);          //写器件相应寄存器地址
    Wait();                          //等待 TWINT 清零，开始传输操作
    if (TestAck() != MT_DATA_ACK)
    {
        return 1;
    }
    Start();                         //I²C 重新启动
    Wait();
    if (TestAck() != RE_START)
    {
        return 1;
```

```
    }
    Write8Bit(RD_DEVICE_ADDR);        //写 I²C 从器件地址和读方式
    Wait();
    if (TestAck() != MR_SLA_ACK)
    {
        return 1;
    }
    Twi();                            //启动主 I²C 读方式
    Wait();
    if (TestAck() != MR_DATA_NOACK)
    {
        return 1;
    }
    temp = TWDR;                      //读取 I²C 接收数据
    Stop();                           //I²C 停止
    return temp;
}
```

6. 主程序

```
void main(void)
{
    unsigned char i;                  //定义一个无符号字符型变量
    unsigned char temp = 0;
    port_init();
    twi_init();
    Uart1_Init();
    printf("IIC test\r\n");
    PWR_H;
    while(1)
    {
        temp = PINA & (1 << 0);
        if ( !temp)                   //有卡插入
        {
            PWR_L;                     //上电
            delay_ms(10);              //延时大约 1ms
            printf("Write Data\r\n");
            for ( i = 0; i < 10; i++ )
            {
                I2C_Write(i,0x80+i);
                printf("%d ", (unsigned int)i );
                delay_ms(10);
            }
            delay_ms(100);
            printf("\r\nRead Data\r\n");
            for (i = 0; i < 10; i++)  //读出 10B(字节)数据
            {
                temp = I2C_Read(0x80 + i);
                printf("%d ", (unsigned int)temp );
                delay_ms(10);
            }
            printf("\r\n");
```

```
        PWR_H;                          //断电
        while(1);
    }
    else
    {
        PWR_H;                          //无卡
    }
}
}
```

【思考练习】

(1) 补全如图 10-27 所示时序图。

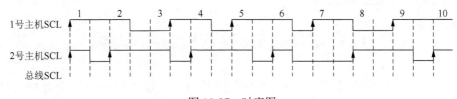

图 10-27　时序图

(2) TWI 总线波特率如何设置？

(3) 说明 ATmega16 单片机 TWI 模块的使用方法。

第 11 章　复位系统及休眠模式

【学习目标】

(1) 了解 AVR 单片机的时钟系统及复位源。

(2) 了解 AVR 单片机 5 种休眠模式与电源管理。

(3) 能够合理运用各种复位方式和休眠模式。

(4) 会使用单片机内部看门狗。

11.1　ATmega16 单片机的系统时钟

AVR 系列单片机的主要时钟系统及其分布如图 11-1 所示。ATmega16 单片机主要有 5 种时钟信号，分别是 CPU 时钟信号 clk_{CPU}、I/O 时钟信号 $clk_{I/O}$、Flash 时钟信号 clk_{Flash}、异步时钟信号 clk_{ASY} 和 ADC 时钟信号 clk_{ADC}。这些时钟并不需要同时工作，为了降低功耗，可以通过使用不同的休眠模式来禁止无需工作模块的时钟。

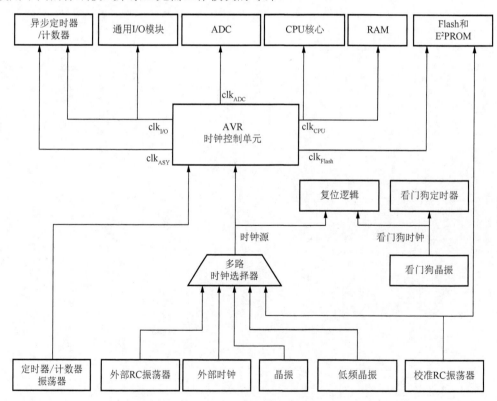

图 11-1　AVR 系列单片机的时钟系统及其分布

(1) CPU 时钟信号 clk_{CPU} 与操作 AVR 内核的子系统相连，如通用寄存器、状态寄存器及保存堆栈指针的数据存储器。终止 CPU 时钟将使内核停止工作和计算。

(2) I/O 时钟信号 $clk_{I/O}$ 用于主要的 I/O 模块，如定时器/计数器、SPI 和 USART。同时，I/O 时钟还用于外部中断模块。要注意的是，有些外部中断由异步逻辑检测，因此即使 I/O 时钟停止了这些中断，仍然可以得到监控。

(3) Flash 时钟信号 clk_{Flash} 用于控制 Flash 接口的操作。此时钟通常与 CPU 时钟同时挂起或激活。

(4) 异步时钟信号 clk_{ASY} 用于驱动异步定时器/计数器。即使在休眠模式下，异步定时器/计数器仍然可以作为实时时钟处于工作状态。

(5) ADC 时钟信号 clk_{ADC} 是为了提高 ADC 精度而专门设计的时钟信号，可以在 ADC 工作的时候停止 CPU 时钟信号 clk_{CPU} 和 I/O 时钟信号 $clk_{I/O}$，从而降低数字电路产生的噪声，提高 ADC 转换精度。

11.1.1　时钟源的选择

ATmega16 单片机通过 Flash 熔丝位 CKSEL3～CKSEL0 选择时钟源，如表 11-1 所示。时钟输入到 AVR 单片机的时钟发生器，再分配到相应的模块。

表 11-1　时钟源的选择

CKSEL3	CKSEL2	CKSEL1	CKSEL0	系统时钟源
0000				外部时钟
0100～0001				标定的片内 RC 振荡器
1000～0101				外部 RC 振荡器
1001				外部低频晶振
1111～1010				外部晶体/陶瓷振荡器

从掉电模式或省电模式唤醒 CPU 后，被选择的时钟源用来为启动过程定时，保证振荡器在开始执行指令之前进入稳定状态。当 CPU 从复位开始工作时，还有额外的延迟时间以保证在 MCU 开始正常工作之前电源达到稳定电平。该启动时间的定时由看门狗振荡器完成。看门狗振荡器的频率由工作电压决定，看门狗溢出时间所对应的 WDT 振荡器周期数如表 11-2 所示。

表 11-2　看门狗振荡器周期数

典型溢出时间（V_{CC} = 5.0V）	典型溢出时间（V_{CC} = 3.0V）	时钟周期数
4.1ms	4.3ms	4K (4096)
65ms	69ms	64K (65536)

ATmega16 单片机出厂时 CKSEL=0010，SUT=10。这个默认设置的时钟源是 1MHz 的内部 RC 振荡器，启动时间为最长。这种设置保证用户可以通过 ISP 或并行编程器得到所需的时钟源。

11.1.2　晶体振荡器

XTAL1 与 XTAL2 分别用作片内振荡器的反向放大器的输入和输出，如图 11-2 所示。该振荡器可以使用石英晶体，也可以使用陶瓷谐振器。熔丝位 CKOPT 用来选择这两种放大器模式。当 CKOPT 被编程（CKOPT=1）时，振荡器在输出引脚产生满幅度的振荡。这种模式适合于噪声环境，以及需要通过 XTAL2 驱动第二个时钟缓冲器的情况，而且这种模式的频率范围

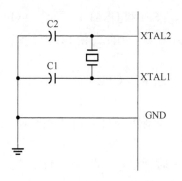

图 11-2 晶体振荡器的连接

比较宽。当保持 CKOPT 为未编程(CKOPT=0)状态时，振荡器的输出信号幅度比较小。其优点是大大降低了功耗，但是频率范围比较窄，而且不能驱动其他时钟缓冲器。对于谐振器，CKOPT 未编程(CKOPT=0)时的最大频率为 8MHz，CKOPT 编程时为 16MHz。不管使用的是碛晶体还是陶瓷谐振器，C1 和 C2 的数值都要一样。最佳的数值不但与使用的碛晶体或陶瓷谐振器有关，还与杂散电容和环境的电磁噪声有关。表 11-3 给出了针对碛晶体选择电容的一些经验值。对于陶瓷谐振器，应该使用厂商提供的数值。

晶体振荡器可以工作在 3 种不同的模式下，每种模式都有一个优化的频率范围。工作模式通过熔丝位 CKSEL3～CKSEL1 来选择，如表 11-3 所示。

表 11-3　晶体振荡器的工作模式

CKOPT	CKSEL3～CKSEL1	频率范围(MHz)	C1、C2 推荐范围(pF)
1	101	0.4～0.9	—
1	110	0.9～3.0	12～22
1	111	3.0～8.0	12～22
0	101、110、111	1.0≤	12～22

熔丝位 CKSEL0 以及 SUT1、SUT0 用于选择启动时间，如表 11-4 所示。

表 11-4　晶体振荡器的启动时间

CKSEL0	SUT1、SUT0	掉电与节电模式下的启动时间	复位时额外的延迟时间(V_{CC}=5.0V)	推荐用法
0	00	258 CK	4.1ms	陶瓷谐振器，电源快速上升
0	01	258 CK	65ms	陶瓷谐振器，电源缓慢上升
0	10	1K CK	—	陶瓷谐振器，BOD 使能
0	11	1K CK	4.1ms	陶瓷谐振器，电源快速上升
1	00	1K CK	65ms	陶瓷谐振器，电源缓慢上升
1	01	16K CK	—	石英振荡器，BOD 使能
1	10	16K CK	4.1ms	石英振荡器，电源快速上升
0	11	16K CK	65ms	石英振荡器，电源缓慢上升

11.1.3　低频晶体振荡器

为了使用 32.768kHz 钟表晶体作为器件的时钟源，必须将熔丝位 CKSEL 设置为“1001”以选择低频晶体振荡器。晶体的连接方式如图 11-2 所示。通过对熔丝位 CKOPT 的编程，用户可以使能 XTAL1 和 XTAL2 的内部电容，从而去除外部电容。内部电容的标称数值为 36pF。选择了低频晶体振荡器之后，启动时间由熔丝位 SUT 确定，如表 11-5 所示。

表 11-5　低频晶体振荡器的启动时间

SUT1	SUT0	掉电与节电模式下的启动时间	复位时额外的延迟时间(V_{CC}=5.0V)	推荐用法
0	0	1K CK	4.1ms	电源快速上升，或是 BOD 使能
0	1	1K CK	65ms	电源缓慢上升
1	0	32K CK	65ms	启动时频率已经稳定
1	1	保留		

11.1.4　外部 RC 振荡器

对于时间不敏感的应用，可以使用如图 11-3 所示的外部 RC 振荡器。频率可以通过方程 $f=1/(3RC)$ 进行粗略的估计。电容 C 至少要 22pF。通过编程熔丝位 CKOPT，用户可以使能 XTAL1 和 GND 之间的片内 36pF 电容，从而无需外部电容。

外部 RC 振荡器可以工作在 4 种不同的模式下，每种模式都有自己的优化频率范围。工作模式通过熔丝位 CKSEL3～CKSEL0 选取，如表 11-6 所示。

表 11-6　外部 RC 振荡器的工作模式

CKSEL3～CKSEL0	频率范围(MHz)	CKSEL3～CKSEL0	频率范围(MHz)
0101	≤0.9	0111	3.0～8.0
0110	0.9～3.0	1000	8.0～12.0

选择了外部 RC 振荡器之后，启动时间由熔丝位 SUT 确定，如表 11-7 所示。

表 11-7　外部 RC 振荡器的启动时间

SUT1	SUT0	掉电与节电模式下的启动时间	复位时额外的延迟时间($V_{CC}=5.0V$)	推荐用法
0	0	18 CK	—	BOD 使能
0	1	18 CK	4.1ms	电源快速上升
1	0	18 CK	65ms	电源缓慢上升
1	1	6 CK	4.1ms	电源快速上升，或是 BOD 使能

11.1.5　标定的片内 RC 振荡器

标定的片内 RC 振荡器提供了固定的 1.0MHz、2.0MHz、4.0MHz 或 8.0MHz(这些频率都是 5V、25℃下的标称数值)的时钟。该时钟也可以作为系统时钟，只要按照表 11-8 对熔丝位 CKSEL 进行编程即可。选择该时钟(此时不能对 CKOPT 进行编程)之后就无需外部器件了。复位时硬件将标定字节加载到 OSCCAL 寄存器，自动完成对 RC 振荡器的标定。在 5V、25℃ 和频率为 1.0MHz 时，这种标定可以提供标称频率±1%的精度。当使用这个振荡器作为系统时钟时，看门狗仍然使用自己的看门狗定时器作为溢出复位的依据。

表 11-8　标定的片内 RC 振荡器的工作模式

CKSEL3～CKSEL0	标称频率(MHz)	CKSEL3～CKSEL0	标称频率(MHz)
0001	1.0	0011	4.0
0010	2.0	0100	8.0

选择了标定的片内 RC 振荡器之后，启动时间由熔丝位 SUT 确定。如表 11-9 所示。XTAL1 和 XTAL2 要保持为空。

表 11-9　外部 RC 振荡器的启动时间

SUT1	SUT0	掉电与节电模式下的启动时间	复位时额外的延迟时间($V_{CC}=5.0V$)	推荐用法
0	0	6 CK	—	BOD 使能
0	1	6 CK	4.1ms	电源快速上升
1	0	6 CK	65ms	电源缓慢上升
1	1	保留		

标定的片内 RC 振荡器可通过振荡器标定寄存器 OSCCAL 来设置，振荡器标定寄存器 OSCCAL 的内部位结构如表 11-10 所示。

表 11-10　振荡器标定寄存器 OSCCAL 内部位结构

位	CAL7	CAL6	CAL5	CAL4	CAL3	CAL2	CAL1	CAL0
读/写	R/W	R/W	R/W	R/W	R/W	R/W	R/W	R/W
初始值				标定数据				

将标定数据写入这个地址可以对内部振荡器进行调节以消除由于生产工艺所带来的振荡器频率偏差。复位时，1MHz 的标定数据(标识数据的高字节，地址为 0x00)自动加载到 OSCCAL 寄存器；如果需要内部 RC 振荡器工作于其他频率，标定数据必须人工加载。首先通过编程器读取标定数据，然后将其保存到 Flash 或 E^2PROM 之中。这些数据可以通过软件读取，然后加载到 OSCCAL 寄存器。当 OSCCAL 为 "0" 时振荡器以最低频率工作，当对其写入不为零的数据时内部振荡器的频率将增强，写入 0xFF 则得到最高频率。标定的片内 RC 振荡器用来为访问 E^2PROM 和 Flash 定时。有写 E^2PROM 和 Flash 的操作时不要将频率标定到超过标称频率的 10%，否则写操作有可能失败。要注意的是，标定的片内 RC 振荡器只对 1.0、2.0、4.0 和 8.0 MHz 这 4 种频率进行了标定，其他频率则无法保证，如表 11-11 所示。

表 11-11　标定的片内 RC 振荡器频率范围

OSCCAL 数值	最小频率，标称频率的百分比(%)	最大频率，标称频率的百分比(%)
$00	50	100
$7F	75	150
$FF	100	200

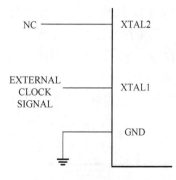

图 11-3　外部时钟配置图

11.1.6　外部时钟

为了使用外部时钟源驱动芯片，XTAL1 必须按图 11-3 所示进行连接。同时，熔丝位 CKSEL 必须编程为 "0000"。若熔丝位 CKOPT 也被编程，用户就可以使用内部的 XTAL1 和 GND 之间的 36pF 电容。

选择了外部时钟之后，启动时间由熔丝位 SUT 确定，如表 11-12 所示。

为了保证 MCU 能够稳定工作，不能突然改变外部时钟源的振荡频率。工作频率突变超过 2%将会产生异常现象。应该在 MCU 保持复位状态时改变外部时钟的振荡频率。

对于拥有定时器/振荡器引脚(TOSC1 和 TOSC2)的 AVR 微处理器，晶体可以直接与这两个引脚连接，无需外部电容。此振荡器针对 32.768 kHz 的钟表晶体作了优化。不建议在 TOSC1 引脚输入振荡信号。

表 11-12　外部时钟的启动时间

SUT1	SUT0	掉电与节电模式下的启动时间	复位时额外的延迟时间($V_{cc}=5.0V$)	推荐用法
0	0	6 CK	—	BOD 使能
0	1	6 CK	4.1ms	电源快速上升
1	0	6 CK	65ms	电源缓慢上升
1	1		保留	

11.2 ATmega16 单片机休眠模式与电源管理

休眠模式可以使应用程序关闭 MCU 中没有使用的模块，从而降低功耗。AVR 系列单片机的休眠模式分为空闲模式、ADC 噪声抑制模式、掉电模式、省电模式、Standby 模式等几种。具体采用哪种休眠模式，允许用户根据自己的应用要求实施剪裁，主要由 MCU 控制寄存器 MCUCR 的 SM2、SM1、SM0 位决定。

进入休眠模式的条件是置位 MCU 控制寄存器 MCUCR 的 SE 位，然后执行 SLEEP 指令。使能的中断可以将进入休眠模式的 MCU 唤醒。经过启动时间，外加 4 个时钟周期后，MCU 就可以运行中断例程了。然后返回到 SLEEP 的下一条指令。唤醒时不会改变寄存器文件和 SRAM 的内容。如果在休眠过程中发生了复位，则 MCU 被唤醒后从中断向量开始执行。

11.2.1 空闲模式

在空闲模式下，CPU 停止运行，而 LCD 控制器、SPI、USART、模拟比较器、ADC、USI、定时器/计数器、看门狗和中断系统继续工作。这种休眠模式只停止了 clk_{CPU} 和 clk_{Flash}，其他时钟则继续工作，诸如定时器溢出与 USART 传输完成等内外部中断都可以唤醒 MCU。如果不需要从模拟比较器中断唤醒 MCU，为了减少功耗，可以切断比较器的电源。具体方法是置位模拟比较器控制和状态寄存器 ACSR 的 ACD 位。如果 ADC 使能，进入此模式后将自动启动一次转换。

11.2.2 ADC 噪声抑制模式

在 ADC 噪声抑制模式下，CPU 停止运行，而 ADC、外部中断、两线接口地址配置、定时器/计数器 0 和看门狗继续工作。这种休眠模式只停止了 $clk_{I/O}$、clk_{CPU} 和 clk_{Flash}，其他时钟则继续工作。此模式降低了 ADC 的环境噪声，使得 AD 转换精度更高。ADC 使能的时候，进入此模式将自动启动一次 A/D 转换。ADC 转换结束中断、外部复位、看门狗复位、BOD 复位、两线接口地址匹配中断、定时器/计数器 2 中断、SPM/EEPROM 准备好中断、外部中断 INT0 或 INT1，或外部中断 INT2 可以将 MCU 从 ADC 噪声抑制模式唤醒。

11.2.3 掉电模式

在掉电模式下，外部晶体停振，而外部中断、两线接口地址匹配及看门狗(如果使能的话)继续工作。只有外部复位、看门狗复位、BOD 复位、两线接口地址匹配中断、外部电平中断 INT0 或 INT1，或外部中断 INT2 可以使 MCU 脱离掉电模式。这种休眠模式停止了所有的时钟，只有异步模块可以继续工作。

当使用外部电平中断方式将 MCU 从掉电模式唤醒时，必须保持外部电平一定的时间。从施加掉电唤醒条件到真正唤醒有一个延迟时间，此时间用于时钟重新启动并稳定下来。唤醒周期与由熔丝位 CKSEL 定义的复位周期是一样的。

11.2.4 省电模式

省电模式与掉电模式只有一点不同。

在省电模式下，如果定时器/计数器 2 为异步驱动，即寄存器 ASSR 的 AS2 位置位，则定时器/计数器 2 在休眠时继续运行。除了掉电模式的唤醒方式，定时器/计数器 2 的溢出中断和比较匹配中断也可以将 MCU 从休眠方式唤醒，只要 TIMSK 使能了这些中断，而且 SREG 的全局中断使能位 I 置位。

如果异步定时器不是异步驱动的，建议使用掉电模式，而不是省电模式。因为在省电模式下，若 AS2 为"0"，则 MCU 唤醒后异步定时器的寄存器数值是没有定义的。在省电模式下，停止了除 clk$_{ASY}$ 以外所有的时钟，只有异步模块可以继续工作。

11.2.5　Standby 模式及扩展 Standby 模式

Standby 模式与掉电模式唯一的不同之处在于振荡器继续工作，其唤醒时间只需要 6 个时钟周期。扩展 Standby 模式与省电模式唯一的不同之处在于振荡器继续工作，其唤醒时间只需要 6 个时钟周期。

11.2.6　休眠模式设置

MCU 控制寄存器(MCUCR)包含了电源管理的位控制，其内部位结构如表 11-13 所示。

表 11-13　MCU 控制寄存器(MCUCR)内部位结构

位	SM2	SE	SM1	SM0	ISC11	ISC10	ISC01	ISC00
读/写	R/W	R/W	R/W	R/W	R/W	R/W	R/W	R/W
初始值	0	0	0	0	0	0	0	0

(1)SM2、SM1、SM0 为休眠模式选择位 2、1、0，用于选择具体的休眠模式，如表 11-14 所示。

表 11-14　休眠模式选择

SM2	SM1	SM0	休眠模式
0	0	0	空闲模式
0	0	1	ADC 噪声抑制模式
0	1	0	掉电模式
0	1	1	省电模式
1	0	0	保留
1	0	1	保留
1	1	0	Standby 模式
1	1	1	扩展 Standby 模式

(2)SE 为休眠使能位。为了使 MCU 在执行 SLEEP 指令后进入休眠模式，SE 必须置位。为了确保进入休眠模式是程序员的有意行为，建议仅在 SLEEP 指令的前一条指令置位 SE。MCU 一旦被唤醒，将立即清除 SE。

11.2.7　最小化功耗

在系统设计中，如要降低 AVR 控制系统的功耗，一般要尽可能利用休眠模式，并且使尽可能少的模块继续工作，不需要的功能必须禁止。

模数转换器使能时，ADC 在休眠模式下继续工作。为了降低功耗，在进入休眠模式之前需要禁止 ADC。重新启动后的第一次转换为扩展的转换。

　　在空闲模式时，如果没有使用模拟比较器，可以将其关闭。在 ADC 噪声抑制模式下也是如此，而在其他休眠模式下模拟比较器是自动关闭的。如果模拟比较器使用了内部电压基准源，则不论在什么睡眠模式下都需要关闭它，否则内部电压基准源将一直使能。

　　如果系统没有利用掉电检测器 BOD，该模块也可以关闭。如果熔丝位 BODEN 被编程，从而使能 BOD 功能，它将在各种休眠模式下继续工作。在深层次的休眠模式下，该电流将占总电流的很大比重。

　　片内基准电压使用 BOD、模拟比较器和 ADC 时，可能需要内部电压基准源。若这些模块都禁止了，则基准源也可以禁止。重新使能后用户必须等待基准源稳定之后才可以使用它。如果基准源在休眠过程中是使能的，其输出可以立即使用。

　　如果系统无需利用看门狗，该模块也可以关闭。若使能，则在任何休眠模式下它都将持续工作，从而消耗电流。在深层次的睡眠模式下，该电流将占总电流的很大比重。

　　进入休眠模式时，所有的端口引脚都应该配置为只消耗最小的功耗。最重要的是避免驱动电阻性负载。在休眠模式下 I/O 时钟 $clk_{I/O}$ 和 ADC 时钟 clk_{ADC} 都被停止了，输入缓冲器也禁止了，从而保证输入电路不会消耗电流。在某些情况下输入逻辑是使能的，用来检测唤醒条件。如果输入缓冲器是使能的，此时输入不能悬空，信号电平也不应该接近 $V_{CC}/2$，否则输入缓冲器会消耗额外的电流。

　　如果通过熔丝位 OCDEN 使能了片上调试系统，当芯片进入掉电或省电模式时主时钟将保持运行。在休眠模式下，该电流将占总电流的很大比重。可以采用不编程 OCDEN、不编程 JTAGEN 或置位 MCUCSR 的 JTD 等方法。当 JTAG 接口使能而 JTAG TAP 控制器没有进行数据交换时，引脚 TDO 将悬空。如果与 TDO 引脚连接的硬件电路没有上拉电阻，功耗将增加。器件的引脚 TDI 包含一个上拉电阻，因此在扫描链中无需为下一个芯片的 TDO 引脚设置上拉电阻。通过置位 MCUCSR 寄存器的 JTD 或不对 JTAG 熔丝位编程可以禁止 JTAG 接口。

11.3　ATmega16 单片机复位系统

　　复位是单片机的一项重要操作内容，其目标是确保单片机运行过程有一个良好的开端。ATmega16 单片机复位时所有的 I/O 寄存器都被设置为初始值，程序从复位向量处开始执行，然后使程序跳转到用户程序入口。ATmega16 单片机有 5 个复位源，分别为上电复位(POR)、外部复位($\overline{RESET}$)、看门狗复位、掉电检测复位和 JTAG AVR 复位。复位源有效时，I/O 端口立即复位为初始值，此时不要求任何时钟处于正常运行状态。当所有的复位信号消失后，芯片内部的一个延迟计数器被激活，将内部复位的时间延长，以便在 MCU 正常工作之前有一定的时间让电源达到稳定的电平。延迟计数器的溢出时间通过熔丝位 SUT 与 CKSEL 设定。

11.3.1　复位源

　　ATmega16 单片机有上电复位、外部复位、掉电检测复位、看门狗复位和 JTAG AVR 复位共 5 个复位源。

1.　上电复位(POR)

　　电源电压低于上电复位门限 V_{POT} 时，MCU 复位。

　　上电脉冲由片内检测电路产生。电源电压上升时检测电平典型值为 1.4V，最大值为 2.3V；

电源电压下降时检测电平典型值为 1.3V，最大值为 2.3V。无论何时，只要 V_{CC} 低于检测电平，POR 就会发生。POR 电路可以用来触发启动复位，或者用来检测电源故障。

　　POR 电路保证器件在上电时复位。V_{CC} 达到上电复位门限电压后触发延迟计数器。在计数器溢出之前器件一直保持复位状态。当 V_{CC} 下降时，只要低于检测门限，$\overline{\text{RESET}}$ 信号立即生效。如图 11-4 和图 11-5 所示分别为 $\overline{\text{RESET}}$ 信号由不同的控制信号控制时 MCU 启动的时序图。

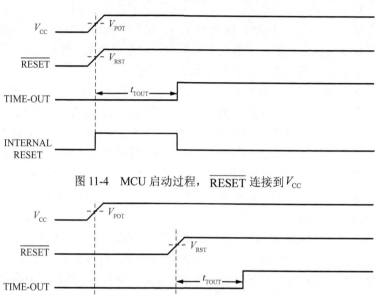

图 11-4　MCU 启动过程，$\overline{\text{RESET}}$ 连接到 V_{CC}

图 11-5　MCU 启动过程，$\overline{\text{RESET}}$ 由外部电路控制

2. 外部复位

ATmega16 单片机引脚 $\overline{\text{RESET}}$ 上的低电平持续时间大于最小脉冲宽度时，MCU 复位。

　　外部复位由外加于 $\overline{\text{RESET}}$ 引脚的低电平触发。当 $\overline{\text{RESET}}$ 引脚持续处于低电平时间大于最小脉冲宽度(最大值 1.5μs)时，即使此时并没有时钟信号在运行，也会启动复位过程。如图 11-6 所示，当外加信号达到复位门限电压 V_{RST}(上升沿)时，t_{TOUT} 延时周期开始，延时结束后 MCU 即启动。在单片机开发中常常把 $\overline{\text{RESET}}$ 引脚和按键相连，这样就可以通过按键触发复位。

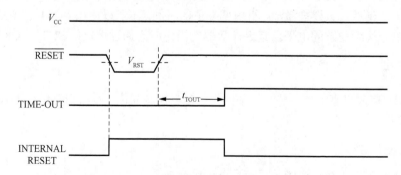

图 11-6　工作过程中发生外部复位时序图

3. 掉电检测复位

掉电检测复位功能使能，且电源电压低于掉电检测复位门限 V_{BOT} 时，MCU 复位。

ATmega16 单片机具有片内 BOD(Brown-out Detection)电路，通过与固定的触发电平的对比来检测工作过程中 V_{CC} 的变化。此触发电平通过熔丝位 BODLEVEL 来设定：2.7V(BODLEVEL 未编程)或 4.0V(BODLEVEL 已编程)。BOD 的触发电平具有迟滞功能以消除电源尖峰的影响。该功能可以解释为 $V_{BOT+} = V_{BOT} + V_{HYST} / 2$ 以及 $V_{BOT-} = V_{BOT} - V_{HYST} / 2$。

BOD 电路的开关由熔丝位 BODEN 控制。当 BOD 使能后(BODEN 被编程)，一旦 V_{CC} 下降到触发电平以下(V_{BOT-})，BOD 复位立即被激发。当 V_{CC} 上升到触发电平以上时(V_{BOT+})，延时计数器开始计数，一旦超过溢出时间 t_{TOUT}，MCU 即恢复工作。如果 V_{CC} 一直低于触发电平，并且 t_{BOD} 保持 2μs 的时间，BOD 电路将只检测电压跌落，如图 11-7 所示。

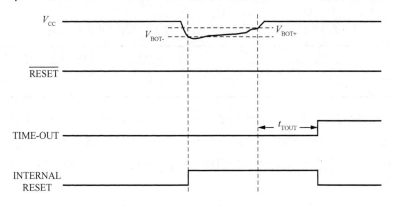

图 11-7 工作过程中发生掉电检测复位时序图

4. 看门狗复位

看门狗使能且看门狗定时器溢出时，MCU 复位。

看门狗定时器溢出时将产生持续时间为 1 个 CK 周期的复位脉冲。在脉冲的下降沿，延时定时器开始对 t_{TOUT} 计数，如图 11-8 所示。

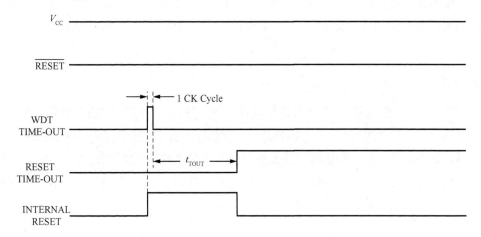

图 11-8 工作过程中发生看门狗复位时序图

5. JTAG AVR 复位

复位寄存器为"1"时，MCU 复位。

复位寄存器是用来复位芯片的测试数据寄存器。由于复位时 AVR 端口引脚为三态，复位寄存器还可以代替未实现的可选 JTAG 指令 HIGHZ 的功能。复位寄存器不为零时相当于将外部复位引脚拉低。根据熔丝位对时钟的选择，释放复位寄存器后器件会保持复位状态一个复位溢出时间。

11.3.2　MCU 控制和状态寄存器 MCUCSR

MCU 控制和状态寄存器 MCUCSR 提供了有关引起 MCU 复位的复位源的信息，其内部位结构如表 11-15 所示。

表 11-15　MCU 控制和状态寄存器 MCUCSR 内部位结构

位	JTD	ISC2	—	JTRF	WDRF	BORF	EXTRF	PORF
读/写	R/W	R/W	R/W	R/W	R/W	R/W	R/W	R/W
初始值	0	0	0	0	0	0	0	0

(1) JTRF 为 JTAG 复位标志位。通过 JTAG 指令 AVR_RESET 可以使 JTAG 复位寄存器置位，引发 MCU 复位，并使 JTRF 置位。上电复位将使其清零，也可以通过写"0"来清除。

(2) WDRF 为看门狗复位标志位。看门狗复位发生时置位。上电复位将使其清零，也可以通过写"0"来清除。

(3) BORF 为掉电检测复位标志位。掉电检测复位发生时置位。上电复位将使其清零，也可以通过写"0"来清除。

(4) EXTRF 为外部复位标志位。外部复位发生时置位。上电复位将使其清零，也可以通过写"0"来清除。

(5) PORF 为上电复位标志位。上电复位发生时置位。只能通过写"0"来清除。

为了使用这些复位标志来识别复位条件，用户应该尽早读取此寄存器的数据，然后将其复位。如果在其他复位发生之前将此寄存器复位，则后续复位源可以通过检查复位标志来了解。

11.3.3　看门狗定时器

看门狗定时器由独立的 1MHz 片内振荡器驱动。这是 $V_{cc} = 5V$ 时的典型值。通过设置看门狗定时器的预分频器可以调节看门狗复位的时间间隔。看门狗复位指令 WDR 用来复位看门狗定时器。此外，禁止看门狗定时器或发生复位时定时器也被复位。复位时间有 8 个选项。如果没有及时复位定时器，一旦时间超过复位周期，ATmega16 就会复位，并执行复位向量指向的程序。看门狗定时器如图 11-9 所示。

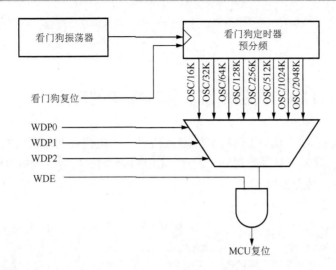

图 11-9　看门狗定时器

看门狗定时器控制寄存器(WDTCR)用于控制看门狗定时器,其内部位结构如表 11-16 所示。

表 11-16　看门狗定时器控制寄存器(WDTCR)内部位结构

位	—	—	—	WDTOE	WDE	WDP2	WDP1	WDP0
读/写	R	R	R	R/W	R/W	R/W	R/W	R/W
初始值	0	0	0	0	0	0	0	0

(1) WDTOE:看门狗修改使能位。WDTOE 为"1"时,WDE 才可以被置位。当 WDTOE 被置位后 4 个时钟周期内硬件将自动清零该位。

(2) WDE:使能看门狗位。WDE 为"1"时,看门狗使能,否则看门狗将被禁止。只有在 WDTOE 为"1"时,WDE 才能清零。要关闭看门狗,即使 WDE 已经为"1",也应首先在同一个指令内对 WDTOE 和 WDE 写"1",然后在紧接着的 4 个时钟周期内对 WDE 写"0"。

(3) WDP2、WDP1、WDP0:看门狗定时器预分频器设置位。修改这 3 位的值可以设置看门狗定时器的溢出周期,如表 11-17 所示。

表 11-17　看门狗定时器预分频器

WDP2	WDP1	WDP0	看门狗振荡器周期	$V_{CC}=3.0V$ 时典型的溢出周期	$V_{CC}=5.0V$ 时典型的溢出周期
0	0	0	16K(16,384)	17.1ms	16.3ms
0	0	1	32K(32,768)	34.3ms	32.5ms
0	1	0	64K(65,536)	68.5ms	65ms
0	1	1	128K(131,072)	0.14s	0.13s
1	0	0	256K(262,144)	0.27s	0.26s
1	0	1	512K(524,288)	0.55s	0.52s
1	1	0	1,024K(1,048,576)	1.1s	1.0s
1	1	1	2,048K(2,097,152)	2.2s	2.1s

下面以关闭看门狗定时器为例简单介绍看门狗定时器的具体操作。假定中断处于用户控制之下,执行此程序时中断不会发生。

```
void WDT_off(void)
{
    _WDR();                                    //WDT 复位
```

```
    WDTCR |= (1<<WDTOE) | (1<<WDE);          //同时置位 WDTOE 和 WDE
    WDTCR = 0x00;                            //关闭 WDT
}
```

11.4　复位系统及休眠模式的应用实例

编写程序，实现系统上电后 LED 闪动 10 次后进入掉电模式的休眠状态。按下 INT2 按键，LED 长亮 5 秒钟、熄灭 1 秒钟后退回主程序；LED 闪动 10 次后进入掉电模式的休眠状态，如果按下复位按键，马上复位。

程序代码如下：

```
#define SLEEP_MODE_IDLE        0                              //空闲模式
#define SLEEP_MODE_ADC        _BV(SM0)                        //ADC 噪声抑制模式
#define SLEEP_MODE_PWR_DOWN   _BV(SM1)                        //掉电模式
#define SLEEP_MODE_PWR_SAVE   (_BV(SM0) | _BV(SM1))           //省电模式
#define SLEEP_MODE_STANDBY    (_BV(SM1) | _BV(SM2))           //Standby 模式
#define SLEEP_MODE_EXT_STANDBY (_BV(SM0) | _BV(SM1) | _BV(SM2))
//扩展 Standby 模式

void set_sleep_mode (uint8_t mode);                          //设定休眠模式

void sleep_mode (void);                                      //进入休眠状态

#define KEY_INT2    0                                        //PB3 按键，低电平有效
void delay_10ms(unsigned int t)
{
    while(t--)
    delay_ms(10);
}
int main(void)
{
    unsigned char i;
    //上电默认 DDRx=0x00,PORTx=0x00 输入，无上拉电阻
    PORTA=0xFF;                         //不用的管脚使能内部上拉电阻
    PORTC=0xFF;
    PORTD=0xFF;
    PORTB=0xFF;
    DDRB =(1<<0);                       //PB0 设置为输出高电平，灯灭
    WDTCR=(1<<WDTOE)|(1<<WDE);
    WDTCR=(0<<WDE);                     //关闭看门狗定时器
    ADCSRA=(0<<ADEN);                   //关闭数模转换器
    ACSR=(1<<ACD);                      //关闭模拟比较器
    GICR=(1<<INT2);                     //使能外部中断 INT2
    sei();                              //使能全局中断
    while(1)
    {
        for (i=0;i<10;i++)              //LED 闪动 10 次后进入掉电模式的休眠状态
        {
            delay_10ms(30);
            PORTB&=~(1<<LED);           //点亮 LED
```

```
            delay_10ms(30);
            PORTB|=(1<<LED);                        //熄灭 LED
        }
        set_sleep_mode(SLEEP_MODE_PWR_DOWN); //设定为掉电模式
        sleep_mode();                              //进入休眠状态
    }
}
SIGNAL(SIG_INTERRUPT2)                             //外部中断 2 服务程序唤醒源
{
    PORTB&=~(1<<LED);                              //点亮 LED
    delay_10ms(500);
    PORTB|=(1<<LED);                               //熄灭 LED
    delay_10ms(100);
    //LED 长亮 5 秒钟、熄灭 1 秒钟后，退出中断服务程序，然后返回到 SLEEP 的下一条指令
}
```

测试程序运行结果。万用表打到直流电流的最小档位，接到开关的两头。上电后 LED 闪动 10 次后进入掉电模式的休眠状态，此时可断开开关看看万用表的读数，然后接通开关。按下 INT2 按键，将会发现 LED 长亮 5 秒钟，熄灭 1 秒钟后，退回主程序；LED 闪动 10 次后进入掉电模式的休眠状态，如果按下复位按键，马上复位。

【思考练习】

(1)什么叫系统跑飞？简述看门狗定时器的工作原理。

(2)如何从休眠状态下唤醒 ATmega16 单片机？

(3)编写程序，在流水灯程序中加入看门狗定时器，在主程序中定时清空计数器，使用外部中断进入死循环，观察看门狗现象。注意：要在看门狗定时器溢出前清空计数器，避免发生看门狗复位。

第三篇 综合实践篇

第 12 章 单片机音乐播放器

【学习目标】

(1)了解单片机播放音乐的基本原理。

(2)进一步熟练掌握单片机定时器/计数器的工作原理和使用方法。

(3)掌握单片机产生 PWM 波的方法。

(4)会使用单片机的定时器/计数器的 PWM 功能设计音乐播放器。

12.1 单片机音乐播放器功能介绍

在实际应用中,经常需要利用单片机系统产生各种音乐用于报警和提示等,如手机的来电铃声、儿童玩具、时钟的音乐报时等。利用单片机存储音乐、控制音乐播放具有功能多、价格优、外围电路简单等特点。原则上讲,用单片机产生各种音乐发声的原理很简单,就是由 I/O 引脚输出不同频率的脉冲信号,再将信号放大,驱动发声器件发声(这里是指在要求不高的情况下,用不同频率的脉冲方波替代正弦波)。

通过之前的学习,我们对 PWM 波有了一些了解,但在生活中它具体有哪些应用呢?平时利用 MP3、MP4 等播放音乐时,大家也许很好奇它是怎样产生的,其实这是 PWM 在生活中广泛应用的一个很好的例子。

在这个综合实验中,以 ATmega16 单片机为主控芯片,设计一个简易音乐播放器。其具体功能如下。

(1)利用按键实现播放音乐的选择。

(2)在播放音乐时可以随时切换播放另一首。

(3)在播放音乐时不同音调对应不同的 LED 灯闪烁。

12.2 单片机音乐播放器设计思路

12.2.1 PWM 原理

实际上,PWM 波也是一个连续的方波,但在一个周期中,其高电平和低电平的占空比是不同的。一个典型的 PWM 波如图 12-1 所示。

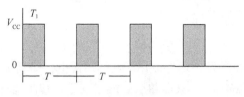

图 12-1 典型的 PWM 波

在图 12-1 中，T 是 PWM 波的周期，T_1 是高电平的宽度，V_{CC} 是高电平值。当该 PWM 波通过一个积分器(低通滤波器)后，可以得到其输出的平均电压为

$$V = \frac{V_{CC} \times T_1}{T}$$

其中，$\frac{T_1}{T}$ 称为 PWM 波的占空比。

改变 T_1 的宽度，即改变 PWM 的占空比，就可以得到不同的平均电压输出。因此在实际应用中，常利用 PWM 波的输出，实现 D/A 转换、调节电压或电流控制马达的转速、变频控制等功能。

一个 PWM 方波的参数有频率、占空比和相位(在一个 PWM 周期中，高低电平转换的起始时间)，其中频率和占空比为主要的参数。如图 12-2 所示为 3 个占空比都为 2/3 的 PWM 波形，尽管它们输出的平均电压是一样的，但其中(b)的频率比(a)高一倍，相位相同；而(c)与(a)的频率相同，但相位不同。

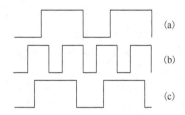

图 12-2 占空比相同，频率与相位不同的 PWM 波

在实际应用中，除了要考虑如何正确地控制和调整 PWM 波的占空比，获得达到要求的平均电压输出外，还需要综合地考虑 PWM 的周期、PWM 波占空比调节的精度(通常用 bit，即位表示)、积分器的设计等。而且这些因素相互之间也是互相牵连的。根据 PWM 的特点，在使用 AVR 定时器/计数器设计输出 PWM 波时应注意以下几点。

(1)首先应根据实际的情况，确定需要输出的 PWM 波的频率范围。这个频率与控制的对象有关。如输出的 PWM 波用于控制灯的亮度，由于人眼不能分辨 42Hz 以上的频率，所以 PWM 的频率应高于 42Hz，否则人眼会察觉到灯的闪烁。PWM 波的频率越高，经过积分器输出的电压越平滑。

(2)同时还要考虑占空比的调节精度。同样，PWM 波占空比的调节精度越高，经过积分器输出的电压越平滑。但占空比的调节精度与 PWM 波的频率是一对矛盾，在相同的系统时钟频率下，提高占空比的调节精度，将导致 PWM 波频率的降低。

(3)由于 PWM 波本身还是数字脉冲波，其中含有大量丰富的高频成分，因此在实际使用中，还需要一个好的积分器电路，如采用有源低通滤波器或多阶滤波器等，将高频成分有效地去除掉，从而获得比较好的模拟变化信号。

12.2.2　单片机音乐播放器原理

原则上讲，用单片机产生各种音乐发声的原理很简单，就是由 I/O 引脚输出不同频率的脉冲信号，再将信号放大，驱动发声器件发声。在学习板上，即利用驱动蜂鸣器的方法来发声。

本实验由于采用有源蜂鸣器，只需将引脚端口清零，蜂鸣器即可发声；端口置位，蜂鸣器停止发声。采用置"1"、置"0"的方法只能使蜂鸣器发声或停止发声，想要使蜂鸣器发出不同的声音，必须对蜂鸣器发出声音的音频和节拍进行控制。

表 12-1 列出了 8 位音符的频率、周期对应关系。其中，低音音符"1"的频率为 523Hz，即 1 秒钟脉冲为 523 个，周期为 1/523=1912μs，半周期为 1912μs。假定音乐的 1 个节拍的时间长度为 0.4s，那么 1/4 节拍的时间长度为 0.1s。因此，如果要发出 1/4 节拍长度的低音"1"，I/O 输出的脉冲频率应该为 523Hz，输出脉冲的个数为 52.3 个。我们以 1/4 拍为 1 个基本单位，则 2 个基本单位表示 1/2 拍，4 个基本单位为 1 拍，依次类推。

表 12-1　8 位音符的频率（周期）对应关系

音符	1	2	3	4	5	6	7	I（高音）
数字表示	1	2	3	4	5	6	7	8
频率（个）	523	578	659	698	784	880	988	1046
周期μs	1912	1730.2	1517.5	1432.7	1275.5	1186.4	1012.1	956
1/4 节拍	52.3	57.8	65.9	69.8	78.4	88	98.8	104.6
*半周期μs	956	865	759	716	638	568	506	470
*1/4 节拍	105	116	132	140	157	176	198	209

注意：表中最后的两行为音符所对应的半周期数和 1/4 基本节拍单位中输出半周期的个数。做这样的换算处理，并取整数，主要是为了方便在程序中使用。

根据表 12-1，再按儿童歌曲"我爱北京天安门"的乐谱编制出发声数组，每一个音符的发声用一组数据来表示。其中第一个数据表示发声的音符，第二个数据是节拍基本单位的倍率值，它表示音符的发声长度。如乐谱中第一个音符"5"为 1/2 拍，则其对应的数据表示为（5，2）；第 2 个音符是 1/2 拍的高音"i"，其数据表示为（8，2）；最后一个音符为 2 拍的"5"，其数据表示为（5，8），如图 12-3 所示。

5　i　5　4｜3　2　1｜1　1　2　3｜3　1　3　4｜5-

5,2　8,2　5,2　4,2　3,2　2,2　1,4　1,2 1,2　2,2 3,2　3,3 1,2　3,2 4,2　5,8

图 12-3　音符的发声

12.2.3　系统工作流程

在编写程序前，通常要先知道各种不同的音符所对应的振荡频率，也就是确定各音符所对应的脉冲输出频率值，以及该音符发声的长度（节拍）值；接下来是根据所要产生曲谱的音调和节拍，建立对应的发声数组；最后才能编写发声控制程序。

本项目利用 ATmega16 单片机内部定时器/计数器 0（T/C0），以 CTC 模式配置 PB3 引脚，输出不同频率 PWM 波，送至蜂鸣器发声。

12.3　单片机音乐播放器硬件电路设计

单片机音乐播放器硬件设计的重点是合理划分 ATmega16 单片机的 I/O 引脚,用于驱动不同的外围器件。根据音乐播放器的功能分析,系统硬件电路主要包括单片机最小系统、电源电路设计、蜂鸣器控制电路设计、键盘输入以及 LED 显示电路设计。具体设计如图 12-4 所示。

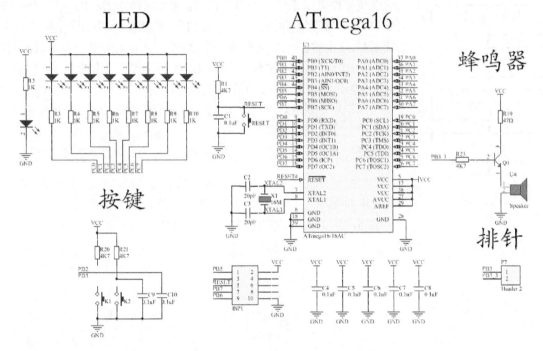

图 12-4　单片机音乐播放器设计图

ATmega16 单片机使用 PD 口扩展了 2 个独立按键,用于控制播放音乐。每按一下,播放一遍乐曲。PB3(OC0)引脚通过三极管驱动一个蜂鸣器发声,8 个发光二极管通过 8 个电阻连接到 ATmega16 单片机的 PC 口,用于显示当前播放音乐的音调。

有关蜂鸣器以及发光二极管的介绍可参见第二篇的相关章节。

12.4　单片机音乐播放器软件设计

单片机音乐播放器软件设计的重点是如何利用定时器/计数器产生对应的频率波形来驱动蜂鸣器发声。

12.4.1　软件工作流程

系统软件采用 ATmega16 单片机定时器/计数器 T/C0 的 CTC 模式。系统时钟为 1MHz,则一个时钟周期为 1μs,这里采用 8 分频。比较匹配时,OC0 触发取反方式。设置与蜂鸣器相连的 PB3 为 PWM 波输出引脚。不同节拍利用定时器不同频率方波以及延时函数延时长短来实现。软件流程如图 12-5 所示。

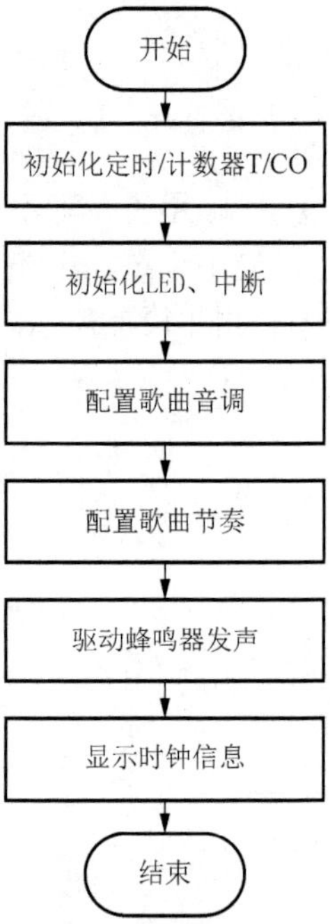
开始
初始化定时/计数器T/CO
初始化LED、中断
配置歌曲音调
配置歌曲节奏
驱动蜂鸣器发声
显示时钟信息
结束
图 12-5 软件流程图

12.4.2 软件应用代码

在一些教材和参考书中经常可以看到类似的设计实例，不过有所不足的是，这些实例往往使用多个硬件功能部件，如 2 个定时器等。本例给出的设计方法充分利用了 AVR 的 T/C0 的特点，仅使用一个定时器/计数器，配合其比较匹配功能，来实现音乐播放功能。

系统软件采用 T/C0 的 CTC 模式。系统时钟为 1MHz，则一个时钟周期为 1μs。寄存器 OCR0 中为音符的半周期值，所以 2 次中断的匹配比较在 OC0 上输出一个完整的方波(注意，OC0 为触发取反方式)。变量 int_n 记录了中断的次数，用于控制该音符脉冲输出的个数，实际上就是音符输出的时间，代表了节拍的长度。

为了程序的美观、易读，建立一个关于音调节拍的 Timer.h 文件，存放一系列宏定义。例如：

```
#define _Re     MusicNote(1);
```

即把配置好的产生 1 拍音的函数赋值为“1”，并定义为_Re 音，在具体歌曲编写时即可直接调用。以此类推，其余相同。

编写产生不同节拍的函数，以 MusicNote 为例，代码如下。

```
void MusicNote(int N)
{
    if(break_flag == 1)
        while(1);
    if(0==N)
    {
        CloseT0CTC();
        Delay_ms(500);
    }
    else
    {
        OCR0 = NoteData[N];
        OpenT0CTC();
        Delay_ms(475);
        CloseT0CTC();
        Delay_ms(50);
        if(N<=10)
        {
            PORTC |= (1<<7);
            Delay_ms(150);
            PORTC &= ~(1<<7);
        }
        else
        {
             PORTC |= (1<<7)|(1<<6);
             Delay_ms(150);
             PORTC &=~((1<<7)|(1<<6));
        }
    }
}
```

　　首先，如果传给函数的实参 N 为"0"，则关闭定时器 T0 的 CTC 模式；若赋值不为"1"，则将该值赋给一个相应的音调数组 NoteData，该数组已将从_Re 到 Si_对应的 OCR0 值确定。这样，随着 OCR0 值的改变，CTC 模式下定时器产生比较匹配的值不断改变，就产生了不同频率的音调。

　　除此之外，还需要注意的一点是程序中用到了中断嵌套，用于实现随时切换播放曲目。AVR 系列单片机的中断机制是不管是高优先级的中断还是低优先级的中断，在响应中断后，AVR 都会自动清零全局中断使能位 I，这样其他中断就不能响应了。在执行完中断子程序后，AVR 会自动置位全局中断使能位 I，此时 AVR 才可以响应其他的中断。中断嵌套即在中断服务程序中，人为置位全局中断使能位 I，使 AVR 转去执行其他中断，在程序中就是在两个中断服务函数中都打开全局中断标志 SEI()。执行完嵌套的中断后，程序就会返回原中断处。在这个实验中我们并不希望播放完歌曲 2 后接着播放歌曲 1，因此在所有节拍配置的函数中都要加入一个 break_flag 标志位，使得一首歌曲播放完成后进入死循环，不再播放另一首。

　　参考例程如下：

1. main.c 文件

```
#include "./Headers/Global.h"
int music_flag;
int break_flag=0;
#pragma interrupt_handler Int0_isr:iv_INT0
void Int0_isr(void)
{
    SEI();
    break_flag =0;
    HuanLeSong();
    break_flag=1;
}
#pragma interrupt_handler Int1_isr:iv_INT1
void Int1_isr(void)
{
    SEI();
    break_flag =0;
    MaiBaoGe();
    break_flag=1;
}
void LED_init()
{
    MCUCSR = 0x80;
    MCUCSR = 0x80;                    //取消复用
    DDRC = 0xff;                      //C 端口输出-
    PORTC = 0x00;                     //LED 共阳，高电平全灭
}

void main(void)
{
    int i=0,j=0;
    CLI();
    LED_init();
    InitTimer0();
```

```
        Interrupt_Init();
    SEI();
}
```

2. timer.c 文件

```c
#include "timer.h"
void InitTimer0(void)
{
    SetBit(TIMER0_DDR,TIMER0_OCR0); //设置PB3为输出
    //配置TCCR0寄存器，CTC模式，比较匹配时OC0取反
    SetBit(TCCR0,WGM01);
    ClrBit(TCCR0,WGM00);
    SetBit(TCCR0,COM00);
    ClrBit(TCCR0,COM01);
    ClrBit(TCCR0,CS02);                    //时钟选择，8分频
    SetBit(TCCR0,CS01);
    ClrBit(TCCR0,CS00);
}
//Timer0 CTC模式，打开或关闭定时器
void OpenT0CTC(void)
{
    SetBit(TCCR0,COM00);
    ClrBit(TCCR0,COM01);
}
void CloseT0CTC(void)                      //不与OC0连接
{
    ClrBit(TCCR0,COM00);
    ClrBit(TCCR0,COM01);
}
void MusicNote(int N)
{
    if(break_flag == 1)
        while(1);
    if(0==N)
    {
        CloseT0CTC();
        Delay_ms(500);
    }
    else
    {
        OCR0 = NoteData[N];
        OpenT0CTC();
        Delay_ms(475);
        CloseT0CTC();
        Delay_ms(50);
        if(N<=10)
        {
            PORTC |= (1<<7);
            Delay_ms(150);
            PORTC &= ~(1<<7);
        }
        else
        {
```

```
            PORTC |= (1<<7)|(1<<6);
            Delay_ms(150);
            PORTC &=~((1<<7)|(1<<6));
        }
    }
}
void MusicNote2(int N)
{
    if(break_flag == 1)
        while(1);
    if(0==N)
    {
        CloseT0CTC();
        Delay_ms(1000);
    }
    else
    {
        OCR0 = NoteData[N];
        OpenT0CTC();
        Delay_ms(950);
        CloseT0CTC();
        Delay_ms(50);
        if(N<=10)
        {
            PORTC |= (1<<7)|(1<<6)|(1<<5);
            Delay_ms(150);
            PORTC &= ~((1<<7)|(1<<6)|(1<<5));
        }
        else
        {
            PORTC |= (1<<7)|(1<<6)|(1<<5)|(1<<4);
            Delay_ms(150);
            PORTC &= ~((1<<7)|(1<<6)|(1<<5)|(1<<4));
        }
    }
}
void MusicNoteHalf(int N)
{
    if(break_flag == 1)
        while(1);
    if(0==N)
    {
        CloseT0CTC();
        Delay_ms(250);
    }
    else
    {
        OCR0 = NoteData[N];
        OpenT0CTC();
        Delay_ms(225);
        CloseT0CTC();
        Delay_ms(25);
        if(N<=10)
```

```
            {
                PORTC |= (1<<7)|(1<<6)|(1<<5)|(1<<4)|(1<<3);
                Delay_ms(150);
                PORTC &=~((1<<7)|(1<<6)|(1<<5)|(1<<4)|(1<<3));
            }
            else
            {
                PORTC |= (1<<7)|(1<<6)|(1<<5)|(1<<4)|(1<<3)|(1<<2);
                Delay_ms(150);
                PORTC &= ~((1<<7)|(1<<6)|(1<<5)|(1<<4)|(1<<3)|(1<<2));
            }
        }
}
void MusicNoteHalfHalf(int N)
{
    if(break_flag == 1)
        while(1);
    if(0==N)
    {
        CloseT0CTC();
        Delay_ms(125);
    }
    else
    {
        OCR0 = NoteData[N];
        OpenT0CTC();
        Delay_ms(100);
        CloseT0CTC();
        Delay_ms(25);
        if(N<=10)
        {
            PORTC |= (1<<7)|(1<<6)|(1<<5)|(1<<4)|(1<<3)|(1<<2)|(1<<1);
            Delay_ms(150);
            PORTC &=~((1<<7)|(1<<6)|(1<<5)|(1<<4)|(1<<3)|(1<<2)|(1<<1));
        }
        else
        {
            PORTC |= (1<<7)|(1<<6)|(1<<5)|(1<<4)|(1<<3)|(1<<2)|(1<<1)|(1<<0);
            Delay_ms(150);
            PORTC &=~((1<<7)|(1<<6)|(1<<5)|(1<<4)|(1<<3)|(1<<2)|(1<<1)|(1<<0));
        }
    }
}
void MaiBaoGe(void)          //歌曲1《卖报歌》
{
    SolH SolH  Sol SolH SolH Sol
    MiH  SolH  LaH SolHH MiHH ReH MiH Sol
    SolH MiH SolH MiHH ReHH DoH MiH Re
    MiH MiH Re _LaH DoH Re
    La LaH SolH MiH LaH Sol SolH MiH ReH MiH Sol _O
    SolH MiH ReH MiH SolH MiH ReH MiH
    _LaH DoH ReH MiH Do _O _O
}
```

```
void HuanLeSong(void)          //歌曲 2《欢乐颂》
{
    Mi Mi Fa Sol Sol Fa Mi Re
    Do Do Re Mi  Mi MiH ReH Re Re
    Mi Mi Fa Sol Sol Fa Mi Re
    Do Do Re Mi  Re ReH DoH Do Do
    Re Re Mi Do Re MiH FaH Mi Do
    Re MiH FaH Mi Re Do Re Sol_ Sol
    Mi Mi Fa Sol Sol Fa Mi Re
    Do Do Re Mi  Re ReH DoH Do Do
 }
}
```

3. timer.h 文件

```
#ifndef TIMER_H_
#define TIMER_H_
#include "../Headers/Global.h"
/*--------------------T I M E R 0--------------------*/
//宏定义，2 拍音
#define _O2      MusicNote2(0);
#define _Re2     MusicNote2(1);
#define _Mi2     MusicNote2(2);
#define _Fa2     MusicNote2(3);
#define _Sol2    MusicNote2(4);
#define _La2     MusicNote2(5);
#define _Si2     MusicNote2(6);
#define Do2      MusicNote2(7);
#define Re2      MusicNote2(8);
#define Mi2      MusicNote2(9);
#define Fa2      MusicNote2(10);
#define Sol2     MusicNote2(11);
#define La2      MusicNote2(12);
#define Si2      MusicNote2(13);
#define Do2_     MusicNote2(14);
#define Re2_     MusicNote2(15);
#define Mi2_     MusicNote2(16);
#define Fa2_     MusicNote2(17);
#define Sol2_    MusicNote2(18);
#define La2_     MusicNote2(19);
#define Si2_     MusicNote2(20);
//宏定义，1 拍音
#define _O       MusicNote(0);
#define _Re      MusicNote(1);
#define _Mi      MusicNote(2);
#define _Fa      MusicNote(3);
#define _Sol     MusicNote(4);
#define _La      MusicNote(5);
#define _Si      MusicNote(6);
#define Do       MusicNote(7);
#define Re       MusicNote(8);
#define Mi       MusicNote(9);
#define Fa       MusicNote(10);
```

```
#define Sol      MusicNote(11);
#define La       MusicNote(12);
#define Si       MusicNote(13);
#define Do_      MusicNote(14);
#define Re_      MusicNote(15);
#define Mi_      MusicNote(16);
#define Fa_      MusicNote(17);
#define Sol_     MusicNote(18);
#define La_      MusicNote(19);
#define Si_      MusicNote(20);
//宏定义，1/2拍音
#define _OH      MusicNoteHalf(0);
#define _ReH     MusicNoteHalf(1);
#define _MiH     MusicNoteHalf(2);
#define _FaH     MusicNoteHalf(3);
#define _SolH    MusicNoteHalf(4);
#define _LaH     MusicNoteHalf(5);
#define _SiH     MusicNoteHalf(6);
#define DoH      MusicNoteHalf(7);
#define ReH      MusicNoteHalf(8);
#define MiH      MusicNoteHalf(9);
#define FaH      MusicNoteHalf(10);
#define SolH     MusicNoteHalf(11);
#define LaH      MusicNoteHalf(12);
#define SiH      MusicNoteHalf(13);
#define Do_H     MusicNoteHalf(14);
#define Re_H     MusicNoteHalf(15);
#define Mi_H     MusicNoteHalf(16);
#define Fa_H     MusicNoteHalf(17);
#define Sol_H    MusicNoteHalf(18);
#define La_H     MusicNoteHalf(19);
#define Si_H     MusicNoteHalf(20);
//宏定义，1/4拍音
#define _OHH     MusicNoteHalfHalf(0);
#define _ReHH    MusicNoteHalfHalf(1);
#define _MiHH    MusicNoteHalfHalf(2);
#define _FaHH    MusicNoteHalfHalf(3);
#define _SolHH   MusicNoteHalfHalf(4);
#define _LaHH    MusicNoteHalfHalf(5);
#define _SiHH    MusicNoteHalfHalf(6);
#define DoHH     MusicNoteHalfHalf(7);
#define ReHH     MusicNoteHalfHalf(8);
#define MiHH     MusicNoteHalfHalf(9);
#define FaHH     MusicNoteHalfHalf(10);
#define SolHH    MusicNoteHalfHalf(11);
#define LaHH     MusicNoteHalfHalf(12);
#define SiHH     MusicNoteHalfHalf(13);
#define Do_HH    MusicNoteHalfHalf(14);
#define Re_HH    MusicNoteHalfHalf(15);
#define Mi_HH    MusicNoteHalfHalf(16);
#define Fa_HH    MusicNoteHalfHalf(17);
#define Sol_HH   MusicNoteHalfHalf(18);
```

```
#define La_HH      MusicNoteHalfHalf(19);
#define Si_HH      MusicNoteHalfHalf(20);
//函数声明
extern void InitTimer0(void);
extern void OpenT0CTC(void);
extern void CloseT0CTC(void);
extern void MusicNote2(int N);
extern void MusicNote(int N);
extern void MusicNoteHalf(int N);
extern void MusicNoteHalfHalf(int N);
extern void MaiBaoGe(void);
extern void FaRuXue(void);
extern void ForElise(void);
extern void Xiaoxingxing(void);
extern int music_flag;
extern int break_flag;
//端口定义
#define TIMER0_DDR  DDRB
#define TIMER0_PORT PORTB
#define TIMER0_OCR0 (3)
//变量
static UINT8
NoteData[]={0,252,225,212,188,168,150,141,126,112,105,94,83,74,70,62,55,52,
46,41,37};
   //从_Re 到 Si_的 OCR0 的值，NoteData[0]=0 为休止符
   #endif
```

12.5　下　载　调　试

　　首先在 ICC AVR8 中创建项目，输入源代码并编译生成"单片机音乐播放器.cof"文件。下载程序"单片机音乐播放器.hex"到学习板进行调试。插好学习板上的跳线帽 P7，即连接蜂鸣器到单片机的 PB3 端口。调试成功，则可实现预期效果，按不同按键可听到不同的歌曲，同时 LED 灯随音乐闪烁。如果没有达到预期效果，则可能的原因如下。

　　(1)歌曲曲调明显不对，可能是配置音调的定时器选择有误。

　　(2)通过按键无法切换歌曲，可能是外部中断配置有误。

　　(3)通过按键切换歌曲，播放完成后无法停止，可能是音调标志位配置有误。

　　(4)节奏灯闪烁杂乱无章，可能是 LED 灯引脚与例程有误。

【思考练习】

　　(1)不使用定时器/计数器能否实现音乐播放？

　　(2)单片机定时器/计数器播放音乐时，如何确定音阶、节拍？

　　(3)设计一音阶演奏器，使用定时器演奏一段音阶，播放由 K1 键控制。

　　(4)设计一简易电子琴。

第 13 章　基于 ZLG7290B 的键盘显示系统设计

【学习目标】

(1) 了解键盘显示系统电路的构成和原理。

(2) 掌握 ZLG7290B 接口芯片的结构和性能。

(3) 掌握基于 ZLG7290B 的键盘显示系统硬件电路设计及软件编程。

(4) 进一步掌握 TWI(I^2C)总线控制与编程。

13.1　键盘显示系统介绍

在传统通信系统中，单片机与键盘、数码管及 LCD 的通信只能通过驱动电路或直接与单片机 I/O 端口的连接来实现。在这种情况下，单片机 I/O 端口数量的不足严重限制了系统的规模，电路的扩展变得很不方便；而且由于线路复杂，硬件连接可靠性也难以保证。另外，通信缺乏既定的协议，软件调试复杂，缺乏通用性。I^2C 总线是看似简单却又强大而灵活的通信接口。I^2C 总线协议允许系统设计者只用两根通过上拉电阻与正电源连接的双向传输线就可以将不同的设备互连到一起。这两根双向传输线中，一根是时钟线 SCL，另一根是数据线 SDA。所有连接到总线上的设备都有自己的地址。

I^2C 总线采用两根线进行通信，简化了硬件连接，与直接采用 I/O 端口和键盘、数码管及 LCD 通信相比，最大限度地节约了 I/O 资源，便于以后进行扩展利用。本项目以 ATmega16 单片机为主控芯片，结合 ZLG7290B 接口芯片设计一个基于 I^2C 总线的键盘显示系统，要求 16 个按键，通过 C 语言编程定义每个按键的功能，读取按键的值，并显示在 8 位数码管上。

13.2　ZLG7290B 芯片介绍

ZLG7290B 是广州周立功单片机发展有限公司自行设计的数码管显示驱动及键盘扫描管理芯片，广泛应用于仪器仪表、工业控制器、条形显示器、控制面板等领域。ZLG7290B 驱动数码管显示采用的是动态扫描法，能够直接驱动 8 位共阴式数码管(或 64 只独立的 LED)，同时还可以扫描管理多达 64 个按键。其中有 8 个按键还可以作为功能键使用，就像计算机键盘上的 Ctrl、Shift、Alt 键一样。另外 ZLG7290B 内部还设置有连击计数器，能够使某键按下后不松手而连续有效。

ZLG7290B 采用 I^2C 总线方式，传输速率可达 32kbit/s，与微控制器的接口仅需两根信号线，而且提供键盘中断信号，提高主处理器时间效率。ZLG7290B 的从地址为 70H，其内可通过 I^2C 总线访问的寄存器地址范围为 00H~17H。任意寄存器都可按字节直接读写，也可以通过命令接口间接读写或按位读写。该芯片为工业级芯片，抗干扰能力强，在工业测控中已有大量应用。

13.2.1　引脚说明及典型应用电路

ZLG7290B 采用 DIP24 和 SOP24 两种封装形式，其引脚如图 13-1 所示，引脚功能详细如表 13-1 所示。

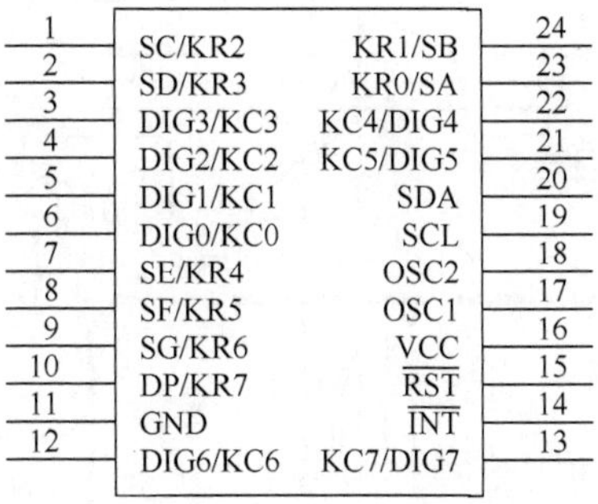

```
 1                                      24
──  SC/KR2            KR1/SB  ──
 2                                      23
──  SD/KR3            KR0/SA  ──
 3                                      22
──  DIG3/KC3         KC4/DIG4 ──
 4                                      21
──  DIG2/KC2         KC5/DIG5 ──
 5                                      20
──  DIG1/KC1            SDA   ──
 6                                      19
──  DIG0/KC0           SCL    ──
 7                                      18
──  SE/KR4             OSC2   ──
 8                                      17
──  SF/KR5             OSC1   ──
 9                                      16
──  SG/KR6             VCC    ──
10                                      15
──  DP/KR7             RST    ──
11                                      14
──  GND                INT    ──
12                                      13
──  DIG6/KC6         KC7/DIG7 ──
```

图 13-1　ZLG7290B 引脚

表 13-1　ZLG7290B 引脚功能

引脚号	引脚名称	引脚功能
1	SC/KR2	数码管 c 段/键盘行信号 2
2	SD/KR3	数码管 d 段/键盘行信号 3
3	DIG3/KC3	数码管位选信号 3/键盘列信号 3
4	DIG2/KC2	数码管位选信号 2/键盘列信号 2
5	DIG1/KC1	数码管位选信号 1/键盘列信号 1
6	DIG0/KC0	数码管位选信号 0/键盘列信号 0
7	SE/KR4	数码管 e 段/键盘行信号 4
8	SF/KR5	数码管 f 段/键盘行信号 5
9	SG/KR6	数码管 g 段/键盘行信号 6
10	DP/KR7	数码管 dp 段/键盘行信号 7
11	GND	接地
12	DIG6/KC6	数码管位选信号 6/键盘列信号 6
13	DIG7/KC7	数码管位选信号 7/键盘列信号 7
14	INT	键盘中断请求信号，低电平（下降沿）有效
15	RST	复位信号，低电平有效
16	VCC	电源，3.3～5.5V
17	OSC1	晶振输入信号
18	OSC2	晶振输出信号
19	SCL I²C	总线时钟信号
20	SDA I²C	总线数据信号
21	DIG5/KC5	数码管位选信号 5/键盘列信号 5
22	DIG4/KC4	数码管位选信号 4/键盘列信号 4
23	SA/KR0	数码管 a 段/键盘行信号 0
24	SB/KR1	数码管 b 段/键盘行信号 1

ZLG7290B 的典型应用电路如图 13-2 所示。

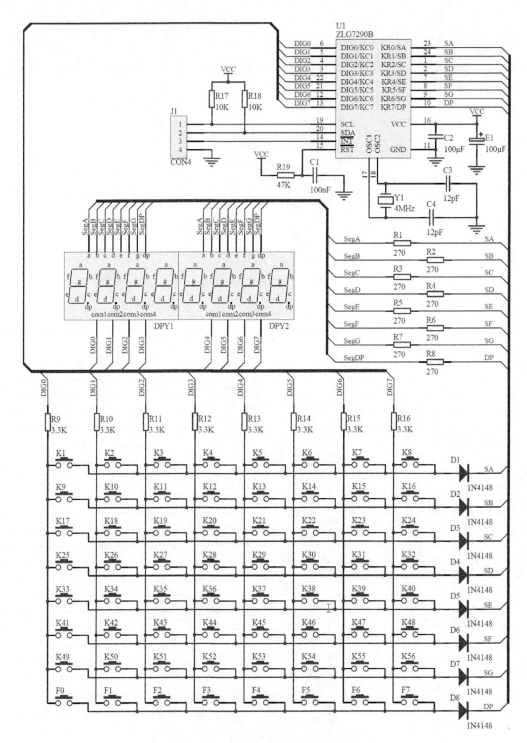

图 13-2 ZLG7290B 典型应用电路

为了使电源更加稳定，一般在 VCC 到 GND 之间接入 47～470μF 的电解电容 E1。J1 是 ZLG7290B 与微控制器的接口。按照 I²C 总线协议的要求，信号线 SCL 和 SDA 上必须要分别加上上拉电阻，其典型值是 10kΩ。晶振 Y1 通常取值 4MHz，调节电容 C3 和 C4 通常取值在 10pF 左右。复位信号是低电平有效，一般只需外接简单的 RC 复位电路，也可以通过直接拉低 RST 引脚的方法进行复位。

数码管必须是共阴式的，不能直接使用共阳式的。DPY1 和 DPY2 是 4 位联体式数码管，共同组成完整的 8 位。当然还可以采用其他的组合方式，如 4 只双联体式数码管。数码管在工作时要消耗较大的电流，R1～R8 是限流电阻，典型值是 270Ω。如果要提高数码管的亮度，可以适当减小电阻值，最低 200Ω。

ZLG7290B 可采样 64 个按键或传感器，可检测每个按键的连击次数，也可以进行键盘去抖动处理、双键互锁处理、连击键处理和功能键处理。64 个按键中，前 56 个按键是普通按键 K1～K56，最后 8 个为功能键 F0～F7。键盘电阻 R9～R16 的典型值是 3.3kΩ。数码管扫描线和键盘扫描线是共用的，所以二极管 D1～D8 是必需的，有了它们就可以防止按键干扰数码管显示的情况发生。在多数应用中可能不需要太多的按键，这时可以按行或按列裁减键盘。裁减后相应行的二极管或相应列的电阻可以省略。如果完全不使用数码管，则原来用到的所有限流电阻 R1～R8 也都可以省略。这时 ZLG7290B 消耗的电流大大降低，典型值为 1mA。

13.2.2　寄存器介绍

ZLG7290B 内部有 8 个显示缓冲寄存器(简称显存)DpRam0～DpRam7，它们直接决定数码管显示的内容。在每个显示刷新周期，ZLG7290B 按照扫描位数寄存器(ScanNum)指定的显示位数 N，把显示缓冲寄存器(DpRam0～DpRamN)中的内容按先后顺序依次送入 LED 驱动器实现动态显示。减小 N 值可提高每位显示扫描时间的占空比，提高 LED 亮度。此时显示缓冲寄存器中的内容不受影响。修改闪烁控制寄存器(FlashOnOff)可改变闪烁频率和占空比(亮和灭的时间)。ZLG7290B 提供了两种显示控制方式，一种是寄存器映像控制，直接访问底层寄存器，向显示缓冲寄存器写入字型数据(这些寄存器须按字节进行操作)，实现基本控制功能；另一种是命令解释控制，通过解释命令缓冲区(CmdBuf0～CmdBuf1)中的命令，间接访问底层寄存器，实现扩展控制功能，如实现寄存器的位操作，对显示缓存循环、移位，对操作数译码等。

访问 ZLG7290B 的这些寄存器需要通过 I^2C 总线接口来实现。ZLG7290B 的 I^2C 总线器件地址是 70H(写操作)和 71H(读操作)。访问内部寄存器要通过"子地址"来实现。

1. 系统寄存器 SystemReg(地址：00H)

系统寄存器 SystemReg 的第 0 位(LSB)为 KeyAvi，标志着按键是否有效。当 KeyAvi=0 时，表示没有按键被按下；当 KeyAvi=1 时，表示有某个按键被按下。SystemReg 寄存器的其他位暂时没有定义。当按下某个键时，ZLG7290B 的 INT 引脚会产生一个低电平的中断请求信号。当读取键值后，中断信号就会自动撤销，而 KeyAvi 也同时予以反应。正常情况下，微控制器只需要判断 INT 引脚就可以了。通过不断查询 KeyAvi 位也能判断是否有键被按下，这样就可以节省微控制器的一根 I/O 口线，但其代价是 I^2C 总线处于频繁的活动状态，多消耗电流并且不利于抗干扰。

2. 键值寄存器 Key(地址：01H)

如果某个普通键(图 13-2 中的 K1～K56)被按下，则微控制器可以从键值寄存器 Key 中读取相应的键值 1～56。如果微控制器发现 ZLG7290B 的 INT 引脚产生了中断请求，而从 Key 中读到的键值是"0"，则表示按下的可能是功能键。键值寄存器 Key 的值在被读取后自动变成"0"。

3. 连击计数器 RepeatCnt(地址: 02H)

ZLG7290B 为普通键(图 13-2 中的 K1～K56)提供了连击计数功能。所谓连击是指按住某个普通键不松手,经过一两秒的延迟后(在 4MHz 下约为 2s),开始连续有效,连续有效间隔时间(在 4MHz 下约为 170ms)为几十到几百毫秒。这一特性与计算机上的键盘很类似。在微控制器能够及时响应按键中断并及时读取键值的前提下,当按住某个普通键一直不松手时:首先会产生一次中断信号,这时连击计数器 RepeatCnt 的值仍然是 0;经过一两秒延迟后,会连续产生中断信号,每中断一次 RepeatCnt 就自动加 1;当 RepeatCnt 计数到 255 时就不再增加,而中断信号继续有效。在此期间,键值寄存器的值每次都会产生。

4. 功能键寄存器 FunctionKey(地址: 03H)

ZLG7290B 还提供有 8 个功能键(图 13-2 中的 F0～F7)。功能键常常是配合普通键一起使用的,就像计算机键盘上的 Shift、Ctrl 和 Alt 键。当然,功能键也可以单独使用,就像计算机键盘上的 F1～F12 键。当按下某个功能键时,在 INT 引脚也会像按普通键那样产生中断信号。

功能键的键值被保存在 FunctionKey 寄存器中。功能键寄存器 FunctionKey 的初始值是 FFH。每一个位对应一个功能键,第 0 位(LSB)对应 F0,第 1 位对应 F1,依次类推,第 7 位(MSB)对应 F7。某一功能键被按下时,相应的 FunctionKey 位就清零。功能键还有一个特性就是"二次中断",按下时产生一次中断信号,抬起时又会产生一次中断信号;而普通键只会在被按下时产生一次中断。

5. 命令缓冲区 CmdBuf0 和 CmdBuf1(地址: 07H 和 08H)

通过向命令缓冲区写入相关的控制命令可以实现段寻址、下载数据并译码、控制闪烁等功能。

6. 闪烁控制寄存器 FlashOnOff(地址: 0CH)

FlashOnOff 寄存器决定闪烁频率和占空比。复位值为 01110111B。高 4 位表示闪烁时亮的持续时间,低 4 位表示闪烁时灭的持续时间。改变 FlashOnOff 的值,可以同时改变闪烁频率和占空比。FlashOnOff 取值 00H 时可获得最快的闪烁速度,在 4MHz 下,亮或灭的持续时间最小单位约为 280ms。

提示:单独设置 FlashOnOff 寄存器的值,并不会看到显示闪烁,而应该配合闪烁控制命令一起使用。

7. 扫描位数寄存器 ScanNum(地址: 0DH)

ScanNum 寄存器决定扫描显示的位数,取值 0～7,对应 1～8 位。复位值是 7,即数码管的 8 个位都扫描显示。实际应用中可能需要显示的位数不足 8 位,例如只显示 3 位,这时可以把 ScanNum 的值设置为 2,则数码管的第 0、1、2 位被扫描显示,而第 3～7 位不会被分配扫描时间,所以不显示。数码管的扫描位数减少后,有用的显示位由于分配的扫描时间更多,因而显示亮度得以提高。ScanNum 寄存器的值为"0"时,只有数码管的第 0 位在显示,亮度达到最大。

8. 显示缓冲寄存器 DpRam0~DpRam7(地址：10H~17H)

DpRam0~DpRam7 这 8 个寄存器的取值直接决定了数码管的显示内容。每个寄存器的 8 个位分别对应数码管的 a、b、c、d、e、f、dp 段，MSB 对应 a，LSB 对应 dp。例如，大写字母 H 的字型数据为 6EH(不带小数点)或 6FH(带小数点)。

13.2.3　控制命令

寄存器 CmdBuf0(地址：07H)和 CmdBuf1(地址：08H)共同组成命令缓冲区。通过向命令缓冲区写入相关的控制命令可以实现段寻址、下载数据并译码、控制闪烁等功能。

1. 段寻址(SegOnOff)

段寻址命令的位结构如表 13-2 所示。

表 13-2　段寻址命令的位结构

命令缓冲区	Bit7	Bit6	Bit5	Bit4	Bit3	Bit2	Bit1	Bit0
CmdBuf0	0	0	0	0	0	0	0	1
CmdBuf1	on	0	S5	S4	S3	S2	S1	S0

在段寻址命令中，8 位数码管被看成是 64 个段，每一个段实际上就是一只独立的 LED。第 1 字节 00000001B 是命令字；第二字节中，on 表示该段是否点亮(当 on=0 时，该段灭；当 on=1 时，该段亮)；S5~S0 是 6 位段地址，取值 0~63。在某一位数码管内，各段的亮或灭按照 a、b、c、d、e、f、g、dp 的顺序进行。

2. 下载数据并译码(Download)

下载数据并译码命令的位结构如表 13-3 所示。

表 13-3　下载数据并译码命令的位结构

命令缓冲区	Bit7	Bit6	Bit5	Bit4	Bit3	Bit2	Bit1	Bit0
CmdBuf0	0	1	1	0	A3	A2	A1	A0
CmdBuf1	dp	flash	0	d4	d3	d2	d1	d0

在命令格式中，高 4 位的 0110 是命令字段；A3~A0 是数码管显示数据的位地址，位地址编号从左到右依次为 0~7，范围 0000B~0111B，对应 DpRam0~DpRam7；dp 控制小数点是否点亮，当 dp=0 时，点亮该位小数点；flash 表示该位是否要闪烁，当 flash=0 时，该位正常显示，当 flash=1 时，该位闪烁显示；d4~d0 是要显示的数据，包括 10 种数字和 21 种字母。显示数据按照表 13-4 所示的规则进行译码。

表 13-4　下载数据并译码命令的数据

$d_4d_3d_2d_1d_0$ 二进制					$d_4d_3d_2d_1d_0$ 十六进制	显示结果	$d_4d_3d_2d_1d_0$ 二进制					$d_4d_3d_2d_1d_0$ 十六进制	显示结果
0	0	0	0	0	00H	0	1	0	0	0	0	10H	G
0	0	0	0	1	01H	1	1	0	0	0	1	11H	H
0	0	0	1	0	02H	2	1	0	0	1	0	12H	i

续表

$d_4d_3d_2d_1d_0$						显示结果	$d_4d_3d_2d_1d_0$						显示结果
二进制					十六进制		二进制					十六进制	
0	0	0	1	1	03H	3	1	0	0	1	1	13H	J
0	0	1	0	0	04H	4	1	0	1	0	0	14H	L
0	0	1	0	1	05H	5	1	0	1	0	1	15H	o
0	0	1	1	0	06H	6	1	0	1	1	0	16H	p
0	0	1	1	1	07H	7	1	0	1	1	1	17H	q
0	1	0	0	0	08H	8	1	1	0	0	0	18H	r
0	1	0	0	1	09H	9	1	1	0	0	1	19H	t
0	1	0	1	0	0AH	A	1	1	0	1	0	1AH	U
0	1	0	1	1	0BH	b	1	1	0	1	1	1BH	y
0	1	1	0	0	0CH	C	1	1	1	0	0	1CH	c
0	1	1	0	1	0DH	d	1	1	1	0	1	1DH	h
0	1	1	1	0	0EH	E	1	1	1	1	0	1EH	T
0	0	1	1	1	0FH	F	1	0	1	1	1	1FH	(无显示)

3. 闪烁控制(Flash)

闪烁控制指令的位结构如表 13-5 所示。

表 13-5　闪烁控制命令的位结构

命令缓冲区	Bit7	Bit6	Bit5	Bit4	Bit3	Bit2	Bit1	Bit0
CmdBuf0	0	1	1	1	×	×	×	×
CmdBuf1	F7	F6	F5	F4	F3	F2	F1	F0

在命令格式中,高 4 位的 0111 是命令字段;××××表示无关位,通常取值 0000;第 2 字节的 F7~F0 控制数码管相应位的闪烁属性,当 Fn=0(n=0~7)时,该位正常显示,当 Fn=1(n=0~7)时,该位闪烁显示。该指令会改变所有位的闪烁属性。例如,执行指令 01110000B、00000000B 后,所有数码管不闪烁。复位后,所有位都不闪烁。

13.3　键盘显示系统硬件电路设计

本项目采用 4×4 的按键模式,驱动 8 位 8 段数码管。具体硬件电路图如图 13-3 所示。

ZLG7290B 的 I^{2}C 总线接口(通讯接口)的数据线(SDA)和时钟线(SCL)分别与 ATmega16 单片机的 PC1(SDA)和 PC0(SCL)端口相连,这样 PC0 和 PC1 将会根据 I^{2}C 总线上时钟线和数据线的时序关系输出相应的高低电平信号。同时 ZLG7290B 芯片能提供键盘中断信号,方便与处理器接口,所以可利用其段、位寄存器直接驱动 LED 显示器。该系统的 DIG7~DIG0 位用于选通某位共阴极的数码管;SA、SB、SC、SD、SE、SF、SG、DP 位,外经 270Ω 的上拉电阻后,直接与 LED 显示器的某一段相连。

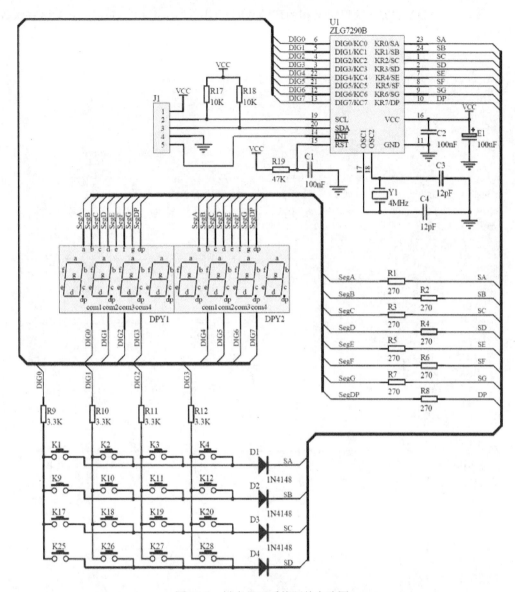

图 13-3　键盘显示系统硬件电路图

13.4　键盘显示系统软件设计

本项目利用具有 I²C 通信接口的 ZLG7290B 芯片实现键盘显示系统，ATmega16 单片机通过 I²C 总线向 ZLG7290B 发送和读取数据，实现键值解读和显示。软件系统主要包括 ZLG7290B 驱动程序以及系统运行主程序。

13.4.1　ZLG7290 驱动软件设计

本程序使用的是软件模拟 I²C 通信，通过控制 I/O 端口来模拟 I²C 通信，以实现通信。ZLG7290 驱动软件主要用于对 ZLG7290B 进行相应的操作，向从机(ZLG7290B)发送数据函数、从从机读取数据函数，由 zlg7290.c 和 zlg7290.h 两个文件组成。头文件 zlg7290.h 中包含了信号线 SCL、SDA 的 I/O 接口定义和用户函数的声明，C 语言文件 zlg7290.c 是这些函数的具体实现。

程序具体代码如下：

```c
#include <iom16v.h>
#include <macros.h>

#define uint8      unsigned char
#define uint16     unsigned int

#define SDA_HIGH   PORTC|=(1<<1)        //拉高 SDA
#define SDA_LOW    PORTC&=~(1<<1)       //拉低 SDA
#define READ_SDA   (PINC>>1)&0x01       //读取 SDA
#define SCL_HIGH   PORTC|=(1<<0)        //拉高 SCL
#define SCL_LOW    PORTC&=~(1<<0)       //拉低 SCL
/*------------------------------------------------------------------
函数名称：IIC_SDA_DIR
函数功能：改变 SDA 引脚方向
函数输入：1 或 0
------------------------------------------------------------------*/
void IIC_SDA_DIR(uint8 dir)
{
    if(dir)
        DDRC|=(1<<1);                   //输入
    else
        DDRC&=~(1<<1);                  //输出
}
/*------------------------------------------------------------------
函数名称：ZLG7290 初始化
函数功能：I²C 总线初始化
------------------------------------------------------------------*/
void ZLG7290Init(void)
{
    DDRC|=(1<<0);                       //SCL 线配置为输出
    IIC_SDA_DIR(1);
    SCL_LOW;
    SDA_LOW;
    Delay_ms(1);
    SCL_HIGH;
    SDA_HIGH;
}
/*------------------------------------------------------------------
函数名称：Start
函数功能：实现 SCL 为高电平时，SDA 由高电平向低电平跳变，I²C 发送起始信号
------------------------------------------------------------------*/
void Start(void)
{
    SDA_HIGH ;
    NOP();
    SCL_HIGH ;
    Delay_us(8) ;
    SDA_LOW ;
```

```
    Delay_us(8) ;
    SCL_LOW ;
    Delay_us(8) ;
}
/*---------------------------------------------------------------
函数名称：I²C 总线主机停止总线函数
函数功能：I²C 发送结束信号。SCL 高电平期间，SDA 数据线由低电平到高电平跳变
---------------------------------------------------------------*/
void Stop(void)
{
    SDA_LOW ;
    NOP() ;
    SCL_HIGH ;
    Delay_us(8) ;
    SDA_HIGH ;
    Delay_us(8) ;
}
/*---------------------------------------------------------------
函数名称：I²C 协议主器件写字节数据函数
函数功能：在 SCL 时钟配合下，通过 SDA 数据线，向从机写入 1B(字节)数据
函数输入：1B(字节)数据或指令
函数输出：无
---------------------------------------------------------------*/
static void WriteByte(uint8 out_byte)
{
    uint8 i ;
    SCL_LOW ;
    for(i = 0; i < 8; i++)
    {
        if( (out_byte << i) & 0x80 )          //取单位判断数据，并对数据线进行传送
        {
            SDA_HIGH ;
        }
        else
        {
            SDA_LOW ;
        }
        Delay_us(4) ;
        SCL_HIGH ;
        Delay_us(4) ;
        SCL_LOW ;
    }
    Delay_us(4) ;
    SDA_HIGH ;
    Delay_us(4) ;
    SCL_HIGH ;
    IIC_SDA_DIR(0);                           //将 SDA 改为输入
    Delay_us(5) ;
    if(READ_SDA)
    {
        ack = 0 ;                             //无应答
    } else
```

```
    {
        ack = 1 ;                           //有应答
    }
    IIC_SDA_DIR(1);                         //将 SDA 改为输出
    SCL_LOW ;
}
/*------------------------------------------------------------------------
函数名称：I²C 协议主机从从机器件读出 1B(字节)数据函数
函数功能：在 SCL 时钟配合下，通过 SDA 数据线从从机中读出 1B(字节)数据
函数输入：无
函数输出：读出的数据
------------------------------------------------------------------------*/
uint8 ReadByte(void)
{
    uint8 i ;
    uint8 rec_byte = 0 ;

    SDA_HIGH;
    Delay_us(5) ;
    IIC_SDA_DIR(0);
    Delay_us(5) ;
    for(i = 0; i < 8; i++)
    {
        Delay_us(5) ;
        SCL_LOW ;
        Delay_us(5) ;
        SCL_HIGH ;
        rec_byte <<= 1 ;
        if(READ_SDA)                        //判断接收高低
        {
            rec_byte += 0x01 ;              //值赋给 rec_byte
        }
        Delay_us(5) ;
    }
    SCL_LOW ;
    Delay_us(5) ;
    IIC_SDA_DIR(1);
    return rec_byte ;
}
/*------------------------------------------------------------------------
函数名称：SendCompuondCommandToZLG7290
函数功能：主机向 ZLG7290 发送复合指令
函数输入：指令 1，指令 2
------------------------------------------------------------------------*/
void SendCompuondCommandToZLG7290(uint8 command1, uint8 command2)
{
    Start() ;
    WriteByte(0x70) ;
    WriteByte(0x07) ;
    WriteByte(command1) ;
    WriteByte(command2) ;
    Stop() ;
```

```c
        Delay_ms(1) ;
}
/*-------------------------------------------------------------------------
函数名称：SwitchNumber
函数功能：根据读取的 ZLG7290B 键值寄存器的键值按设定解码
函数输入：键盘读取键值
函数输出：键码
-------------------------------------------------------------------------*/
uint8 SwitchNumber(uint8 key_code)
{
    uint8 result ;
    switch(key_code)
    {
    case 26 :
        result = 0 ;
        break ;                 //键值 0
    case 1 :
        result = 1 ;
        break ;                 //键值 1
    case 2 :
        result = 2 ;
        break ;             //2
    case 3 :
        result = 3 ;
        break ;             //3
    case 9 :
        result = 4 ;
        break ;             //4
    case 10 :
        result = 5 ;
        break ;             //5
    case 11 :
        result = 6 ;
        break ;             //6
    case 17 :
        result = 7 ;
        break ;             //7
    case 18 :
        result = 8 ;
        break ;             //8
    case 19 :
        result = 9 ;
        break ;             //9
    case 4 :
        result = 10 ;
        break ;             //A
    case 12 :
        result = 11 ;
        break ;             //B
    case 20 :
        result = 12 ;
        break ;             //C
```

```
          case 28 :
             result = 13 ;
             break ;                 //D
          case 25 :
             result = 14 ;
             break ;                 //*
          case 27 :
             result = 15 ;
             break ;                 //#
          default :
             result = 16 ;
             break ;
       }
       return result ;
}
/*-----------------------------------------------------------------------
```
函数名称：ZLG7290ClearAll
函数功能：清除所有数码管显示内容
```
-----------------------------------------------------------------------*/
void ZLG7290ClearAll(void)
{
    uint8 i ;
    Start() ;
    WriteByte(0x70) ;
    WriteByte(0x10) ;
    for(i = 0; i < 8; i++)
    {
        WriteByte(0x00) ;
        while(!ack) ;
    }
    Stop() ;
}
/*-----------------------------------------------------------------------
```
函数名称：UpdataZLG7290
函数功能：更新指定位数码管显示
函数输入：数码管的位，显示数字，是否有小数点
```
-----------------------------------------------------------------------*/
void UpdataZLG7290(uint8 which,uint8 display,uint8 point)
{
    if (which > 7) which = 7 ;
    SendCompuondCommandToZLG7290((0x60 | which),display | (point << 7));
}
/*-----------------------------------------------------------------------
```
函数名称：ReadKeys
函数功能：读取 ZLG7290B 键值寄存器的值
函数输入：无
函数输出：键盘键值
```
-----------------------------------------------------------------------*/
uint8 ReadKeys(void)
{
    uint8 read = 0 ;
    Start() ;
```

```
        WriteByte(0x70) ;
        WriteByte(0x01) ;
        Start() ;
        WriteByte(0x71) ;
        read = ReadByte() ;
        PutAck(1) ;
        Stop() ;
        read = SwitchNumber(read) ;
        Delay_ms(1);
        return read;
}
/*------------------------------------------------------------
函数名称：ms 级延时函数
函数功能：延时时间 1~65535ms
函数输入：延时毫秒数
------------------------------------------------------------*/
void Delay_ms(int n)                    //延时函数
{
        int i,j;
        for(i=0;i<n;i++)
            for(j=0;j<125;j++)
                NOP();
}
/*------------------------------------------------------------
函数名称：μs 级延时函数
函数功能：延时时间大约 4~65535μs
函数输入：延时微秒数
------------------------------------------------------------*/
void Delay_us(int n)
{
        int i;
        for(i=0;i<n-1;i++)
            NOP();
}
/*------------------------------------------------------------
函数名称：PutAck
函数功能：产生应答
函数输入：应答信号
------------------------------------------------------------*/
```

I^2C 应答函数

I^2C 协议规定，当主机对从机发出指令或写入数据后，主机释放 SDA 数据线，使其处于高电平状态；当从机响应主机的操作后，从机会把 SDA 数据线下拉为低电平，这时主机检测到 SDA 数据线为低电平视为应答

```
/*------------------------------------------------------------
函数名称：I2C 协议从机应答函数
函数功能：从机应答，把 SDA 数据线拉低
函数输入：无
函数输出：无
------------------------------------------------------------*/
void PutAck(uint8 ack)
{
        if (ack)
        {
```

```
        SDA_HIGH;
    }
    else
    {
        SDA_LOW;
    }
    Delay_us(5) ;
    SCL_HIGH;
    Delay_us(5) ;
    SCL_LOW ;
    Delay_us(5) ;
}
```

13.4.2 综合软件设计

键盘显示综合软件主要包括外部中断 0(即 ZLG7290B 的键盘中断请求)的中断服务程序和系统运行主程序。如果有键被按下，ZLG7290B 则给出中断请求信号，在中断服务程序中完成键值的解码和显示。具体代码如下：

```
/*------------------------------------------------------------------
函数名称：外部中断 0 服务函数
函数功能：更新数码管键值显示
------------------------------------------------------------------*/
#pragma interrupt_handler int0_isr:iv_INT0
void int0_isr(void)                 //中断服务函数
{
    UpdataZLG7290(3,ReadKeys(),0);
}
/*------------------------------------------------------------------
函数名称：外部中断 0 初始化函数
函数功能：使能外部中断 0(INT0)的功能
------------------------------------------------------------------*/
void Interrupt_Init(void)
{
    //将第 0 位置 0，第 1 位置 1，即选择了下降沿触发中断 INT0
    MCUCR &= ~(1 << ISC00);     //将寄存器 MCUCR 的第 0 位置 0
    MCUCR |=  (1 << ISC01);     //将寄存器 MCUCR 的第 1 位置 1
    GICR  |= (1 << INT0);       //将第 6 位 INT0 置 1，使能 INT0
}
void main(void)
{
    MCUCSR = 0x80;              //禁用 JTAG 接口
    MCUCSR = 0x80;
    CLI();                      //关闭全局中断
    Interrupt_Init();           //初始化中断服务
    ZLG7290Init();              //初始化键盘功能
    SEI();                      //打开全局中断

    Delay_ms(200);
    UpdataZLG7290(0,5,0);       //0 号数码管显示 5
    UpdataZLG7290(1,6,0);       //1 号数码管显示 6
    UpdataZLG7290(2,7,0);       //2 号数码管显示 7
```

```
UpdataZLG7290(3,8,0);            //3 号数码管显示 8
UpdataZLG7290(4,1,0);            //4 号数码管显示 1
UpdataZLG7290(5,2,0);            //5 号数码管显示 2
UpdataZLG7290(6,3,0);            //6 号数码管显示 3
UpdataZLG7290(7,4,0);            //7 号数码管显示 4
Delay_ms(2000);
ZLG7290ClearAll();               //数码管清除，表明初始化结束
while(1)
{
    ;
}
}
```

13.5　下　载　调　试

首先在 ICC AVR8 中创建项目，输入源代码并编译生成"键盘显示.cof"文件；然后按照图 13-4 所示连接 ATmega16 单片机学习板和键盘显示板，接着利用轩微下载器将程序"键盘显示.hex"下载到学习板进行调试。按键盘上的按键，观察数码管显示器上键值的变化。具体调试实物如图 13-5 所示。

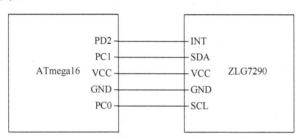

图 13-4　ATmega16 单片机和键盘显示板接线图

图 13-5　键盘显示设计实物

【思考练习】

　　(1) 叙述数码管动态扫描的原理。

　　(2) 实现数码管动态扫描的要点有哪些?

　　(3) 简述 ZLG7290B 键盘显示芯片使用要点。

　　(4) 在本项目的基础上，编程实现电子密码锁控制系统。

第 14 章　基于 DS1302 的电子时钟设计

(1) 了解时钟芯片 DS1302 的结构和性能。
(2) 掌握基于 DS1302 的电子时钟硬件电路设计及软件编程。
(3) 掌握 LCD1602 液晶显示模块的典型接口电路。
(4) 掌握 LCD1602 液晶显示模块功能设置及驱动程序编写。

14.1　电子时钟系统介绍

电子时钟是一个可以显示当前时间和日期的应用系统，主要是利用电子技术将时钟电子化、数字化，拥有时钟精确、体积小、界面友好、可扩展性强等特点，广泛应用于日常生活和工作中。

本项目以 ATmega16 单片机为主控芯片，采用 DS1302 时钟芯片获取时间信息，LCD1602液晶显示模块显示当前时间和日期，支持用户输入调节设置。

14.2　电子时钟系统设计思路

电子时钟系统的工作流程如图 14-1 所示。

设计电子时钟系统，需考虑如下几方面的问题：如何获取当前的时间信息；用什么模式来显示当前的时间信息；需要设计合适的单片机软件。

本项目采用 ATmega16 单片机、DS1302 时钟芯片以及LCD1602 液晶显示模块来实现。其中，DS1302 时钟芯片用于提供相应的时间信息；LCD1602 液晶显示模块用于显示当前时钟信息；ATmega16 单片机为电子时钟系统的核心控制器件，通过对其编程来实现在 DS1302 中写入并读取时间信息，然后写入到 LCD1602 液晶显示模块上显示。

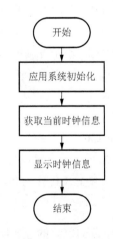

图 14-1　电子时钟系统工作流程图

14.3　DS1302 时钟芯片介绍

14.3.1　DS1302 的结构和性能

DS1302 是由美国 Dallas 公司推出的一种具有涓细电流充电能力的实时时钟芯片,性能高、功耗低，能实现数据与出现该数据的时间同时记录，广泛应用于测量系统中。其主要性能特点如下：

(1)内含一个实时时钟/日历和31B(字节)静态RAM。

(2)采用 SPI 三线接口与 CPU 进行同步通信,并可采用突发方式一次传送多个字节的时钟信号和 RAM 数据。

(3)提供秒、分、时、日、星期、月和年数据,其中月计数30天与31天可以自动调整,且具有闰年补偿功能。

(4)工作电压宽达 2.5～5.5V,采用双电源供电(主电源和备用电源),可设置备用电源充电方式。

(5)工作电流在电压 2.0V 时小于 300nA。

(6)读/写时钟或 RAM 数据时有单字节传送和多字节传送两种方式。

DS1302 的外部引脚如表 14-1 所示。

表 14-1　DS1302 的外部引脚

引脚	引脚名称	功能说明	引脚图
8	V_{CC2}	主电源	
1	V_{CC1}	备用电源	
4	GND	电源地	
7	SCLK	串行时钟	
6	I/O	三线接口时的双向数据	
5	CE	功能控制	
2、3	X1、X2	外部晶振输入	

DS1302 采用双电源供电,在主电源 V_{CC2} 关闭的情况下,备用电源 V_{CC1} 也能保持时钟连续运行。DS1302 由 V_{CC2} 和 V_{CC1} 中的较大者供电,当 V_{CC2} 比 V_{CC1} 高 0.2V 时,由 V_{CC2} 向 DS1302 供电;当 V_{CC2} 小于 V_{CC1} 时,由 V_{CC1} 向 DS1302 供电。X1、X2 引脚是振荡源输入端,外接32.768kHz 晶振。CE 是功能控制引脚,通过将 CE 引脚输入驱动置高电平来启动所有的数据传送。CE 引脚有两个功能:首先,CE 接通控制逻辑,允许地址/命令序列送入移位寄存器;其次,CE 提供结束单字节或多字节数据传输的方法。当 CE 为高电平时,所有的数据传送被初始化,允许对 DS1302 进行操作。如果在传送过程中 CE 置为低电平,则会终止此次数据传送,I/O 引脚变为高阻态。上电运行时,在 $V_{CC} > 2.0V$ 之前,CE 必须保持低电平。只有在 SCLK 为低电平时,才能将 CE 置为高电平。I/O 为串行数据输入/输出端(双向)。SCLK 为串行时钟,始终为输入端。

14.3.2　DS1302 的控制字和数据读写时序

DS1302 是 SPI 总线驱动方式。它不仅要向寄存器写入控制字,还需要读取相应寄存器的数据。要想与 DS1302 通信,首先要先了解 DS1302 的控制字。DS1302 控制字的位结构如表 14-2 所示。

表 14-2　DS1302 控制字的位结构

位	7	6	5	4	3	2	1	0
内容	1	$\dfrac{RAM}{\overline{CK}}$	A4	A3	A2	A1	A0	$\dfrac{RD}{WR}$

控制字的最高位 7 必须是逻辑"1",如果该位为"0",则不能把数据写入到 DS1302 中。

如果位 6 为"0"，则表示存取日历时钟数据，为"1"表示存取 RAM 数据。位 5～位 1(A4～A0))指示操作单元的地址。位 0 为读写指示位，如果该位为"0"，表示要进行写操作；该位为"1"，表示进行读操作。DS1302 控制字总是从最低位开始输出。

在控制字指令输入后的下一个 SCLK 时钟的上升沿，数据被写入 DS1302。数据输入从最低位 0 开始。同样，在紧跟 8 位的控制字指令后的下一个 SCLK 脉冲的下降沿，读出 DS1302 的数据。读出的数据也是从最低位 0 到最高位 7。数据读写时序如图 14-2 所示，上半部分为单字节读时序，下半部分为单字节写时序。

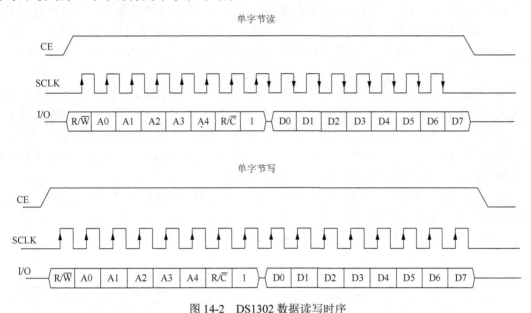

图 14-2　DS1302 数据读写时序

脉冲串模式下，CE 保持高，发送附加 SCLK 周期直至脉冲串结束。

14.3.3　DS1302 的内部寄存器

DS1302 的寄存器可分为时间寄存器、控制寄存器、涓流充电寄存器、时钟突发寄存器等，其地址分布如表 14-3 所示。

表 14-3　DS1302 寄存器的地址分布

寄存器名称	命令字		位结构具体内容								范围
	读操作	写操作	7	6	5	4	3	2	1	0	
秒寄存器	0x81	0x80	CH	10 秒			秒				00～59
分寄存器	0x83	0x82		10 分			分				00～59
时寄存器	0x85	0x84	12/24	0	10A/P	时	小时				1～12/0～23
日寄存器	0x87	0x86	0	0	10 日		日				1～31
月寄存器	0x89	0x88	0	0	0	10 月	月				1～12
周寄存器	0x8B	0x8A	0	0	0	0	0	星期			1～7
年寄存器	0x8D	0x8C	10 年				年				00～99
控制寄存器	0x8F	0x8E	WP	0	0	0	0	0	0	0	—
涓流充电寄存器	0x91	0x90	TCS				DS		RS		
时钟突发寄存器	0xBF	0xBE									

(1)时间寄存器：DS1302 有关日历、时间的寄存器共有 12 个，其中有 7 个寄存器(读时 0x81～0x8D，写时 0x80～0x8C)是存放秒、分、小时、日、月、年、周数据的。存放的数据格式为 BCD 码形式。我们要做的就是将初始设置的时间、日期数据写入这几个寄存器，然后再不断地读取这几个寄存器来获取实时时间和日期。下面重点介绍秒寄存器和时寄存器。

- 秒寄存器(0x81、0x80)：该寄存器的位 7 定义为时钟暂停标志位(CH)。当该位置为"1"时，时钟振荡器停止，DS1302 处于低功耗状态；当该位置为"0"时，时钟开始运行。

- 时寄存器(0x85、0x84)：该寄存器的位 7 用于定义 DS1302 是运行于 12 小时模式还是 24 小时模式。当该位为"1"时，选择 12 小时模式。在 12 小时模式时，时寄存器的位 5 用于标志上午或下午，当该位为"1"时，表示 PM；当该位为"0"时，表示 AM。在 24 小时模式时，时寄存器的位 5 是第 2 个 10 小时位。

(2)控制寄存器(0x8F、0x8E)：该寄存器的位 7 是写保护位(WP)，其他 7 位均置为"0"。在对时钟和 RAM 写操作之前，WP 位必须置为"0"。当 WP 位为"1"时，写保护位防止对任一寄存器的写操作，DS1302 只读不写。也就是说，在电路上电的初始态 WP 是"1"，这时是不能改写上面任何一个时间寄存器的，只有首先将 WP 改写为"0"，才能进行其他寄存器的写操作。在向 DS1302 写数据之前，必须保证 WP 为"0"。

(3)涓流充电寄存器：当 DS1302 掉电时，可以马上调用外部电源保护时间数据。该寄存器就是用于设置备用电源的充电选项的，高 4 位 TCS 为 1010 时使能涓流充电，TCS 为其他将禁止涓流充电。DS 和 RS 为涓流充电二极管和电阻选择位，具体定义如表 14-4 所示。

表 14-4　涓流充电寄存器 DS、RS 选择位

DS 位	二极管选择	RS 位	电阻	典型值
00	充电功能禁止	00	没有	没有
01	选择一个二极管	01	R_1	2kΩ
10	选择两个二极管	10	R_2	4kΩ
11	充电功能禁止	11	R_3	8kΩ

(4)时钟突发寄存器：该寄存器可一次性读写所有寄存器内容(充电寄存器除外)。设置该寄存器后，可操作 DS1302 的各个寄存器。

DS1302 中与 RAM 相关的寄存器分为两类，一类是单个 RAM 单元，共 31 个，每个单元组态为一个 8 位的字节，其命令控制字为 C0H～FDH，其中奇数为读操作，偶数为写操作；另一类为突发方式下的 RAM 寄存器，此方式下可一次性读写所有 RAM 的 31 个字节，命令控制字为 FEH(写)和 FFH(读)。静态 RAM 的地址如表 14-5 所示。

表 14-5　DS1302 寄存器的地址分布

RAM	读操作	写操作	数据范围
数据 0	0xC0	0xC1	0x00～0xFF
数据 1	0xC2	0xC3	0x00～0xFF
数据 2	0xC4	0xC5	0x00～0xFF
……	……	……	……
数据 30	0xFC	0xFD	0x00～0xFF

14.4　LCD1602 液晶显示模块

日常生活中，大家对液晶显示器并不陌生。液晶显示模块已作为很多电子产品的通用器件，如在计算器、万用表以及很多家用电子产品中都可以看到，显示的主要是数字、专用字符和图形。LCD1602 液晶显示模块是一种用 5×7 点阵图形来显示字符和数字的液晶显示器，根据显示的容量可以分为 1 行 16 个字、2 行 16 个字等。LCD1602 液晶显示模块采用很整齐的 SIP 单列直插封装，其实物如图 14-3 所示。

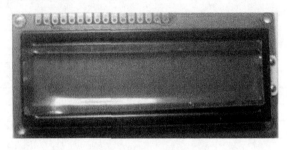

图 14-3　LCD1602 实物

14.4.1　LCD1602 基本参数及引脚说明

LCD1602 液晶显示模块分为带背光和不带背光两种，其控制器大部分采用 HD44780。LCD1602 液晶显示模块可显示 16×2 个字符，芯片工作电压 4.5～5.5V，工作电流 2.0mA(5.0V)，模块最佳工作电压 5.0V，字符尺寸 2.95mm×4.35mm。

LCD1602 液晶显示模块采用标准的 14 脚(无背光)和 16 脚(带背光)接口，其引脚如表 14-6 所示。

表 14-6　LCD1602 的引脚

引脚	引脚名称	功能	引脚	引脚名称	功能
1	VSS	电源地	9	D2	数据总线，三态
2	VDD	电源正极，接 5V 正电源	10	D3	数据总线，三态
3	VEE	液晶对比度调节	11	D4	数据总线，三态
4	RS	数据/命令选择(H/L)，输入	12	D5	数据总线，三态
5	R/W	读/写操作选择(H/L)，输入	13	D6	数据总线，三态
6	E	使能信号，输入	14	D7	数据总线，三态
7	D0	数据总线，三态	15	LEDA	背光源阳极
8	D1	数据总线，三态	16	LEDK	背光源阴极

(1)引脚 VEE 用于调整液晶显示对比度，一般通过外部电位器进行调节。接正电源时对比度最弱，接地电源时对比度最高。对比度过高时会产生"阴影"。使用时可以通过一个 10K 的电位器调整对比度。

(2)引脚 RS 为数据/命令选择端，即对寄存器进行选择，高电平时选择数据寄存器，低电平时选择指令寄存器。

(3)引脚 R/W 为读写选择端，高电平时进行读操作，低电平时进行写操作。

(4)引脚 E 为使能信号，当该引脚为高电平时，可以对 LCD1602 进行数据读操作；当该引脚由高电平跳变为低电平时，数据被写入 LCD1602。

14.4.2　LCD1602 操作指令

LCD1602 液晶显示模块拥有 80B（80×8 位）的显示存储器 DDRAM。DDRAM 用于存储当前所要显示的字符的字符代码。DDRAM 的地址由地址指针计数器 AC 提供，可以对 DDRAM 进行读写操作。DDRAM 各单元对应着显示屏上的各字符位。

LCD1602 液晶显示模块的读写操作、屏幕和光标的操作都是通过指令编程来实现的。LCD1602 液晶显示模块内部共有 11 条控制指令，如表 14-7 所示。其中，"1" 为高电平，"0" 为低电平。

表 14-7　LCD1602 液晶显示模块指令

序号	指令	RS	R/W	D7	D6	D5	D4	D3	D2	D1	D0
1	清屏	0	0	0	0	0	0	0	0	0	1
2	光标返回	0	0	0	0	0	0	0	0	1	*
3	输入方式	0	0	0	0	0	0	0	1	I/D	S
4	显示开关	0	0	0	0	0	0	1	D	C	B
5	光标或字符移位	0	0	0	0	0	1	S/C	R/L	*	*
6	功能设置	0	0	0	0	1	DL	N	F	*	*
7	CGRAM 地址设置	0	0	0	1	A5	A4	A3	A2	A1	A0
8	DDRAM 地址设置	0	0	1	A6	A5	A4	A3	A2	A1	A0
9	忙标志/读地址计数器	0	1	BF	AC6	AC5	AC4	AC3	AC2	AC1	AC0
10	CGRAM/DDRAM 数据写	1	0	写数据							
11	CGRAM/DDRAM 数据读	1	1	读数据							

（1）清屏指令，指令码 01H，用于清除 DDRAM 所有单元的内容和 AC 的数值，光标复位到地址 00H，即屏幕的左上角。

（2）光标返回指令，DDRAM 所有单元内容不变，屏幕的光标回归地址 00H，即光标移至屏幕的左上角。例如，指令码 02H。

（3）输入方式选择指令，用于设置光标和画面移动方式，即规定写入一个 DDRAM 单元后，地址指针如何变化（加 1 还是减 1），屏幕上的内容是否滚动。其中，I/D=1 表示数据读、写操作后，AC 自动加 1；I/D=0 表示数据读、写操作后，AC 自动减 1。S=1 表示数据读、写操作，画面平移；S=0 表示数据读、写操作，画面保持不变。例如，指令码 04H 表示写入 DDRAM 后，地址指针减 1（即如果第一个字符写入 8FH，则下一个字符会写入 8EH），屏幕上的内容不滚动。指令码 05H 表示写入 DDRAM 后，地址指针减 1，每一个字符写入后，屏幕上的内容向右滚动一个字符位。指令码 06H 表示写入 DDRAM 后，地址指针加 1（即如果第一个字符写入 80H，则下一个字符会写入 81H），屏幕上的内容不滚动。指令码 07H 表示写入 DDRAM 后，地址指针加 1，每一个字符写入后，屏幕上的内容向左滚动一个字符位。

（4）显示开关控制指令，用于设置显示、光标及闪烁的开关。其中，D 控制显示的开关，D=1 表示开显示，D=0 表示关显示；C 控制光标的开关，C=1 表示有光标，C=0 表示无光标；B 控制光标是否闪烁，B=1 表示闪烁，B=0 表示不闪烁。光标所在的位置指示了下一个被写入的字符所在位置，假如在写入下一个字符前没有通过指令设置 DDRAM 的地址，那么这个字符就应该显示在光标指定的地方。例如，指令码 08H、09H、0AH、0BH 表示关闭显示屏，实质上是不把 DDRAM 中的内容对应显示在屏幕上，对 DDRAM 的操作还是在进行的。执行这条指令，接着对 DDRAM 进行写入，屏幕上没有任何内容，但是接着执行下面的某条指令，就能看到刚才屏幕关闭期间，对 DDRAM 操作的效果了。指令码 0CH 表示打开显示屏，不显示光标，光标所在位置的字符不闪烁。指令码 0DH 表示打开显示屏，不显示光标，光标所在位置的字符闪烁。指令码 0EH 表示打开显示屏，显示光标，光标所在位置的字符不闪烁。指令码 0FH 表示打开显示屏，显示光标，光标所在位置的字符闪烁。

(5) 光标和画面移动指令，用于在不影响 DDRAM 的情况下设置光标移动、整体画面是否滚动。其中，S/C=1 表示画面平移一个字符位，S/C=0 表示光标平移一个字符位；R/L=1 表示右移，R/L=0 表示左移。例如，指令码 10H 表示每输入一次该指令，AC 就减 1，对应光标向左移动一个字符位，整体画面不滚动。指令码 14H 表示每输入一次该指令，AC 就加 1，对应光标向右移动一个字符位，整体画面不滚动。指令码 18H 表示每输入一次该指令，整体画面就向左滚动一个字符位。指令码 1CH 表示每输入一次该指令，整体画面就向右滚动一个字符位。

(6) 功能设置指令，用于设置工作方式(初始化指令)。其中，DL=1 表示 8 位数据接口，DL=0 表示 4 位数据接口；N=1 表示双行显示，N=0 表示单行显示；F=1 表示显示 5×10 的点阵字符，F=0 表示显示 5×7 的点阵字符。例如，指令码 20H 表示 4 位总线、单行显示、显示 5×7 的点阵字符。指令码 24H 表示 4 位总线、单行显示、显示 5×10 的点阵字符。指令码 28H 表示 4 位总线、双行显示、显示 5×7 的点阵字符。指令码 2CH 表示 4 位总线、双行显示、显示 5×10 的点阵字符。指令码 30H 表示 8 位总线、单行显示、显示 5×7 的点阵字符。指令码 34H 表示 8 位总线、单行显示、显示 5×10 的点阵字符。指令码 38H 表示 8 位总线、双行显示、显示 5×7 的点阵字符。指令码 3CH 表示 8 位总线、双行显示、显示 5×10 的点阵字符。

(7) CGRAM 地址设置指令，用于设置字符发生器 RAM(CGRAM) 的地址，A5～A0=0x00～0x3F。

(8) DDRAM 地址设置指令，用于设置 DDRAM 的地址。其中，N=1 表示双行显示，首行 A6～A0=00H～2FH，次行 A6～A0=40H～4FH；N=0 表示单行显示，A6～A0=00H～4FH。

(9) 读 BF、AC 信号和光标地址指令，BF=1 表示忙，此时模块不能接收指令或者数据；BF=0 表示准备好。此时 AC 值的意义由最近一次的地址设置(CGRAM 或 DDRAM)定义。

(10) 写数据指令，用于将地址码写入 DDRAM，以使 LCD 显示相应的图形或将用户自创的图形存入 CGRAM 内。

(11) 读数据指令，根据当前设置的地址，从 DDRAM 或 CGRAM 读出数据。

14.4.3　LCD1602 操作时序

LCD1602 使用了 3 条控制线，即 RS、R/W 和 EN。其中，EN 起到了类似片选和时钟线的作用，R/W 和 RS 指示了读写的方向和内容。在读数据(或者 Busy 标志)器件，EN 线必须保持高电平。在写指令或数据的过程中，EN 线上必须送出一个正脉冲。R/W 和 RS 的组合一共有 4 种情况，分别对应着 4 种操作：RS=0、R/W=0，表示向 LCD 写入指令，可以设置 LCD1602 的功能；RS=0、R/W=1，表示读取 Busy 标志；RS=1、R/W=0，表示向 LCD 写入数据，主要写入要显示的数据；RS=1、R/W=1，表示从 LCD 读取数据。LCD1602 液晶显示模块写指令和写数据时序如图 14-4 所示。

写指令，即设置 LCD1602 液晶显示模块的工作方式，需要把 RS 置为低电平，R/W 置为低电平，然后将指令码送到数据口 D0～D7，最后 E 引脚一个高脉冲将指令写入。写数据，即在液晶显示模块上实现显示时,需要把 RS 置为高电平，R/W 置为低电平，然后将数据送到数据口 D0～D7，最后 E 引脚一个高脉冲将数据写入。

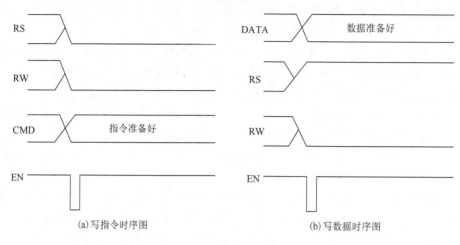

(a)写指令时序图　　　　　　　　　　　　　(b)写数据时序图

图 14-4　LCD1602 液晶显示模块时序图

　　LCD1602 液晶显示模块是一个慢显示器件，所以在执行每条指令之前一定要确认该模块的忙标志为低电平，表示不忙，否则此指令失效。当然，LCD1602 提供了读忙信号的方法，当 RS 和 R/W 共同为低电平时可以写入指令或者显示地址，当 RS 为低电平 RW 为高电平时可以读忙信号。

　　对于 LCD1602 的初始化操作，必须遵循以下步骤：

　　(1)设置 LCD1602 的功能。

　　(2)设置 LCD1602 的输入方式。

　　(3)设置 LCD1602 的显示方式。

　　(4)清除屏幕。

14.4.4　LCD1602 的标准字库表

　　LCD1602 液晶显示模块内部有 CGROM、CGRAM、DDRAM 3 种存储器。其中，CGRAM 是留给用户自己定义点阵型显示数据的；DDRAM 和显示屏的内容对应；CGROM(字符发生存储器)存储了厂家生产时固化在 LCD 中的 128 个不同的点阵显示数据，如表 14-8 所示。这些字符有阿拉伯数字、英文字母的大小写和常用的符号等，每一个字符都有一个固定的代码。例如，大写的英文字母 A 的代码是 01000001B(41H)，显示时模块把地址 41H 中的点阵字符图形显示出来，我们就能看到字母 A。

表 14-8　LCD1602 液晶显示模块字符代码与图形的对应关系

低位 ＼ 高位	0000	0010	0011	0100	0101	0110	0111
0000	GRAM		0	@	P	\	p
0001		!	1	A	Q	a	Q
0010		"	2	B	R	b	R
0011		#	3	C	S	c	S
0100		$	4	D	T	d	t

续表

低位＼高位	0000	0010	0011	0100	0101	0110	0111
0101		%	5	E	U	e	u
0110		&	6	F	V	f	v
0111		'	7	G	W	g	w
1000		(	8	H	X	h	x
1001		)	9	I	Y	i	y
1010		*	:	J	Z	j	z
1011		+	;	K	[	k	{
1100			<	L	¥	l	|
1101		-	=	M	]	m	}
1110		.	>	N	^	n	→
1111		/	?	O		o	←

显示字符时先输入显示字符地址，也就是告诉模块在哪里显示字符。如图 14-5 所示是 LCD1602 的内部显示地址。

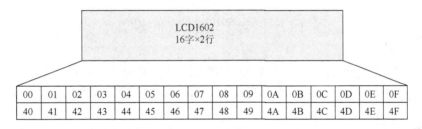

图 14-5　LCD1602 的内部显示地址

例如第 2 行第 1 个字符的地址是 40H，那么是否直接写入 40H 就可以将光标定位在第 2 行第 1 个字符的位置呢？答案是否定的，因为写入显示地址时要求最高位 D7 恒定为高电平 "1"，因此实际写入的数据应该是 40H+80H=C0H。

在对液晶显示模块进行初始化时，要先设置其显示模式。液晶显示模块显示字符时光标自动右移，无需人工干预。液晶显示模块第 1 行的首地址是 80H，第 2 行的首地址是 C0H。

14.5　电子时钟硬件电路设计

依据设计要求，电子时钟硬件系统由 ATmega16 单片机、DS1302 时钟芯片、LCD1602 液晶显示模块 3 部分组成。电子时钟硬件电路如图 14-6 所示。

DS1302 时钟芯片的 X1、X2 接 32.768Hz 的晶振；V_{CC1} 接一块锂电池；DS1302 时钟芯片的 SCLK 引脚接 ATmega16 单片机的 PD5 引脚；DS1302 时钟芯片的 I/O 引脚接 ATmega16 单片机的 PD6 引脚；DS1302 时钟芯片的 CE 引脚接 ATmega16 单片机的 PD7 引脚，并且 PD5、PD6、PD7 接 10kΩ的上拉电阻。使用 PD5～PD7 引脚模拟 SPI 总线与 DS1302 时钟芯片通信。

LCD1602 液晶显示模块的 D0～D7 与 ATmega16 单片机的 PC 口相连，即 ATmega16 单片机的 PC 口作为 LCD1602 液晶显示模块的数据输入端口；LCD1602 液晶显示模块的控制端口 RS、R/W、E 分别与 PB 口的 PB0、PB1、PB2 相连。驱动一片 LCD1602 液晶显示模块显示相应的时间信息。

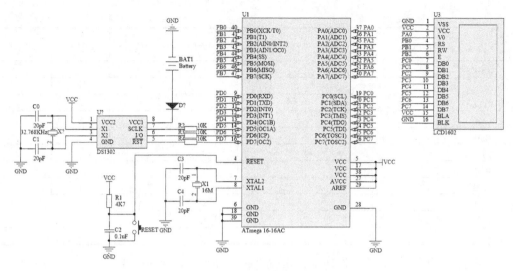

图 14-6　电子时钟系统硬件电路原理图

14.6　电子时钟软件设计

本程序中利用 ATmega16 单片机对 DS1302 时钟芯片进行操作，在 LCD1602 液晶显示模块上显示年、月、日、星期以及时钟信息，第 1 行显示年、月、日及星期，显示格式为"××××年-××月-××日　星期"；第 2 行显示时钟，显示格式为"××时：××分：××秒"。

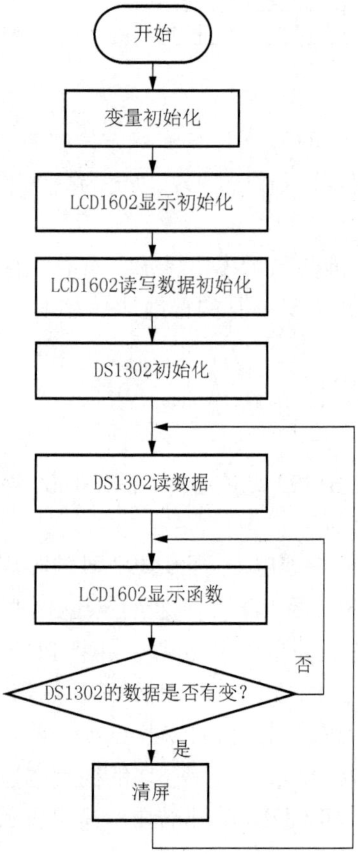

14.6.1　软件流程

电子时钟系统软件包括 DS1302 驱动模块和 LCD1602 液晶显示驱动模块两部分，其程序流程图如图 14-7 所示。

14.6.2　DS1302 驱动软件设计

DS1302 驱动软件主要用于对 DS1302 进行相应的操作，包括以下操作函数。

（1）void ds1302_init(void)，DS1302 初始化函数。

（2）void ds1302_write_byte(unsigned char addr, unsigned char data)，向 DS1302 写入 1B(字节)数据。其中，addr 为写入目标地址，data 为要写入的数据。DS1302 的 CE 引脚输入置高电平可启动所有数据传送。本程序在写数据时，先将 D1302 的 CE 引脚置高，启动 DS1302 总线进行数据传送；写完数据后再置低，从而停止 DS1302 总线的数据传送。

（3）unsigned char ds1302_read_byte(unsigned char addr)，从 DS1302 读出 1B(字节)数据。

（4）void ds1302_write_time(void)，向 DS1302 写入时钟

流程图（图14-7）：

开始 → 变量初始化 → LCD1602显示初始化 → LCD1602读写数据初始化 → DS1302初始化 → DS1302读数据 → LCD1602显示函数 → DS1302的数据是否有变？ — 否（返回DS1302读数据） / 是 → 清屏

图 14-7　电子时钟系统程序流程图

数据。

(5) void ds1302_read_time(void)，从 DS1302 中读取时钟数据。

具体程序代码如下：

```
/*------------------------------------------------------------
函数功能：DS1302 初始化函数
------------------------------------------------------------*/
void ds1302_init(void)
{
    CE_CLR;                 /*CE 脚置低*/
    SCK_CLR;                /*SCK 脚置低*/
    delay_10us();
    CE_OUT;                 /*CE 脚设置为输出*/
    SCK_OUT;                /*SCK 脚设置为输出*/
    delay_10us();
}
/*------------------------------------------------------------
函数功能：向 DS1302 写入 2B(字节)数据
函数输入：寄存器地址+数据
------------------------------------------------------------*/
void ds1302_write_byte(unsigned char addr, unsigned char d)
{
    unsigned char i;
    CE_SET;                 /*启动 DS1302 总线*/
    IO_OUT;                 /*写入目标地址：addr*/
    addr = addr & 0xFE;    /*最低位置零*/
    for (i = 0; i < 8; i ++)
    {
        if (addr & 0x01) IO_SET;
        else IO_CLR;
        SCK_SET;
        SCK_CLR;
        addr = addr >> 1;
    }
    IO_OUT;                 /*写入数据：d*/
    for (i = 0; i < 8; i ++)
    {
        if (d & 0x01) IO_SET;
        else IO_CLR;
        SCK_SET;
        SCK_CLR;
        d = d >> 1;
    }
    CE_CLR;                 /*停止 DS1302 总线*/
}
/*------------------------------------------------------------
函数功能：从 DS1302 读出 1B(字节)数据
函数输入：寄存器地址
函数返回：该地址的值
------------------------------------------------------------*/
unsigned char ds1302_read_byte(unsigned char addr)
{
```

```
    unsigned char i;
    unsigned char temp;
    CE_SET;                    /*启动 DS1302 总线*/
    IO_OUT;                    /*写入目标地址：addr*/
    addr = addr | 0x01;        /*最低位置高*/
    for (i = 0; i < 8; i ++)
    {
        if (addr & 0x01) IO_SET;
        else IO_CLR;
        SCK_SET;
        SCK_CLR;
        addr = addr >> 1;
    }
    IO_IN;                     /*输出数据：temp*/
    for (i = 0; i < 8; i++)
    {
        temp = temp >> 1;
        if (IO_R) temp |= 0x80;
        else temp 8= 0x7F;
        SCK_SET;
        SCK_CLR;
    }
    CE_CLR;                    /*停止 DS1302 总线*/
    return temp;
}
/*-----------------------------------------------------------------------
函数功能：向 DS1302 写入时钟数据
备　注：将 time_buf1[]转换为 BCD 写入 DS1302
-----------------------------------------------------------------------*/
void ds1302_write_time(void)
{
    unsigned char i,tmp;
    for(i=0;i<8;i++)
    {
        time_buf[i]=((time_buf1[i]/16)*10+time_buf1[i]%16);  //BCD 处理
    }
    ds1302_write_byte(ds1302_control_add,0x00);              //关闭写保护
    ds1302_write_byte(ds1302_sec_add,0x80);                 //暂停
    ds1302_write_byte(ds1302_charger_add,0xa9);             //涓流充电
    ds1302_write_byte(ds1302_year_add,time_buf[1]);         //年
    ds1302_write_byte(ds1302_month_add,time_buf[2]);        //月
    ds1302_write_byte(ds1302_date_add,time_buf[3]);         //日
    ds1302_write_byte(ds1302_day_add,time_buf[7]);          //星期
    ds1302_write_byte(ds1302_hr_add,time_buf[4]);           //时
    ds1302_write_byte(ds1302_min_add,time_buf[5]);          //分
    ds1302_write_byte(ds1302_sec_add,time_buf[6]);          //秒
    ds1302_write_byte(ds1302_day_add,time_buf[7]);          //星期
    ds1302_write_byte(ds1302_control_add,0x80);             //打开写保护
}
/*-----------------------------------------------------------------------
函数功能：从 DS1302 中读取时钟数据
备　注：修改了 time_buf[]数组
```

```
--------------------------------------------------------------------*/
void ds1302_read_time(void)
{
    unsigned char i,tmp;
    time_buf[1]=ds1302_read_byte(ds1302_year_add);          //年
    time_buf[2]=ds1302_read_byte(ds1302_month_add);         //月
    time_buf[3]=ds1302_read_byte(ds1302_date_add);          //日
    time_buf[4]=ds1302_read_byte(ds1302_hr_add);            //时
    time_buf[5]=ds1302_read_byte(ds1302_min_add);           //分
    time_buf[6]=(ds1302_read_byte(ds1302_sec_add))&0x7F;    //秒
    time_buf[7]=ds1302_read_byte(ds1302_day_add);           //星期
}
```

在对 DS1302 编程时需要注意：①在操作 DS1302 之前要关闭写保护；②通过延时降低单片机的速度来配合 DS1302 的时序；③DS1302 读出的数据形式是 BCD 码形式，要转换成十进制的形式；④读取字节之前，需要将 I/O 口设置为输入口，读取完成后，要改为输出口；⑤写程序时，最好开辟内存空间来集中存放 DS1302 中的一系列数据。

14.6.3　LCD1602 驱动软件设计

LCD1602 液晶显示模块是应答型器件，也就是说单片机要想操作 LCD1602，先要询问 LCD1602 有没有空闲时间。LCD1602 通过控制端口 RS、R/W、E 的控制作用，读取数据接口的最高位并判断该最高位是"1"还是"0"，如果读取的最高位是"1"，则表明 LCD1602 很忙；如果读取的最高位是"0"，则表明可以对 LCD1602 进行操作。

LCD1602 驱动软件主要用于对 LCD1602 进行相应的操作，主要包括以下操作函数。

(1) void init()，LCD1602 初始化函数。

(2) void WriteInit(unsigned char x)，输入初始化。

(3) void WriteData(unsigned char x)，向 LCD1602 中写入数据。

(4) void write_sfm(unsigned char add,unsigned char dat)，向 LCD 写时分秒。

(5) void write_nyr(unsigned char add,unsigned char dat)，向 LCD 写年月日。

(6) void write_week(unsigned char week)，向 LCD 写星期。

具体程序代码如下：

```
/*--------------------------------------------------------------------
函数名称：LCD1602 液晶显示模块初始化
函数功能：设置两行显示
--------------------------------------------------------------------*/
void init()
{
    PORTB &= ~(1 << 2);              //液晶使能端
    PORTB &= ~(1 << 1);
    WriteInit(0x38);                 //显示模式设置
    WriteInit(0x0c);                 //显示开及光标设置
    WriteInit(0x06);                 //显示光标移动设置
    WriteInit(0x01);                 //显示清屏
    WriteInit(yh+1);                 //日历显示固定符号从第 1 行第 1 个位置之后开始显示
    for(a=0;a<14;a++)
    {
        WriteData(data[a]);          //向液晶屏写日历显示的固定符号部分
```

```
    }
    WriteInit(er+2);                    //时间显示固定符号写入位置，从第 2 个位置后开始显示
    for(a=0;a<8;a++)
    {
        WriteData(data2[a]);            //写显示时间固定符号，两个冒号
    }
}
/*------------------------------------------------------------------
函数功能：LCD1602 液晶显示模块写入数据初始化
函数输入：写入数据
-------------------------------------------------------------------*/
void WriteInit(unsigned char x)
{
    PORTB &= ~(1 << 0);                 //液晶数据、指令选择端，当前为指令端
    PORTC = x;                          //把要写的数据送到数据总线
    delay_ms(5);
    PORTB &= ~(1 << 2);                 //液晶拉低
    delay_ms(5);
    PORTB |= (1 << 2);                  //液晶拉高
    delay_ms(5);
    PORTB &= ~(1 << 2);                 //液晶拉低
    delay_ms(5);
}
/*------------------------------------------------------------------
函数功能：向 LCD1602 中写入数据
函数输入：写入数据
-------------------------------------------------------------------*/
void WriteData(unsigned char x)
{
    PORTB |= (1 << 0);                  //液晶数据、指令选择端，当前为数据端
    PORTC = x;
    delay_ms(5);
    PORTB &= ~(1 << 2);                 //液晶拉低
    delay_ms(5);
    PORTB |= (1 << 2);                  //液晶拉高
    delay_ms(5);
    PORTB &= ~(1 << 2);                 //液晶拉低
    delay_ms(5);
}
/*------------------------------------------------------------------
函数功能：向 LCD 写时分秒
函数输入：显示位置+现示数据
-------------------------------------------------------------------*/
void write_sfm(unsigned char add,unsigned char dat)
{
    unsigned char gw,sw;
    gw=dat%10;                          //取得个位数字
    sw=dat/10;                          //取得十位数字
    WriteInit(er+add);                  //er 是头文件规定的值 0x80+0x40
    WriteData(0x30+sw);                 //数字+30，得到该数字的 LCD1602 显示码
    WriteData(0x30+gw);                 //数字+30，得到该数字的 LCD1602 显示码
}
```

```
/*------------------------------------------------------------------
函数功能：向 LCD 写年月日
函数输入：显示位置+显示数据
--------------------------------------------------------------------*/
void write_nyr(unsigned char add,unsigned char dat)
{
    unsigned char gw,sw;
    gw=dat%10;                      //取得个位数字
    sw=dat/10;                      //取得十位数字
    WriteInit(yh+add);              //设定显示位置为第一个位置+add
    WriteData(0x30+sw);             //数字+30，得到该数字的 LCD1602 显示码
    WriteData(0x30+gw);             //数字+30，得到该数字的 LCD1602 显示码
}
/*------------------------------------------------------------------
函数功能：向 LCD 写星期数据
函数输入：星期数据
--------------------------------------------------------------------*/
void write_week(unsigned char week)
{
    WriteInit(yh+0x0c);             //星期字符的显示位置
    switch(week)
    {
        case 1:
            WriteData('M');         //星期数为 1 时显示
            WriteData('O');
            WriteData('N');
            break;
        case 2:
            WriteData('T');         //星期数据为 2 时显示
            WriteData('U');
            WriteData('E');
            break;
        case 3:
            WriteData('W');         //星期数据为 3 时显示
            WriteData('E');
            WriteData('D');
            break;
        case 4:
            WriteData('T');         //星期数据为 4 时显示
            WriteData('H');
            WriteData('U');
            break;
        case 5:
            WriteData('F');         //星期数据为 5 时显示
            WriteData('R');
            WriteData('I');
            break;
        case 6:
            WriteData('S');         //星期数据为 6 时显示
            WriteData('A');
            WriteData('T');
            break;
```

```
        case 7:
            WriteData('S');          //星期数据为 7 时显示
            WriteData('U');
            WriteData('N');
            break;
    }
}
```

14.6.4　电子时钟综合软件设计

电子时钟综合软件设计的重点是在完成对 DS1302 的初始化后，读取相应的时间数据，然后送 LCD1602 液晶显示模块显示。

电子时钟具体代码如下：

```
#include  "iom16v.h"
#include  "macros.h"
#define yh                 0x80
#define er                 0x80+0x40
/*DS1302 的功能控制引脚与 PD7 连接，其宏定义*/
#define CE_CLR  PORTD &= ～(1 << 7)      /*电平置低*/
#define CE_SET  PORTD |= (1 << 7)       /*电平置高*/
#define CE_IN   DDRD &= ～(1 << 7)       /*方向输入*/
#define CE_OUT  DDRD |= (1 << 7)        /*方向输出*/
/*DS1302 的双向数据引脚 I/O 与 PD6 连接，其宏定义*/
#define IO_CLR  PORTD &= ～(1 << 6)      /*电平置低*/
#define IO_SET  PORTD |= (1 << 6)       /*电平置高*/
#define IO_R    PIND & (1 << 6)         /*电平读取*/
#define IO_IN   DDRD &= ～(1 << 6)       /*方向输入*/
#define IO_OUT  DDRD |= (1 << 6)        /*方向输出*/
/*DS1302 的时钟信号 SCLK 与 PD5 连接，其宏定义*/
#define SCK_CLR PORTD &= ～(1 << 5)      /*时钟信号*/
#define SCK_SET PORTD |= (1 << 5)       /*电平置高*/
#define SCK_IN  DDRD &= ～(1 << 5)       /*方向输入*/
#define SCK_OUT DDRD |= (1 << 5)        /*方向输出*/

#define ds1302_sec_add      0x80        //秒数据地址
#define ds1302_min_add      0x82        //分数据地址
#define ds1302_hr_add       0x84        //时数据地址
#define ds1302_date_add     0x86        //日数据地址
#define ds1302_month_add    0x88        //月数据地址
#define ds1302_day_add      0x8a        //星期数据地址
#define ds1302_year_add     0x8c        //年数据地址
#define ds1302_control_add  0x8e        //控制数据地址
#define ds1302_charger_add  0x90
#define ds1302_clkburst_add 0xbe

unsigned char Temp[8];                          //数码管显示临时变量存储地址
unsigned char time_buf1[8] = {20,16,11,7,0,12,01,1};    //空年月日时分秒周
unsigned char time_buf[8] ;                     //空年月日时分秒周
unsigned char clock[6][6] = {0};                //6 组闹钟
unsigned char value_array[5] = {0};
unsigned char alarm[2];
```

```
int compyr[2];
unsigned char open;
int a;
unsigned char data[]="2016-  -   ";          //年显示的固定字符
unsigned char data2[]="  :  : ";

void delay_ms(unsigned int ms)
{
 unsigned int i,j;
 for(i=0;i<ms;i++)
 for(j=160;j>0;j--);
}
void delay_10us(void)
{
    //用示波器看这就是 10μs(1M 晶振)
}
void main()
{
    unsigned char i;
    i = 0;
    MCUCSR = 0x80;
    MCUCSR = 0x80;
    DDRA|=(1 << 0);
    DDRC=0xff;                            //设置 C 端口为输出
    DDRB=0x07;                            //PB0-RS/PB1-RW/PB2-E
    init();
    ds1302_init();                       //DS1302 时钟初始化
    ds1302_write_time();                 //开机写入预定时间

    while(1)
    {
ds1302_read_time();                      //读取 DS1302
        delay_ms(20);
        write_sfm(8,time_buf[6]);        //秒,从第 2 行第 8 个字符后开始显示
        write_sfm(5,time_buf[5]);        //分,从第 2 行第 5 个字符后开始显示
        write_sfm(2,time_buf[4]);        //小时,从第 2 行第 2 个字符后开始显示
        //显示日、月、年数据:
        write_nyr(9,time_buf[3]);        //日期,从第 2 行第 9 个字符后开始显示
        write_nyr(6,time_buf[2]);        //月份,从第 2 行第 6 个字符后开始显示
        write_nyr(3,time_buf[1]);        //年,从第 2 行第 3 个字符后开始显示
        write_week(time_buf[7]);
    }
}
```

简单总结一下对 DS1302 的操作:

首先,通过 8eH 将写保护去掉,这样我们才能将日期、时间的初值写入各个寄存器;接下来,对 80H、82H、84H、86H、88H、8AH、8CH 进行初值的写入,同时通过秒寄存器将位 7 的 CH 值改成 0,使 DS1302 开始走时运行;然后,将写保护寄存器再写为 80H,防止误改写寄存器的值;最后,不断读取 80H~8CH 的值,将它们格式化后送 LCD1602 显示。

14.7 下 载 调 试

首先在 ICC AVR8 中创建项目，输入源代码并编译生成"电子时钟.cof"文件；然后按照硬件电路原理图连接 ATmega16 单片机学习板与 LCD1602 液晶显示模块；最后将程序"电子时钟.hex"下载到目标板进行调试，可以看到 LCD1602 液晶显示模块显示出当前时间。具体调试实物如图 14-8 所示。

图 14-8 电子时钟设计实物

【思考练习】

(1) 说明 DS1302 时钟芯片的工作原理及特点。

(2) 理解并掌握 DS1302 时钟芯片的使用方法。

(3) 修改例程，通过外部按键可以调节时间(时、分、秒)。

第15章　基于超声波检测的智能避障小车设计

【学习目标】

(1)了解并掌握超声波测距模块的工作原理及使用方法。

(2)掌握 PWM 驱动直流电机的工作原理。

(3)超声波的时序编写及测距方法。

(4)利用超声波传感器来躲避周边障碍物。

15.1　智能避障小车介绍

当今世界，随着传感器技术和自动控制技术的飞速发展，机械、电气和电子信息等行业之间的界限变得越来越模糊，呈现出彼此交融、协同发展的态势。在工程领域，"智能"成为了最热门的词汇之一。

作为机械行业的代表产品，汽车与电子信息产业的融合速度不断提高。其发展呈现出两个明显的特点：一是电子装置占汽车整车的比例逐步提高，汽车从以机械产品为主向高级的机电一体化方向发展；二是汽车向电子化、多媒体化和智能化方向发展，使其在作为代步工具的同时，兼具娱乐、办公和通信等多种功能。全国电子大赛和省内电子大赛几乎每次都有智能小车这方面的题目，全国各高校也都很重视该题目的研究，可见其研究意义很大。

智能循迹和智能避障是无人驾驶车辆研究的两个重要课题。智能避障小车即小车能够自动躲避障碍物。本项目以 ATmega16 单片机为主控芯片，通过超声波检测技术定位障碍物的位置，控制小车在到达预定距离之前躲避障碍物。

15.2　智能避障小车总体设计

本项目设计的智能避障小车是一种自动导引小车，能够在一定空间内成功躲避障碍物，自由行驶。小车以亚克力板为车体，后方左右两轮为驱动轮，前方左右两轮采用万向轮为支撑。由此组成了四轮结构。小车除了能够实现前进、后退之外，还可以实现曲线运动。

如图 15-1 所示，智能避障小车控制系统主要由 ATmega16 单片机、电源电路、超声波测距模块、直流电机及其驱动模块组成。其中，ATmega16 单片机是该系统的核心控制器件；电源为整个系统提供动力支持；超声波测距模块用于检测是否有障碍物，如果检测到障碍物，则判断障碍物与小车之间的距离是否小于预设值，一旦小于预设值，由单片机处理程序判断障碍物与小车之间的位置关系，然后决定小车如何避障；驱动电机为执行机构，在此

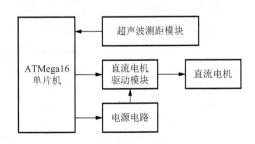

图 15-1　智能避障小车控制系统组成

选择控制方法较为简单的直流减速电机，采用 PWM 波实现直流电机的调速；直流电机驱动模块采用 H 桥驱动直流电机。

15.3　智能避障小车硬件电路设计

根据设计要求，智能避障小车使用 ATmega16 单片机作为主控芯片，HC-SR04 超声波测距模块作为传感器。硬件系统包括电源电路、超声波测距电路、直流电机驱动电路。

15.3.1　超声波测距模块电路设计

超声波传感器(有 2 个，分别安装在小车的左前方和右前方)向前方空间发射和接收超声波信号，通过发射与接收信号的时间差来计算传感器与被测物体的距离，这就是超声波测距。超声波测距是一种非接触式的检测方式。与电磁或光学方法相比，超声波测距不受光线、被测对象颜色等的影响，对于被测物处于黑暗、粉尘、烟雾、电磁干扰、有毒等恶劣环境下有一定的适应能力。在液位测量、机械手控制、车辆自动导航、物体识别等方面，超声波测距得到了广泛的应用。特别是应用于空气测距，由于空气中的波速较慢，其回波信号中包含的也能传播方向上的结构信息很容易检测出来，具有很高的分辨力，因而其准确度也比其他方法更高。超声波传感器具有结构简单、体积小、信号处理可靠等特点，常用于不与被测物体接触的场合，如汽车倒车、液位测量和深井测量等。

智能避障小车系统采用超声波传感器对障碍物进行检测并获得小车与障碍物之间的距离。依据脉冲法测距原理，通过计算从超声波发射器发射超声波信号开始，到接收器接收到超声波信号为止的时间差，单片机处理程序即可判断出障碍物与小车的位置关系。本项目选用 HC-SR04 超声波测距模块作为超声波传感器。

HC-SR04 超声波测距模块可提供 2～400cm 的非接触式测距功能，测距精度高达 3mm。HC-SR04 超声波测距模块实物如图 15-2 所示。其输入/输出引脚共有 4 个，详细说明如表 15-1 所示。

图 15-2　HC-SR04 超声波测距模块实物

表 15-1　HC-SR04 超声波测距模块的引脚

引脚	引脚名称	功能说明
1	VCC	电源，接 5V 电源
2	Trig	触发控制信号输入
3	Echo	回响信号输出
4	GND	电源地

HC-SR04 超声波测距模块的主要技术指标如表 15-2 所示。

表 15-2　HC-SR04 超声波测距模块的主要技术指标

工作电压	DC5V	测量角度	15 度
工作电流	15mA	输入触发信号	10μs 的 TTL 脉冲
工作频率	40Hz	输出回响信号	输出 TTL 电平信号，与射程成比例
最远射程	4m		
最近射程	2cm	规格尺寸	45mm×20mm×15mm

HC-SR04 超声波测距模块由超声波发射器、接收器与控制电路等组成。超声波发射器向前方空间发射超声波信号，信号碰到障碍物后返回。当接收器检测到返回的超声波信号时，控制回波信号输出高电平。持续接收的超声波信号时间长。工作时，采用单片机的一个 I/O 端口向超声波传感器的 Trig 引脚发送至少 10μs 的高电平信号，启动超声波传感器。启动后，在超声波传感器内部将自动发送 8 个 40kHz 的超声波信号。发送完后，它将自动检测是否有信号返回。若有信号返回，超声波传感器的 Echo 引脚将输出一个高电平，高电平持续的时间（T_{High}）就是超声波从发射到返回的时间。利用如下公式可以计算出被测距离 L

$$L = \frac{T_{High} \times V_{Sound}}{2}$$

其中，T_{High} 为 Echo 端高电平持续时间，单位为 s；V_{Sound} 为声音在空气中传播的速度，在常温下约为 340m/s；L 为最终计算出来的距离，单位为 m。

HC-SR04 超声波测距模块使用起来非常简单，通过单片机的一个 I/O 端口向该模块的 Trig 引脚发送一个持续 10μs 以上的高电平，然后就可以在接收口 Echo 等待高电平输出。一旦 Echo 口有输出，就可以打开定时器计时。当此口变为低电平时读出定时器的值，此值即为此次测距的时间。如此不断的周期测，就可以达到移动测量的值。

15.3.2　舵机及其控制系统设计

舵机是一种位置伺服的驱动器，由舵盘、减速齿轮组、位置反馈电位计、直流电机和控制电路组成。通过内部位置反馈，可使舵盘输出转角正比于其给定的控制信号。在负载力矩小于其最大输出力矩的情况下，其输出转角将会正比于给定的脉冲宽度。舵机适用于需要角度不断变化并可以保持的控制系统。

在智能避障小车项目中，舵机是控制小车运动方向的执行机构。本项目选用 MG996R 金属齿双轴承舵机。其硬件连接非常方便，只有 3 根线，即电源线(红)、地线(棕)及 PWM 控制信号线(黄)。舵机电源为+5V。控制信号是周期为 20ms 的 PWM 信号，利用 PWM 控制信号占空比的变化可以改变舵机的位置。单片机系统要实现对舵机输出转角的控制，必须完成两项任务：一是产生基本的 PWM 周期信号，MG996R 金属齿双轴承舵机的 PWM 信号周期为 20ms；二是脉宽的调整，即单片机模拟 PWM 信号的输出，并且调整占空比。

设计中采用 ATmega16 单片机的 OCR1A 口输出不同占空比、频率 50Hz 的 PWM 脉冲来控制小车的转向。根据舵机安装时的角度，占空比 9.5%为向前，7.7%为向右，11.5%为向左(仅作参考)。

15.3.3　电机及其驱动系统设计

电动小车的驱动系统一般由控制器、功率变换器及电机 3 个主要部分组成。

直流电机是单片机系统中最常用的电机,只要在其两个控制端之间加上一定电压,它就会转动。改变加在两个控制端之间的电压,就可以改变直流电机的转动方向和速度。当其两个控制端之间的电压差为正的或负的额定电压时,直流电机分别正转或反转;当两个引脚之间的电压差为 0 时,直流电机停止转动。负载变化不大时,加在直流电机两端的电压大小与其速度近似成正比。

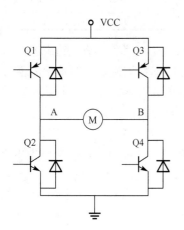

图 15-3　直流电机的典型全桥(H 桥)驱动电路

直流电机常用全桥(H 桥)来驱动,典型驱动电路如图 15-3 所示。其中,Q1～Q4 是功率 MOSFET 管,Q1 和 Q2 组成一个桥臂,Q3 和 Q4 组成一个桥臂。每个 MOSFET 管旁边都有一个续流二极管。当 Q1 和 Q4 导通时,电机的控制电流从 A 流向 B,此时电机正转;当 Q2 和 Q3 导通时,电机的控制电流从 B 流向 A,此时电机反转。这样,通过对 Q1～Q4 的控制就可以控制电机的转动方向。

这种直流电机的驱动及控制需要电机驱动芯片来完成。常用的电机驱动芯片有 L297/298、MC33886、ML4428 等。L298N 是 ST 公司生产的一款高集成度、双桥结构的直流/步进电机驱动器,驱动电流能够满足一般直流电机的需求,外围电路简单,使用不易出错。L298N 的主要特点如下:

(1)工作电压高,最高工作电压可达 46V。

(2)输出电流大,瞬间峰值电流可达 3A,持续工作电流为 2A。

(3)额定功率 25W。

(4)内部包含 4 通道逻辑驱动电路,是一种包含两个 H 桥的高电压、大电流、双全桥式驱动器,可以用来驱动直流电机。

(5)采用标准 TTL 逻辑电平信号控制。

(6)具有两个使能控制端,允许或禁止器件工作。

(7)有一个逻辑电源输入端,使内部逻辑电路部分在低电压下工作。

使用 L298N 芯片可以驱动 2 台直流电机。该芯片采用 15 脚封装,其实物及引脚图如图 15-4 所示。

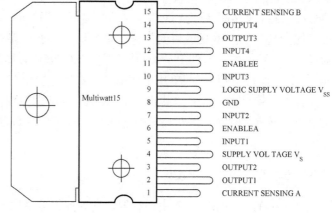

图 15-4　L298N 实物及引脚图

由 L298N 构成的电机驱动模块实物及其电路原理图如图 15-5 和图 15-6 所示。考虑到电机驱动模块在工作时的功耗较大，电机运转时因温度过高而损坏芯片，在安装 L298N 时加散热片。L298N 电机驱动模块有两路电源，分别为逻辑电源和动力电源。由 P5 口接入，+5V 为逻辑电源，VCC 为动力电源。P2 和 P3 口分别为电机 1 和电机 2 的接口，与两个电机的正负极相连。P4 口为单片机控制两个电机的输入端，ENA、IN1 和 IN2 控制电机 1，ENB、IN3 和 IN4 控制电机 2。以电机 1 控制为例，当 IN1 为高电平、IN2 为低电平时电机正转；当 IN1 为低电平、IN2 为高电平时电机反转。根据 ENA 输入的 PWM 信号的占空比可以调整电机 1 的转速，即实现电机 1 调速。当使能信号 ENA 为 0 时，电机处于自由停止状态；当使能信号 ENA 为 1，且 IN1 和 IN2 为 00 或 11 时，电机处于制动状态，阻止电机转动。控制方式及直流电机状态如表 15-3 所示。

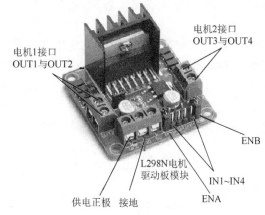

图 15-5　L298N 电机驱动模块实物

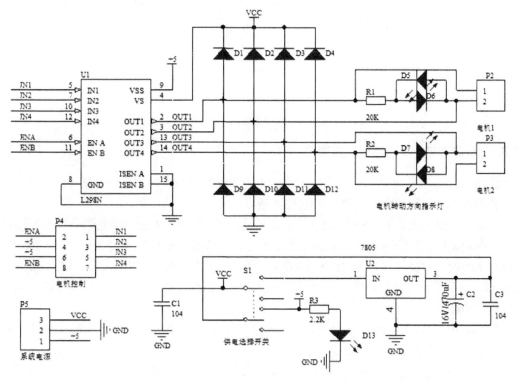

图 15-6　L298N 电机驱动模块电路原理图

表 15-3　L298N 电机驱动模块控制状态

ENA	IN1	IN2	直流电机状态
0	×	×	停止
1	0	0	制动
1	0	1	反转
1	1	0	正传
1	1	1	制动

15.3.4　电源电路设计

电源为整个系统提供动力支持。可靠的电源电路是整个硬件系统稳定、可靠运行的基础保障，设计时电压的高低变化范围、电流容量、转换效率、低噪声、抗干扰能力等都需要兼顾。

智能避障小车主要需要+5V 和 12V 两种电源。在此选用 4 块大容量的 18650 锂离子电池组提供系统总电源，额定电压 14.8V，容量 2000mAh，完全能够满足驱动模块 12V 电源要求，可保证小车稳定工作一段时间。电池组一路直接供电机驱动模块驱动后轮电机，另一路则通过 LM2940 稳压芯片将锂电池组电压转换为+5V 来为 ATmega16 单片机主控模块、电机驱动模块、舵机模块、超声波测距模块供电。具体电路原理图如图 15-7 所示。

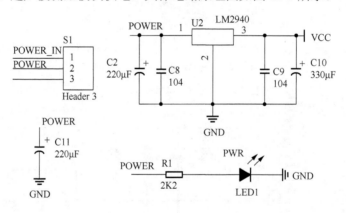

图 15-7　智能避障小车电源部分硬件电路原理图

15.3.5　智能避障小车硬件电路原理图

使用 ATmega16 单片机作为主控芯片，完成智能避障小车整个系统的信号处理和协调控制。智能避障小车硬件电路原理图如图 15-8 所示。

系统中使用了 2 个 HC-SR04 超声波测距模块，2 个 HC-SR04 超声波测距模块的 Trig 端分别接 ATmega16 单片机的 PA0 和 PD0，通过编程方式输出 40kHz 的脉冲信号。2 个 HC-SR04 超声波测距模块的接收口 Echo 分别接 ATmega16 单片机的 PA1 和 PD1。通过 ATmega16 单片机的定时器/计数器 0(T/C0)和定时器/计数器 2(T/C2)测得障碍物与小车之间的距离，从而实现超声波测距。

ATmega16 单片机的定时器/计数器 1(T/C1)工作于快速 PWM 模式，OCR1A 输出控制舵机，OCR1B 输出控制电机驱动模块。

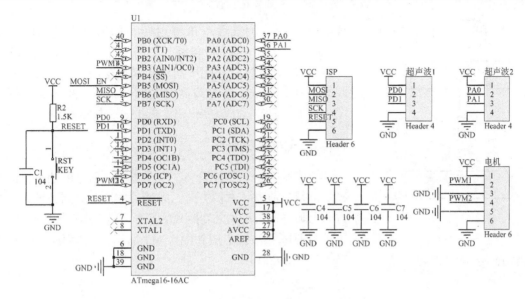

图 15-8　智能避障小车硬件电路原理图

15.4　智能避障小车软件设计

15.4.1　软件流程图

软件部分主要包括超声波测距程序、避障算法、电机驱动程序等。智能避障小车程序流程图如图 15-9 所示。其中，ATmega16 单片机的 T/C0 和 T/C2 初始化为 CTC 模式，在匹配中断服务程序中进行高电平时间测量；T/C1 初始化为快速 PWM 模式，进行电机和舵机的控制。首先启动超声波检测障碍物程序，单片机根据检测返回的信息进行处理，判断是否有障碍物，以及障碍物与小车之间距离是否小于预设值。当障碍物在避障范围之内时，单片机发出控制指令，驱动小车按照预定的避障规则行进。

15.4.2　超声波测距程序设计

超声波测距传感器采用 HC-SR04 超声波测距模块，此模块测距方法非常简单。在此以系统中的超声波测距模块 1 为例进行介绍。首先，将 ATmega16 单片机的 T/C0 初始化为 CTC 模式，在 T/C0 比较匹配中断中进行超声波测距模块 1 高电平时间测量。然后，ATmega16 单片机的 PD0 端口为 HC-SR04 模块的 Trig 引脚提供一个至少 10μs 的高电平，同时 T/C0 比较匹配中断使能。此时 HC-SR04 模块将自动发送 8 个 40kHz 的方

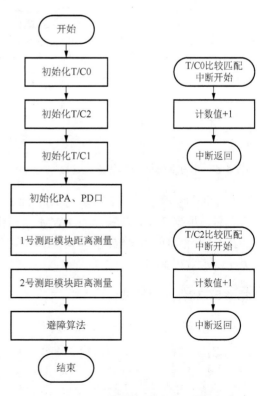

图 15-9　智能避障小车程序流程图

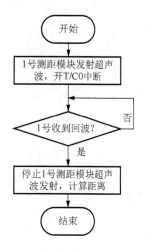

图 15-10 超声波测距程序流程图

波，并自动检测是否有信号返回，如果有信号返回，则 HC-SR04 模块在其 Echo 引脚产生一个高电平。ATmega16 单片机通过 T/C0 比较匹配中断测得高电平的时间，依据此时间即可计算得到小车与障碍物之间的距离。程序流程图如图 15-10 所示，具体程序代码参见 15.4.5 节相关部分。

15.4.3 避障算法设计

智能避障小车通过安装在左前方和右前方的超声波测距模块测得左前方、右前方是否有障碍物，若有则通过对两个方向上障碍物与小车之间距离的判断，确定小车的行驶方向。本项目避障算法流程图如图 15-11 所示，具体程序代码参见 15.4.5 节相关部分。

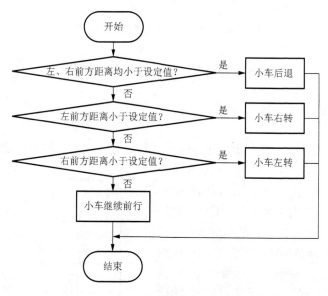

图 15-11 避障算法流程图

15.4.4 电机驱动程序设计

电机驱动模块采用 L298N 驱动芯片。L298 输入口接单片机的 P1 口，IN1 为高电平时电机正转，根据 ENA 口输入的 PWM 信号的占空比调整小车的行进速度。应用代码通过修改 OCR1B 寄存器的值来修改 PWM 波形的占空比，从而控制直流电机的转速。具体程序代码参见 15.4.5 节相关部分。

15.4.5 软件应用代码

智能避障小车软件应用代码如下：

```
#include <iom16v.h>
#include "Headers/Global.h"
int counter =0;
int counter2 =0;
```

```
float distance=0;
float distance2=0;
/*--------------------------------------------------------------------
函数名称：定时器/计数器 0 匹配中断服务程序
--------------------------------------------------------------------*/
#pragma interrupt_handler Timer0_cmp:iv_TIMER0_COMP
void Timer0_cmp(void)
{
        counter++;                    //counter = 4000 相当于 1 秒
}
/*--------------------------------------------------------------------
函数名称：定时器/计数器 2 匹配中断服务程序
--------------------------------------------------------------------*/
#pragma interrupt_handler Timer2_cmp:iv_TIMER2_COMP
void Timer2_cmp(void)
{
        counter2++;                   //counter = 4000 相当于 1 秒
}
/*--------------------------------------------------------------------
函数名称：定时器/计数器 0 初始化
--------------------------------------------------------------------*/
void Init_timer0(void)
{
    CLI();
    TCCR0 |=(1<<WGM01);
    TCCR0 &=~(1<<WGM00);          //CTC 模式
    TCCR0 &=~(1<<COM01);
    TCCR0 &=~(1<<COM00);          //不与 OC0 连接，不产生波形
    TCCR0 &=~(1<<CS02);
    TCCR0 &=~(1<<CS01);
    TCCR0 |=(1<<CS00);            //时钟，1 分频
    //TIMSK |=(1<<OCIE0);          //输出比较匹配中断使能
    OCR0=249;                     //产生的频率为
    SEI();
}
/*--------------------------------------------------------------------
函数名称：定时器/计数器 2 匹配中断服务程序
--------------------------------------------------------------------*/
void Init_timer2(void)
{
    CLI();
    TCCR2 |=(1<<WGM21);
    TCCR2 &=~(1<<WGM20);          //CTC 模式
    TCCR2 &=~(1<<COM21);
    TCCR2 &=~(1<<COM20);          //不与 OC2 连接，不产生波形
    TCCR2 &=~(1<<CS22);
    TCCR2 &=~(1<<CS21);
    TCCR2 |=(1<<CS20);            //时钟，1 分频
    //TIMSK |=(1<<OCIE0);          //输出比较匹配中断使能
    OCR2=249;                     //产生的频率为
    SEI();
}
```

```
/*-----------------------------------------------------------------
函数名称：延时函数
-------------------------------------------------------------*/
void delay(int n)
{
    int i;
    for(i=0; i<n; i++)
        ;
}
/*-----------------------------------------------------------------
函数名称：定时器/计数器 1 初始化
-------------------------------------------------------------*/
void Timer1_8bit_fastPWM(int percent_A,int percent_B)
{
    /*端口初始化-输出*/
    DDRD|=(1<<4)|(1<<5);              //PD5 对应 OCR1A, PD4 对应 OCR1B
    /*Timer1 初始化*/
    TCCR1A|=(1<<COM1A1);
    TCCR1A&=~(1<<COM1A0);
    TCCR1A|=(1<<COM1B1);
    TCCR1B&=~(1<<COM1B0);
//OC1A 和 OC1B 都设置为：比较匹配时清零，TOP 时置位
    TCCR1B&=~(1<<WGM13);
    TCCR1B|=(1<<WGM12);
    TCCR1A&=~(1<<WGM11);
    TCCR1A|=(1<<WGM10);               //设置工作模式：8 位快速 PWM
    TCCR1B&=~(1<<CS12);
    TCCR1B|=(1<<CS11);
    TCCR1B|=(1<<CS10);                //不分频，TOP=0X00FF，所以频率为 3906Hz
    OCR1A=(int)(0.256*percent_A-1);
    OCR1B=(int)(2.56*percent_B-1);
}
/*-----------------------------------------------------------------
函数名称：电机、舵机驱动调速控制
-------------------------------------------------------------*/
void PWM(int percent_A,int percent_B)
{
    OCR1A=(int)(0.256*percent_A-1);
    OCR1B=(int)(2.56*percent_B-1);
}
/*-----------------------------------------------------------------
函数名称：主程序
-------------------------------------------------------------*/
int main(void)
{
    int gostraightflag=0;
    int turnleftflag=0;
    int turnrightflag=0;
    int gobackflag=0;
    HC595_Init();
    Init_timer0();
    Init_timer2();
```

```
/* 初始化超声波，接收和发射 */
DDRD|=(1<<0);
DDRD&=～(1<<1);
PORTD&=～(1<<0);
DDRA|=(1<<0)|(1<<2);              //PA2 控制电机正反转
DDRA&=～(1<<1);
PORTA&=～(1<<0);
Timer1_8bit_fastPWM(1,1);        //初始化
while(1)
{
    //超声波 1 号
    PORTD|=(1<<0);
    delay(15);
    counter=0;
    PORTD&=～(1<<0);
    while (!(PIND&0b10));
    TIMSK |= (1 << OCIE0);
    while ((PIND&0b10));
    TIMSK = 0x00;
    distance = (float)counter/4000*170*100;
    //超声波 2 号
    PORTA|=(1<<0);
    delay(15);
    counter2=0;
    PORTA&=～(1<<0);
    while (!(PINA&0b10));
    TIMSK |= (1 << OCIE2);
    while ((PINA&0b10));
    TIMSK = 0x00;
    distance2 = (float)counter2/4000*170*100;
    //逻辑
    if((distance<50)&&(distance2<50))     //后退最优先
    {
        gostraightflag=0;
        turnleftflag=0;
        turnrightflag=0;
        gobackflag=1;
    }
    else if(distance<50)
    {
        gostraightflag=0;
        turnleftflag=0;
        turnrightflag=1;
        gobackflag=0;
    }
    else if(distance2<50)
    {
        gostraightflag=0;
        turnleftflag=1;
        turnrightflag=0;
        gobackflag=0;
    }
```

```
        else
        {
            gostraightflag=1;
            turnleftflag=0;
            turnrightflag=0;
            gobackflag=0;
        }
        if(gobackflag==1)
        {
            PWM(95,60);                    //向后
            PORTA|=(1<<2);
        }
        else if(gostraightflag==1)
        {
            PWM(95,60);                    //向前
            PORTA&=~(1<<2);
        }
        else if(turnrightflag==1)
        {
            PWM(77,45);                    //右转
            PORTA&=~(1<<2);
        }
        else if(turnleftflag==1)
        {
            PWM(115,45);//左转
            PORTA&=~(1<<2);
        }
    }
    return 0;
}
```

15.5　下　载　调　试

首先在 ICC AVR8 中创建项目，输入源代码并编译生成"智能避障小车.cof"文件。下载程序"智能避障车.hex"到目标板进行调试。当检测到左侧有障碍物时，舵机控制小车向右转动行进；当检测到右侧有障碍物时，舵机控制小车向左转动行进；当两者都检测到有障碍物时，电机反转，小车后退。符合避障要求。运行中的智能避障小车如图 15-12 所示。

图 15-12　智能避障小车

【思考练习】

(1)设计超声波测距显示系统。

(2)设计一个有趣的互动机器人。机器人检测前方 20cm 距离内是否有物体，有则前进；当检测到左前方物体与其之间的距离只有 10cm 时，机器人则右转行进；当检测到右前方物体与其之间的距离只有 10cm 时，机器人则左转行进。这样，就可以用手或其他物体置于机器人前方 20cm 处，引导机器人跟随前方物体前进而前进。

(3)结合避障和测距，利用超声波传感器控制小车在室内一定空间漫游。

参 考 文 献

陈忠平. 2013. ATmega16 单片机 C 语言程序设计经典实例. 北京：电子工业出版社.

李和平，孙小进，雷道仲，等. 2015. 智能机器人项目应用与实践 AVR 单片机与 C 语言编程. 陕西：西安交通大学出版社.

刘海成. 2015. AVR 单片机原理及测控工程应用——基于 ATmega48/ATmega16. 2 版. 北京：北京航空航天大学出版社.

马潮. 2007. AVR 单片机嵌入式系统原理与实用实践. 北京：北京航空航天大学出版社.

杨永. 2011. ATmega16 单片机项目驱动教程——基于 C 语言+Proteus 仿真. 北京：电子工业出版社.

张华宇，谢凤芹，李跃辉. 2012. AVR 单片机基础与实例进阶. 北京：清华大学出版社.

张华宇，谢凤芹，王立滨，等. 2011. 零点起步 AVR 单片机开发入门与典型实例. 北京：机械工业出版社.

http://www.atmel.com.

http://www.iccavr.com.

http://www.towerpro.com.tw/.